大学院文化科学研究科

現代物理の展望

岸根順一郎

松井哲男

自然環境科学プログラム

現代物理の展望（'19）
©2019　岸根順一郎・松井哲男

装丁・ブックデザイン：畑中　猛

s-62

まえがき

　本書は2019年度開講の放送大学大学院ラジオ科目「現代物理の展望」のために執筆された印刷教材である。この科目は、2013年度に開講された「現代物理科学の論理と方法」の後継科目として企画された。主任講師は放送大学教授の岸根順一郎と松井哲男が勤め、客員講師として家泰弘（東京大学名誉教授、日本学術振興会理事）、小玉英雄（京都大学名誉教授）、川合光（京都大学大学院教授）、金子邦彦（東京大学大学院教授）の先生方に執筆協力をお願いした。読者として想定するのは学部レベルの物理学（力学、電磁気学、量子力学、統計力学）を学び終えた修士課程の学生で、これから研究課題を設定するにあたって、現代物理学の最前線の全容が一望できるよう、それぞれの専門領域についてわかりやすく解説していただいた。

　一般に大学院教育といえば専門性が高く、各分野の先行研究の成果を学ぶために文献・資料を渉猟収集して読解することが研究を進める上で必須となる。本書の意図は、物理学全体でいま何が問題になっているかを浮かび上がらせることで研究課題の設定に向けての指針を示すことである。大学院教育の目標は、単に高度な知識を習得するだけでなく、研究活動の方法を学ぶことである。修士課程ではそのための基礎的な知識や方法の習得がまず必要となる。大学院では、自分の問題意識から生じた疑問を研究室の教員や先輩に投げかけて議論することが研究活動の重要な要素となる。しかしながら通信制大学である放送大学の場合、日常的な議論はなかなかしにくい。この点をカバーするため、学生には自発性と主体性が要求される。本書では、放送大学大学院に入学されてくる学生諸氏のニーズに応じ、物理学全体を鳥瞰して自分にあった専門的な課題を選ぶための一助となることをねらった。また、物理学の長い足跡をたどって、それがどのように今日のように発展してきたかを振り返ることにより、物理学の研究に共通した見方・考え方の典型例をあぶり出すということも意図した。この点は放送大学の学生でなくても役に立つ

と考える。

　今日、物理学の最前線は日々専門化の度合いを高めて先鋭化している。物理学は、ほぼすべての理工系の他分野の発展の基礎となっただけでなく、物理学自身も数学や工学などの発展を積極的に取り込んで進化してきた。研究者人口も飛躍的に増大し、日本物理学会と日本応用物理学会の会員数は現在のべ約3万人を数える。それぞれの専門化した分野はさらに細分化する傾向がある。したがって、ある程度研究の訓練を受けた物理学の研究者といえど、少し分野が違うとほかの分野の状況を理解することは難しい。その結果、ますます専門性が進むという悪循環が生じる。この科目は、そのような専門化の傾向へのささやかな抵抗でもある。この精神は先行科目である「現代物理科学の論理と方法」から受け継いだものであるが、この企画ではそれぞれの分野の発展をみることによって、その精神がどのように各々の専門性の中で具体化されているかを、各自、自身の目で確かめていただければと思う。

　以下、この本の章立てを説明する。現代物理学への出発点となった古典物理学（力学、電磁気学）について第1章、第2章でまとめ、第3章から第6章において、現代物理学の基礎となる、相対性理論、量子力学、統計物理学、場の量子論の方法をまとめる。これらは、現代物理学の発展とともに形成された物理学の分野横断的な現代的基礎を与える。第7章から第14章までが各専門領域の発展の概観である。凝縮系物理学（第7章）、原子核物理学（第8章）、素粒子物理学（第9章）、宇宙論（第10章）、物質科学（第11章、第12章）、生命物理学（第13章）、統一理論（第14章）と、それぞれの分野の現状を解説した。第15章ではその簡単なまとめを敷衍して、物理学全体のこれからを展望している。

　本書を通して、現代物理の今日の躍動ぶりをかいま見ていただければ幸いである。

2018年10月

岸根順一郎、松井哲男

目次

まえがき　　岸根 順一郎、松井 哲男　　3

1　現代物理学の源流
　　　　　　　　　　　　　　　岸根 順一郎、松井 哲男　　9
1.1　現代物理学とは　　9
1.2　現代物理学への道のり　　11
1.3　ニュートン力学：現代物理学への序章　　13

2　古典物理学の形成
　　　　　　　　　　　　　　　岸根 順一郎　　17
2.1　古典力学の概要　　17
2.2　古典電気力学の概要　　25

3　相対性理論
　　　　　　　　　　　　　　　小玉 英雄　　36
3.1　相対性原理の発展　　36
3.2　時空の曲がりとしての重力とその作用　　45
3.3　アインシュタイン方程式と時空の動力学　　52

4　量子力学の形成と基本原理
　　　　　　　　　　　　　　　松井 哲男　　58
4.1　形成期の量子論　　58
4.2　量子力学の基本原理と描像　　63
4.3　典型的な量子力学の問題　　66
4.4　電子スピンとその起源　　69
4.5　フェルミ粒子とボース粒子　　71
4.6　量子力学の解釈の問題　　73

5 統計物理学の形成 ｜ 岸根 順一郎　75

- 5.1 熱力学の論理　75
- 5.2 統計物理学の形成と論理　81
- 5.3 統計物理学の現状と展望　94

6 場の量子論 ｜ 川合 光　96

- 6.1 第2量子化　96
- 6.2 電磁場の量子化　102
- 6.3 スカラー場の量子化と対称性の自発的破れ　106
- 6.4 ディラック場　108
- 6.5 量子電磁気学　114

7 凝縮系物理学の形成 ｜ 岸根 順一郎　117

- 7.1 凝縮系物理学とは　117
- 7.2 凝縮系物理学の形成　119
- 7.3 対称性とその破れ　124
- 7.4 超伝導現象：くりこみと有効理論の典型例として　126

8 核物理学の展開 ｜ 松井 哲男　137

- 8.1 黎明期の核物理　137
- 8.2 原子核の構成要素と核内相互作用　138
- 8.3 原子核構造と核多体問題　141
- 8.4 核反応と天体核現象　145
- 8.5 極限状態の核物理　148

9 素粒子の標準模型 ｜ 川合 光　152

- 9.1 4つの力　152
- 9.2 非可換ゲージ理論　154
- 9.3 グリーン関数と経路積分　157

9.4　強い相互作用とハドロン　160
9.5　ヒグス機構と弱電磁相互作用　168
9.6　標準模型　173

10　宇宙論　　　　　　　　　　　　　　　｜小玉 英雄　176

10.1　膨張する宇宙　176
10.2　熱いビッグバン宇宙　181
10.3　加速膨張する宇宙　188

11　物質科学の発展(1)―結晶の中の電子　｜家 泰弘　195

11.1　物質科学の位置づけ　195
11.2　物質科学の発展史　197
11.3　元素周期律と原子構造　201
11.4　原子から固体結晶へ　202
11.5　バンド構造と電気伝導　204
11.6　半導体　208
11.7　金属非金属転移　211

12　物質科学の発展(2)―磁性と超伝導　｜家 泰弘　215

12.1　磁性と超伝導の科学史　215
12.2　原子の磁性　219
12.3　局在電子系の磁性　221
12.4　遍歴電子系の磁性　227
12.5　超伝導の基本的性質　228
12.6　超伝導の現象論―GL理論　230
12.7　超伝導の微視的機構―BCS理論　233

13 | 生命システムの物理　―ゆらぎ、安定性、可塑性― | 金子 邦彦　240

- 13.1 生命とは何か　240
- 13.2 生命システムの捉え方　241
- 13.3 複製系の持つ普遍的な性質　243
- 13.4 進化揺動応答関係
  ―進化しやすさ（可塑性）とゆらぎの関係―　248
- 13.5 遺伝子の変異によるゆらぎとノイズによる
  ゆらぎとの関係　251
- 13.6 細胞分化　252
- 13.7 展望　254

14 | 統一理論 | 川合 光　255

- 14.1 標準模型の現状　255
- 14.2 標準模型と重力の統合　258
- 14.3 弦理論入門　264

15 | 物理学の新たな発展を目指して
| 家 泰弘、岸根 順一郎、小玉 英雄、松井 哲男　273

- 15.1 これからの物理学を考える3つの視点　273
- 15.2 現代物理学の分類と到達点　273
- 15.3 諸分野間の交流　279
- 15.4 現代物理学と社会　282

索　引　287

1 現代物理学の源流

岸根順一郎、松井哲男

　17世紀から19世紀にかけて完成した近代の古典物理学は、力と運動、熱、電磁気、光といったさまざまな物理現象を記述する基本法則を探求し、それらを統合しようとする試みであった。本章では、その試みの中からどのようにして20世紀以降の現代物理学が生まれ出たかを概観する。後半ではニュートン力学の概要を述べるとともに、そこに現代物理学の萌芽をみる。

1.1　現代物理学とは

　本書で扱う現代物理学は、20世紀になって形成された物理学の体系を指す。その対象とする領域は広大で、その言語として使われる数学や、物理学以外のほぼすべての自然科学と現代技術の分野に大きな影響を与えている。はじめに、そのような現代物理学が生まれた歴史的背景を概観し、本書のねらいを述べる。

　物理学は英語のPhysicsの邦訳であるが、Physicsという言葉は古代ギリシャの哲学者アリストテレスの著書にその語源があるといわれる。ただ、人為的に作られた理想的な環境で物理法則を検証する今日の物理学の方法論を最初に実践したのは、16世紀にイタリアにあらわれたガリレオ・ガリレイである。それは、オランダのホイヘンスを経て、イギリスのニュートンによって17世紀末に力学として確立される。ニュートンは万有引力としての重力理論によって、地上の運動と天上の惑星のケプラーの運行法則を、力学の原理で統一的に説明することに成功した。その後、18世紀にはその数理が発展し、ニュートン力学は精密科学のお手本となり、「力学的自然観」といわれる教義を作った。

　19世紀には、産業革命によって生まれた熱機関の基礎理論として熱

力学が生まれ、新しい電流技術を使った実験から電磁気学が急速に発展し、ファラデーの導入した電場・磁場概念を使ってその体系的な法則がマックスウェルによって完成し、光学も電磁気学に統一された。マックスウェル方程式は電磁波を予言したが、その存在はヘルツの実験によって実証された。このとき、物理学者の多くは、エーテルの存在が実証され「力学的自然観」の新たな勝利と考えたそうである。しかし、19世紀末の物理学にはすでに大きな困難が忍び寄っていた。

そのことを最初にはっきり意識したのは19世紀の物理学の大家ケルビン卿であった。ケルビン卿は19世紀末の1900年に行った講演で、この困難を「熱と光の動力学理論にかかる19世紀の2つの暗雲」と表現している[1]。そのひとつは、光速の方向依存性を正確に測ったマイケルソンとモーリーの光干渉計実験で、エーテルの中の地球の運動が、光速の変化として見つからなかったことである。この問題は、相対論によって時間と空間に関する考え方を根本的に変えることになる。もうひとつの暗雲は、気体の比熱が、彼が「ボルツマン-マックスウェルの原理」と呼ぶ等分配則の原理による予測と異なることであった。この問題は、熱放射の問題で真空の比熱が無限大になってしまうという、さらに深刻な困難に発展したが、その後、プランクによる量子の導入によって解決の道が開かれ、やがて量子力学と場の量子論へと発展した。

20世紀は「物理学の世紀」とも呼ばれ、新しく台頭した相対論と量子論によって物理学の基本原理が大きく書き換えられ、物理学の大きな発展をもたらした。新しい研究分野が続々と生まれ、それぞれが高度に専門化しつつ飛躍的に発展してきた。現代物理学の成果は現代技術の隅々に浸透し、私たちの生活の変化にも大きく反映されてきている。本書では、21世紀に入った今日の時点での現代物理学の到達点を俯瞰し、その将来を各分野の専門家が展望する。

物理学の最前線は絶えず変化し、新しい専門分野が次々と生まれている。それぞれの分野は固有の課題によって発展し、その専門化は一層高

---

1) Lord Kelvin, *Nineteenth Century Clouds over the Dynamical Theory of Heat and Light*, Phil. Mag. S. 6 Vol. 2. No. 7（1901）

度になる傾向にある。研究者人口も増え、分野が異なるとなかなか他分野の最前線の発展を学ぶことは難しくなる。しかし、物理学はその根本では同じルーツを共有しており、他分野との交流から新しい発展が生まれることも少なくない。したがって、それぞれの分野の研究に閉じこもらず、専門化の傾向に逆らって、全体の流れを俯瞰することも重要である。本書ではこの点を意識して編集した。

1.2 現代物理学への道のり

ボホナーの言葉を借りれば、ニュートン以降の物理学の理論体系は、原理の啓示、方法の組織化、基本法則の立法化、そしてその後に待ち受ける革命という段階を経て発展してきた[2]。図1.1に、力学、光学、熱力

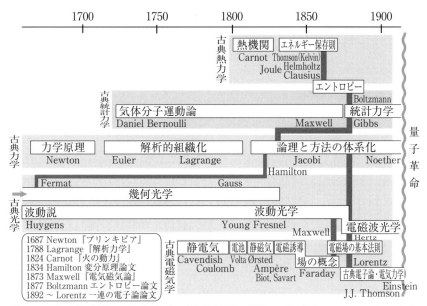

図1.1 古典物理学の理論体系の形成過程の概要 各時代のパラダイムを象徴するキーワードを枠で囲った。その近傍に、関連の深い人物の名を付した。左側の枠内に、特に重要な著作、論文などの出版年を示す。

---

2) ボホナー著、村田全訳『科学史における数学』(みすず書房、1970) 第5章「力学の黎明期における数学の役割」での表現に基づく。

学、統計力学、電磁気学の形成過程を大雑把（おおざっぱ）な年表形式で示す。力学については、17世紀にニュートンがプリンキピアで原理を示し、18世紀を通してオイラー、ラグランジュが解析的組織化を進め、19世紀前半にハミルトンが変分原理の形で立法化を成し遂げるも20世紀に入って量子革命が勃発した。

　光学については、11世紀のアルハゼンにさかのぼり、17世紀のスネル、フェルマー、18-19世紀をまたぐガウスによる組織化を経てハミルトンが正準理論として体系化した幾何光学の流れがある。並行する流れとして、17世紀のホイヘンスに始まり、ヤングを経てフレネルが組織化した波動光学がある。

　電磁気学については、現代に直結する流れはキャベンディッシュ、クーロンが静電気の法則を見出した18世紀後半に始まり、ボルタによる電池の発明（1800）を契機として急速に進んだ電流と磁場の法則（1820）、さらにファラデーによる電磁誘導の発見（1831）を経てマックスウェルによる組織化（1864）が完成する。マックスウェルの『電気磁気論』（1873）はプリンキピアと並び称される物理学の古典として名高いが、そこに見られる記号と概念の混乱をそぎ落として電磁気学の法則（マックスウェル方程式の今日的な形）を磨き上げたのはヘルツとヘビサイドである。また、マックスウェルはファラデーの見方、つまり「媒質の分極の連鎖が力線（電気力線、磁力線）をつなぐ」という近接作用の思想に数学的枠組みを与えたわけであるが、そこでは物質と場の概念が混然一体となっていた。この雲を晴らし、物質と場の概念を明瞭に分離したのはローレンツである。彼は物質粒子と場はそれぞれが自身のダイナミクス（運動法則）を持つ独立な物理的実在であり、物質粒子が場を作り、場は粒子に力を与えるという視点（電気力学）を確立した。ここに至って、電磁気学は立法化されたといえる。

　古典熱力学のエポックを画したのはカルノーの『火の動力』（1824）であるが、そこで啓示された熱機関の効率という概念は、産業革命と直結するものであった。その学術的真価を発掘したトムソン（ケルビン卿）および、ジュール、ヘルムホルツらを経てエネルギー保存則の概念が確

立し (1850前後)、ついにクラウジウスによるエントロピーの概念 (1865) に到達するのが古典熱力学の流れである。一方、18世紀前半のダニエル・ベルヌーイにさかのぼり、マックスウェルによる組織化を経てボルツマンによる統計力学的エントロピーの概念 (1877) および輸送理論 (ボルツマン方程式) に結実する気体分子運動論の流れがある。ボルツマンが創始した統計力学は、ほぼ同時代を生きたギブズによって組織化、立法化されることになる。

以上の各分野は、形成の成熟期においてあたかも予定調和であるかのように互いに橋が架けられ、つながりが判明する (図1.1中に太線で示す)。古典物理学は、こうして組み上った体系である。

強調したいことは、古典物理学は現在もなお生命力を持った「生きた古典」であるということだ。決して物理学における"古語"ではないのである。それどころか、古典物理学の体系そのものの建設はいまだに続いている。非平衡、非線形の問題などはその典型であろう。

1.3 ニュートン力学：現代物理学への序章

自然法則を微分方程式の形で表し、これを解析することで現象を記述しようという現代物理学の方法はニュートン力学によって確立した。その過程で、距離の2乗に反比例する中心力による運動の問題 (ケプラー問題) が果たした役割は甚大である。ケプラー問題が「解析的に解ききれる (可積分な)」問題であり、これによって惑星運動や荷電粒子の散乱 (ラザフォード散乱) の問題が正確に記述できたことは物理学の成功体験として極めて重要であった。この成功を通して現代物理学の方法論が不動のものになったといえる。ここでは、ニュートン力学についてごく簡単に復習し、ケプラー問題の重要性をまとめる。

質点の力学

ニュートンの運動法則を微分方程式の形で整理し、力と運動の物理を数理解析の問題として組織化したのはオイラーである。出発点は、質点に作用する力 f による運動量 $p = mv$ の時間変化 (ダイナミクス) を記述する運動方程式

である。速度ベクトルは$v=\dot{r}$で与えられるから、(1.1) は位置ベクトルについての2階微分方程式である。特定の時刻t_0での位置と速度を指定することで運動が一意的に定まる。

$$\frac{d\boldsymbol{p}}{dt} = \boldsymbol{f} \tag{1.1}$$

$\boldsymbol{f}$が万有引力やクーロン力、フックの法則に従う弾性力など位置だけで決まる保存力であれば、ポテンシャル$V(r)$を使って

$$\boldsymbol{f}(\boldsymbol{r}) = -\nabla V(\boldsymbol{r}) \tag{1.2}$$

と書ける[3]。(1.1) の両辺とvとの内積をとって変形すると、

$$\frac{d}{dt}[K(\dot{r})+V(r)] = \frac{dE}{dt} = 0 \tag{1.3}$$

となり、力学的エネルギー保存則が導ける。$K(\dot{r})=\frac{1}{2}m\dot{r}^2$は運動エネルギーである。

運動量$\boldsymbol{p}$は質点の並進運動に対応するが、空間の一点のまわりでの回転運動(角運動)に対応するのが角運動量$\boldsymbol{L}=\boldsymbol{r}\times\boldsymbol{p}$である。その時間変化率は、(1.1) より

$$\frac{d\boldsymbol{L}}{dt} = \boldsymbol{r}\times\boldsymbol{f} \tag{1.4}$$

となる。右辺の$\boldsymbol{r}\times\boldsymbol{f}$はトルクまたは力のモーメントと呼ばれる。(1.4) より、$\boldsymbol{f}$が常に$\boldsymbol{r}$と平行(または反平行)、つまり中心力であれば$\boldsymbol{r}\times\boldsymbol{f}=0$となって角運動量が保存する。

ケプラー問題

ニュートン力学は、万有引力で相互作用する物体の運動、つまりケプラー問題が解析的に解ききれたことで不動の地位を獲得したといえる。この幸運はケプラー問題の可積分性は万有引力が「保存力」かつ「中心力」かつ「距離の2乗に反比例する力」であるがゆえである。太陽(質

---

[3] $\boldsymbol{f}\cdot d\boldsymbol{r}=-d\boldsymbol{r}\cdot\nabla U=-dU$であるから、始点$r_i$と終点$r_f$が一致するループに沿って保存力のする仕事は$\oint \boldsymbol{f}\cdot d\boldsymbol{r}=-U(r_f)+U(r_i)=0$となる。また、(1.2) より恒等的に$\nabla\times\boldsymbol{f}=0$となる。つまり保存力の場は非回転的である。

量M)のまわりの惑星(質量m)を考え、太陽を固定してこれを原点とすれば惑星に作用する万有引力は

$$f = -G\frac{Mm}{r^2}\hat{e}_r \tag{1.5}$$

($\hat{e}_r = r/r$)である。角運動量保存則より、惑星運動は太陽を含む1つの平面内に束縛される。そこで2次元極座標(基底を$\hat{e}_r$、$\hat{e}_\varphi$、対応する座標をそれぞれr、φとする)を使う。角運動量の大きさが$L = mr^2\dot{\varphi}$であること、および$d\hat{e}_\varphi/dt = -\dot{\varphi}\hat{e}_r$に注意すると、運動方程式から

$$\alpha e = v - \alpha\hat{e}_\varphi \tag{1.6}$$

($\alpha = GMm/L$)が、ケプラー問題に潜む第3の保存量(離心率ベクトル)であることがわかる。$v = \dot{r}\hat{e}_r + r\dot{\varphi}\hat{e}_\varphi$に注意して(1.6)の両辺と$\hat{e}_\varphi$の内積をとり、$\hat{e}_\varphi$と$e$のなす角を$\theta$とすれば$\alpha e\cos\theta = r\dot{\varphi} - \alpha$。さらに$L = mr^2\dot{\varphi}$を使って$\dot{\varphi}$を消去できるので

$$r = (L/m\alpha)/(1 + e\cos\theta) \tag{1.7}$$

を得る。これは楕円曲線にほかならず、惑星軌道が決定できたことになる。

このように、ケプラー問題に3つの保存量(力学的エネルギー、角運動量、離心率ベクトル)が存在することでこの問題が(後知恵として)可積分になっていたことは力学の発展にとっていわば予定調和であったといえる。もちろん、同じことがクーロン力による運動にも当てはまる。この事実は、水素原子の量子力学が建設される過程でも重要な役割を果たすことになる。

ラザフォード散乱

ケプラー問題の成功体験を通して、人類は宇宙の調和を読み解く強力な手段を手にしたといえる。一方、ミクロな世界の成り立ちを解き明かす決定的な実験にもケプラー問題が密接に関係している。荷電粒子間に作用するクーロン力も距離の2乗に反比例する。これは斥力タイプのケプラー問題であり、軌道としては双曲線軌道しかあらわれないが解析法は万有引力の場合と何ら変わらない。

1909年、ガイガーとマースデンはアルファ粒子（ヘリウムの原子核）のビームを金属箔に当てる実験[4]を行い、まれではあるがアルファ粒子が大きな角度で金属箔の後方に散乱されることを見出した。彼らのグループを率いていたラザフォードは、この驚くべき結果[5]が、原子の中心に局在する正電荷からのクーロン斥力によってアルファ粒子が散乱される現象として説明できることを明らかにした（1911）。これが原子核の発見である。ラザフォードは正の電荷を持つ粒子間の散乱問題を解き、今日「ラザフォードの散乱公式」として知られる結果を導いた。ラザフォードの結果は点状電荷による大角度の散乱を説明し、実験結果を見事に再現した。このようにして、原子が正の電荷を持つ原子核と、これを取り巻いて原子核の正電荷を打ち消す電子から成ることがはっきりしたのである。

惑星運動の記述に成功して古典物理学の地位を不動のものに高めたのもケプラー問題なら、ラザフォード散乱を通して現代物理学の扉を開いたのもケプラー問題だったといえる。ここで「保存中心力を $V(r) = \beta r^n$（β は定数）とすると、軌道が閉じるのは $n = -1$（万有引力およびクーロン力）または $n = 2$（調和振動子）の場合に限られる」という定理（Bertrandの定理）[6]を引いておく。ニュートン力学の対象となった最古の問題が $n = -1$ の場合に相当していたことは、近代科学の発展にとって僥倖であったといえるだろう。

参考文献

[1] 米谷民明著『現代物理科学の論理と方法』（放送大学教育振興会、2013）
[2] ボホナー著、村田全訳『科学史における数学』（みすず書房、1970）

---

4) 入射エネルギー $E = 5.3$ MeV のアルファ粒子を銅（原子番号 $Z = 29$）の箔に当てた。

5) ラザフォードの言葉を借りれば「1枚のティッシュペーパーめがけて15インチ砲弾を打ち込んだところ、それが跳ね返ってきた」ような事態であった。

6) 原論文は J. Bertrand, C. R. Acad. Sci. Paris. 77, 849（1873）でフランス語で書かれている。英語訳がインターネット上のプレプリントサーバ http://arxiv.org/abs/0704.2396 から入手できる。

2 │ 古典物理学の形成

岸根順一郎

　本章では、現代物理学の土台としての古典物理学の知識を整理する。基盤となるのは「力と運動の物理」としての古典力学、および「場の物理」としての電磁気学である。これらを統合することで、物理現象を「粒子と場」という統一的視点で捉える見方が完成する。これは現代物理学の根幹となる。

2.1　古典力学の概要

力学的状態の捉え方：配位空間と相空間

　質点の1次元調和振動を考えよう。運動方程式は

$$m\ddot{x} = -m\omega^2 x \tag{2.1}$$

($\omega^2 = k/m$) である。運動方程式は2階の微分方程式であり、運動状態を一意的に決めるには初期位置 $x_0 = x(0)$ と初速度 $v_0 = \dot{x}(0)$ という2つの情報が必要である。

　運動方程式を「1階化」するために (2.1) を $\dot{x} = p/m$、$\dot{p} = -m\omega^2 x$ と分解して1階の連立微分方程式とみる。位置と運動量を組にして縦ベクトル $X = (\omega x, p/m)^T$ を作れば[1]、運動方程式は

$$\frac{dX}{dt} = \begin{pmatrix} 0 & \omega \\ -\omega & 0 \end{pmatrix} X \tag{2.2}$$

となる。右辺にあらわれた 2×2 行列を A とすれば、(2.2) の解は、$X(t) = e^{A}X(0)$ となる[2]。つまり $X(0)$ が決まればそれ以降の運動は一意に定まる。このことは、$X(t)$ つまり x と p の組によって運動状態を1対1に指定できることを意味する。x と p で張られる空間を相空間と呼ぶ。運動状態は、相空間の点で一意的に表されるのである。

---

1) T は転置を表す。

話を一般化して3次元空間で運動するN個の質点からなる系（自由度は3N）を考える。座標を直交座標に限定せずに一般化して $q = (q_1, q_2, \cdots, q_{3N})$ と書き、これを一般化座標と呼ぶ。q が動き回るベクトル空間は配位空間と呼ばれる。これと対応する運動量 $(p_1, p_2, \cdots, p_{3N})$ を組にすれば6N次元の相空間が構成できる。図2.1に、3次元空間（実空間）、3N次元配位空間、6N次元相空間における粒子状態の推移の概念図を示す。実空間では個々の粒子がそれぞれ個別の軌跡を描く。配位空間では各瞬間の配位が1点で表されるが、その軌跡は交差してよい。これに対して、相空間の点は力学的状態と1対1に対応するので軌跡が交差することはあり得ない。

運動状態を配位空間、相空間いずれで捉えるかによって古典力学の理論形式が決まる。ラグランジュ形式は配位空間、ハミルトン形式は相空間の力学である。さらにハミルトン・ヤコビ形式では「配位空間における作用の場」という見方があらわれる。そして、これらの形式の源流となるのが変分原理である。

変分原理

物理法則の記述法には、局所的・微分的な見方と大域的・積分的な見方がある。配位空間、相空間における運動方程式はともに微分法則であり、瞬間瞬間の力学的状態を追跡する見方を与える。これに対して異なる時刻の状態を与えたとき、これらをつなぐ軌道がどうあるべきかを問題にするのが変分原理（極値原理）に基づく大域的な見方である。

ラグランジュ形式：配位空間の変分原理

配位空間で実現される軌道は、一般化座標 $q = (q_1, q_2, \cdots, q_{3N})$ とその時間微分（一般化速度）$\dot{q}$ に依存するラグランジアン $L(q, \dot{q})$ から作られる作用

---

2) $A^2 = -\omega^2$, $A^3 = -\omega^2 A$, $A^4 = \omega^4$, $A^5 = \omega^4 A$, $\cdots$ に注意すれば $e^A = \sum_{n=0}^{\infty} \dfrac{A^n}{n!}$
$= \begin{pmatrix} \cos(\omega t) & \sin(\omega t) \\ -\sin(\omega t) & \cos(\omega t) \end{pmatrix}$ となるので $x(t) = x(0)\cos(\omega t) + \dfrac{p(0)}{m\omega}\sin(\omega t)$ が得られる。もちろんこれは初期条件を与えた場合の運動方程式の解である（『力と運動の物理』第6章）。

図2.1 実空間、配位空間、相空間における運動

$$S = \int_{t_0}^{t_1} L(\boldsymbol{q}, \dot{\boldsymbol{q}}) dt \tag{2.3}$$

に対する変分原理で決まる。S は関数 $q(t)$ の関数、つまり汎関数である。$\boldsymbol{q}$ を故意に $\boldsymbol{q} + \delta \boldsymbol{q}$ とずらすことに伴う S の変分は

$$\delta S = \int_{t_0}^{t_1} \left(\frac{\partial L}{\partial q_i} \delta q_i + \frac{\partial L}{\partial \dot{q}_i} \delta \dot{q}_i \right) dt \tag{2.4}$$

である[3]。右辺第2項を部分積分すると

$$\delta S = \int_{t_0}^{t_1} \left\{ \frac{\partial L}{\partial q_i} - \frac{d}{dt}\left(\frac{\partial L}{\partial \dot{q}_i}\right) \right\} \delta q_i dt + \frac{\partial L}{\partial \dot{q}_i} \delta q_i \bigg|_{t_0}^{t_1} \tag{2.5}$$

であるが、始点 ($t = t_0$) と終点 ($t = t_1$) の配位を固定 [$\delta q_i(t_0) = \delta q_i(t_1) = 0$] すると右辺第3項はゼロとなる。

このとき、途中経路に任意の微小変形を施しても S が変わらない（つまり S が極値をとる）ような軌道が実現する、というのがハミルトンによって確立された変分原理である。δq_i が任意であることからオイラー・ラグランジュ方程式

$$\frac{d}{dt}\left(\frac{\partial L}{\partial \dot{q}_i}\right) - \frac{\partial L}{\partial q_i} = 0 \tag{2.6}$$

が得られる。

ここまでは数学であるが、L をどう選ぶかは物理である。結局のところ L としては、運動方程式を正しく再現するものを選べばよい。質点系

---

3) 繰り返され得た添え字に対するアインシュタインの約束を用いた、$\frac{\partial L}{\partial q_i} \delta q_i$ は $\sum_{i=1}^{N} \frac{\partial L}{\partial q_i} \delta q_i$ を意味する。以下の議論でもこの約束を使う。

の場合、L は運動エネルギー $K(\dot{q})$ と位置エネルギー $V(q)$ の差として

$$L(q, \dot{q}) = K(\dot{q}) - V(q) \tag{2.7}$$

で与えられる。便利な座標を選んで L を構成し、(2.6) から運動方程式を導き出すのがラグランジュ形式の解析力学である。

対称性と保存則：ネーターの定理

　ラグランジアンの真価は、系が持つ対称性と保存則の関係を明白にする点である。まずは (2.6) をみると、L が q_i に依存しなければ

$$p_i \equiv \frac{\partial L}{\partial \dot{q}_i} \tag{2.8}$$

で定義される量が保存されることがわかる。これを q_i に共役な一般化運動量（正準運動量）と呼ぶ。この場合の q_i を循環座標と呼ぶ。L が q_i に全く依存しないという条件を少し緩め、「q_i の無限小変換 $q_i \to q_i + \varepsilon f_i$ のもとで L が不変である」ことを要請しよう。ただし時刻は固定しておく。ε は無次元の無限小量、f_i は q, t の関数である。この変換によるラグランジアンの無限小変化は

$$\delta L = \varepsilon \left(\frac{\partial L}{\partial q_i} f_i + \frac{\partial L}{\partial \dot{q}_i} \dot{f}_i \right) = \varepsilon \frac{d}{dt}\left(\frac{\partial L}{\partial \dot{q}_i} f_i \right) + \varepsilon \left\{ \frac{\partial L}{\partial q_i} - \frac{d}{dt}\left(\frac{\partial L}{\partial \dot{q}_i} \right) \right\} f_i \tag{2.9}$$

であるが、右辺第 2 項は (2.6) より消える。これより、上記の要請から

$$I = \frac{\partial L}{\partial \dot{q}_i} f_i = \boldsymbol{f} \cdot \nabla_{\dot{q}} L \tag{2.10}$$

という量が保存量であることがわかる。この結果は Emmy Noether によって 1915 年に証明され、今日ネーターの定理として知られる。

　例えば、相互作用する N 粒子系のラグランジアンは、直交座標を用いて

$$L = \sum_{i=1}^{N} \frac{1}{2} m_i \dot{\boldsymbol{r}}_i^2 - \sum_{i>j} V(\boldsymbol{r}_i - \boldsymbol{r}_j) \tag{2.11}$$

の形に書ける。V は相互作用ポテンシャル[4] である。このラグランジアンは、すべての $\boldsymbol{r}_i$ を一斉に平行移動（$\boldsymbol{r}_i \to \boldsymbol{r}_i + \varepsilon$）しても不変である。つまり並進対称性を持つ。空間が一様性を持つといってもよい。これに対

---

[4]　岸根順一郎、松井哲男、小玉英雄共著『力と運動の物理』（放送大学教育振興会、2019）第 9 章。

応する保存量として

$$P = \sum_{i=1}^{N} \nabla_{\dot{r}_i} L = \sum_{i=1}^{N} m_i \dot{r}_i \tag{2.12}$$

つまり系の全運動量が導かれる。

　中心力ポテンシャル中の1個の質点を考えると、ラグランジアンは

$$L = \frac{1}{2} m \dot{r}^2 - V(r) \tag{2.13}$$

であり、$V(r)$ は球対称性（回転対称性）を持つ。中心を通る軸のまわりの微小回転は $r \to r + \varepsilon \times r$ と書ける（ε は大きさが微小回転角 ε で回転軸の向きを持つベクトル）。対応して、(2.10) より

$$(\varepsilon \times r) \cdot \nabla_i L = (\varepsilon \times r) \cdot p = (r \times p) \cdot \varepsilon \tag{2.14}$$

つまり角運動量 $r \times p$ の保存則が導かれる。

　ネーターの定理は、系の対称性が高くなると保存則の数がどんどん増えて運動のパターンが制限されることを意味している。このことは、広大な宇宙空間（高対称世界）に放り出された宇宙飛行士に許されるのが等速直線運動だけであることを考えれば納得がいくだろう。逆に対称性が低くなるとダイナミクスの多様性が増す。

ハミルトン形式：相空間の変分原理

　ラグランジュ形式は配位空間の変分原理に基づくが、これを相空間の変分原理に書き換えよう。それには、ラグランジアンから一般化座標 q と、(2.8) で定義される p を独立変数（正準変数）とするスカラー量を作り出す必要がある。これはルジャンドル変換[5]によってハミルトニアン

$$H(q, p) = p \cdot \dot{q} - L(q, \dot{q}) \tag{2.15}$$

を導入することで遂行できる。両辺の微分をとり、(2.8) と (2.6) を使うと

$$dH = \dot{q}_i dp_i - \dot{p}_i dq_i \tag{2.16}$$

となって確かに H は q と p の関数であり、これらの変数の時間微分が

$$\dot{q}_i = \frac{\partial H}{\partial p_i}, \quad \dot{p}_i = -\frac{\partial H}{\partial q_i} \tag{2.17}$$

---

[5]　米谷民明、岸根順一郎共著『新訂　力と運動の物理』（放送大学教育振興会、2013）第13章。

で与えられることがわかる。これがハミルトンの正準方程式である。ラグランジアンが時間を陽に含まない限り、H は系の力学的エネルギーと等しい。

ポアソン括弧と量子力学への移行

正準方程式について2点コメントする。まず、正準変数 q と p の関数 $A(q, p)$ の時間発展が

$$\frac{dA}{dt} = \frac{\partial A}{\partial q_i}\dot{q}_i + \frac{\partial A}{\partial p_i}\dot{p}_i = \frac{\partial A}{\partial q_i}\frac{\partial H}{\partial p_i} - \frac{\partial A}{\partial p_i}\frac{\partial H}{\partial q_i} \tag{2.18}$$

で与えられることである。ここで、q と p の関数 A, B に対するポアソン括弧

$$\{A, B\} \equiv \frac{\partial A}{\partial q_i}\frac{\partial B}{\partial p_i} - \frac{\partial A}{\partial p_i}\frac{\partial B}{\partial q_i} \tag{2.19}$$

を導入すると (2.18) は

$$\frac{dA}{dt} = \{A, H\} \tag{2.20}$$

と書ける。これより、ハミルトニアンとのポアソン括弧がゼロになる物理量は保存することがわかる。共役な正準変数のペア q_i, p_j のポアソン括弧は

$$\{q_i, p_j\} = \delta_{ij} \tag{2.21}$$

を満たす。第4章でみるように、ポアソン括弧を演算子の間の交換関係と対応させ、

$$\{A, B\} \leftrightarrow -\frac{i}{\hbar}[\hat{A}, \hat{B}] \tag{2.22}$$

と置き換えることによって量子力学への移行(正準量子化)が遂行できる。

リウヴィルの定理

もう一点は、q と p を縦に並べて相空間のベクトル Q を作ると、正準方程式 (2.17) が

$$\frac{dQ}{dt} = J\nabla_Q H \tag{2.23}$$

という1本の1階微分方程式として表せることである。ここで

$$J = \begin{pmatrix} 0 & 1 \\ -1 & 0 \end{pmatrix} \quad (2.24)$$

（1はq、pと同じ次元の単位行列）である。これより、$V = J\nabla_Q H$が相空間の点の速度ベクトルを表すと解釈でき、このベクトル場の発散をとると

$$\nabla_Q \cdot V = \frac{\partial}{\partial q_i}\frac{\partial H}{\partial p_i} - \frac{\partial}{\partial p_i}\frac{\partial H}{\partial q_i} = 0 \quad (2.25)$$

となって湧き出しのない流れ（非圧縮性流）である。このことから、相空間に分布する状態点の集合が占める体積が、時間発展に伴って不変に保たれることがわかる。これがリウヴィルの定理である。この「相空間に分布する点の集合」は、統計力学における「アンサンブル」に対応し、ボルツマン、ギブズが統計力学を建設する際の土台となった。

ハミルトン-ヤコビ形式：配位空間の場としての作用

　ラグランジュ形式は配位空間、ハミルトン形式は相空間の点の運動を記述する枠組みであった。これらは、時刻t_0とt_1での状態は固定したうえで実際には起こらない仮想的な運動を含めて系に経験させ、その中で作用を極値化する運動が実現するとした。これに対して、相空間の経路としては実現するものだけを取り出すが、終状態をフリーにして「経路の束」を考える立場がハミルトン-ヤコビ形式である。

　終状態の時刻の固定を解いてこれを変数とし、さらに作用をハミルトニアンを使って書くと

$$S = \int_{t_0}^{t} [\boldsymbol{p} \cdot \dot{\boldsymbol{q}} - H(\boldsymbol{q}, \boldsymbol{p})] dt = \int_{q(t_0)}^{q(t)} \boldsymbol{p} \cdot d\boldsymbol{q} - \int_{t_0}^{t} H(\boldsymbol{q}, \boldsymbol{p}) dt \quad (2.26)$$

となる。これより、Sは$q(t)$とtの関数$S(q, t)$であり、

$$\boldsymbol{p} = \nabla_q S, \quad H = -\frac{\partial S}{\partial t} \quad (2.27)$$

の関係があることがわかる。一般に、ハミルトニアンはq、p、tの関数$H(q, p, t)$であるが、第1式よりpは$\nabla_q S$に等しい。そこで、第2式を

$$\frac{\partial S}{\partial t} + H\left(\boldsymbol{q}, \frac{\partial S}{\partial \boldsymbol{q}}, t\right) = 0 \quad (2.28)$$

と書き直すことができる。これがハミルトン-ヤコビ方程式である。S

は $q(t)$ と t の関数であるということは、作用が配位空間のスカラー場であるということだ。そして、(2.27) 第1式より明らかなように運動量は S が一定の曲面に垂直に流れる。これは、波が伝搬するとき波数が同位相面に垂直に流れることと類似であり、粒子の運動に波動性が潜んでいることを示唆している。シュレーディンガーは、この着想に基づいてシュレーディンガー方程式を考案したのである。

自由粒子のハミルトニアンは $H = \boldsymbol{p}^2/2m$ なので (2.28) は

$$\frac{1}{2m}\left(\frac{\partial S}{\partial \boldsymbol{r}}\right)^2 + \frac{\partial S}{\partial t} = 0 \tag{2.29}$$

となる。ここで $S(\boldsymbol{r}, t) = \overline{S}(\boldsymbol{r}) - Et$ と変数分離すると

$$(\nabla S)^2 = 2mE \tag{2.30}$$

$|\partial \overline{S}/\partial q| = \sqrt{2mE} = |\boldsymbol{p}|$ より $\overline{S} = \boldsymbol{q}\cdot\boldsymbol{p}$ である。よって作用が $S = \boldsymbol{q}\cdot\boldsymbol{p} - Et$ となることがわかる。S を波の位相と見なし、これを無次元化するために作用の次元を持つ定数 $\hbar$ を導入して自由平面波

$$\psi(\boldsymbol{q}, t) = A e^{\frac{i}{\hbar}S} \tag{2.31}$$

を作ることができる（A は振幅）。現代の私たちは、実は $\hbar$ がプランク定数であり、ψ が量子論的な波動関数と結びつくであろうことを知っているわけである。

幾何光学

ハミルトン-ヤコビ理論は、粒子の軌道の束を考えることで作用一定の「波面」という概念を浮き彫りにした。古典物理学の形成を語るうえで、幾何光学との関係も重要である。フェルマーの定理は、光線の経路が変分原理で決まることを主張する。

位置に依存する速さ $v(\boldsymbol{r})$ で進む光が空間の 2 点 $\boldsymbol{r}_0$、$\boldsymbol{r}_1$ を結ぶのに要する時間 $(t_0 \sim t_1)$ は $T = \int_{\boldsymbol{r}_0}^{\boldsymbol{r}_1} dl/v(\boldsymbol{r})$ である。$dl = v(\boldsymbol{r})dt$ は経路に沿う微小線要素の長さである。光の速さは媒質の屈折率 $n(\boldsymbol{r})$ を使って $v(\boldsymbol{r}) = c/n(\boldsymbol{r})$ と書ける。そこで改めて cT を作用と見なすと

$$S = \int_{t_0}^{t_1} n(\boldsymbol{r})v(\boldsymbol{r})dt \tag{2.32}$$

となる。つまりラグランジアンが $L = n(\boldsymbol{r})v(\boldsymbol{r})$ となることがわかる。

ここから正準運動量を作ると

$$p = \nabla_v L = n(r)v(r)/v(r) \tag{2.33}$$

であり、$L = n(r)v(r) = \boldsymbol{p}\cdot\boldsymbol{v}$ となることがわかる。この関係式より、終点Bの固定を解くと $S = \int_{r_0}^{r} \boldsymbol{p}\cdot d\boldsymbol{r}$ より $\boldsymbol{p} = \nabla S$ の関係が読み取れる。最後に (2.33) の両辺を2乗して得られる $p^2 = [n(r)]^2$ に $\boldsymbol{p} = \nabla S$ を適用すると

$$(\nabla S)^2 = [n(r)]^2$$

が得られる。これは (2.30) と全く類似である。ハミルトン-ヤコビ理論を通して光線と粒子の運動がつながるのである。

2.2 古典電気力学の概要

2.2.1 マックスウェル方程式と電磁場

マックスウェル方程式

電磁気的な力を空間に充満する場の分布として捉えたのはファラデーである。数学的にいえば、任意のベクトル場 $\boldsymbol{v}$ は、発散 $\nabla\cdot\boldsymbol{v}$ が有限で回転 $\nabla\times\boldsymbol{v}$ がゼロである純粋発散型の場と、逆に発散がゼロで回転が有限である純粋回転型の場に分解できる（ヘルムホルツの定理）。このことから、電場と磁場それぞれの発散と回転を決める合計4つの法則が必要になる。それがマックスウェル方程式

$$\nabla\cdot\boldsymbol{E} = \rho/\varepsilon_0 \tag{2.34}$$

$$\nabla\times\boldsymbol{E} = -\frac{\partial \boldsymbol{B}}{\partial t} \tag{2.35}$$

$$\nabla\cdot\boldsymbol{B} = 0 \tag{2.36}$$

$$\nabla\times\boldsymbol{B} = \mu_0\left(\boldsymbol{j} + \mu_0\frac{\partial \boldsymbol{E}}{\partial t}\right) \tag{2.37}$$

であり、これらを境界条件のもとで解くことで電磁場が決定できる。

(2.34) は電荷密度 ρ が純粋発散型の電場（クーロン電場）の源泉となることを記すもので、ガウスの法則と呼ばれる。(2.35) は磁場の時間変化が純粋回転型の電場（誘導電場）を作ることを示すファラデーの法則である。(2.36) は発散を持つ場が自然界に存在しないことを表しており、磁気単極子（モノポール）の不在に対応する。(2.37) は電流密

度 j が純粋回転型の磁場（アンペール磁場）の源泉となると同時に、電荷保存則

$$\frac{\partial \rho}{\partial t} + \nabla \cdot j = 0 \tag{2.38}$$

を維持するためにマックスウェルの変位電流と呼ばれる項 $\mu_0 \partial E/\partial t$ が必要であることを示している。

ローレンツ共変性

マックスウェル方程式には豊かな対称性が潜んでいる。その中で最も重要な対称性が、第3章で詳述されるローレンツ共変性である。アインシュタインは、電磁場の基礎理論がローレンツ共変であるのに、力学の基礎理論がなぜそうでないのか、という問題意識に立って特殊相対論を建設した。

図2.2 電気力学の枠組

荷電粒子と場

電磁場の成因が記述できたが、立場を変えて電荷と電流の側から見ればこれらは電磁場から（単位体積当たりの）ローレンツの力

$$f = \rho E + j \times B \tag{2.39}$$

を受けて運動する。これは「電磁場中の荷電粒子の力学」の問題である。ローレンツは電荷の源を電子の電荷に求め、物質の古典電子論を構築した。

図2.2に示すように、「荷電粒子が電磁場を作り、電磁場は荷電粒子に力を及ぼす」という2つの効果は互いに結びつく。場と粒子の概念をいったんは切り離し、次にこれらの相互作用を扱う見方が生まれる。これがローレンツが創始した「電気力学（electrodynamics）」の体系である。

電磁場の運動量

電磁場中の荷電粒子系の運動方程式は

$$\frac{dP_{粒子}}{dt} = \int_D (\rho E + j \times B) dv \tag{2.40}$$

である。ここでDは電荷および電流が分布する空間領域、dv は体積要素である。$P_{粒子}$ は粒子系の全運動量である。(2.34)と(2.37)を使うと、右

辺を純粋に電磁場のみを含む形で表すことができる。その結果、(2.40)を

$$\frac{d}{dt}(\boldsymbol{P}_{粒子}+\boldsymbol{P}_{場})=\int_{\partial D}\overleftrightarrow{\boldsymbol{T}}\cdot d\boldsymbol{S} \tag{2.41}$$

とまとめることができる。ここで∂Dは領域Dの表面を表す。左辺には電磁場自身が運ぶ運動量

$$\boldsymbol{P}_{場}=\epsilon_0\int \boldsymbol{E}\times \boldsymbol{B}dv \tag{2.42}$$

があらわれる[6]。(2.41) の右辺の$\overleftrightarrow{\boldsymbol{T}}$はマックスウェルの応力テンソル

$$T_{ij}=\epsilon_0\left(E_iE_j-\frac{1}{2}\delta_{ij}\boldsymbol{E}^2\right)+\frac{1}{\mu_0}\left(B_iB_j-\frac{1}{2}\delta_{\alpha\beta}\boldsymbol{B}^2\right) \tag{2.43}$$

であり、ベクトル$\overleftrightarrow{\boldsymbol{T}}\cdot d\boldsymbol{S}$の$i$成分が$T_{ij}dS_j$である。(2.41) の右辺は、境界を通して電磁場が系に与える力（応力）にほかならない。境界∂Dでの応力がない（例として∂Dを無限遠方にとる）場合、つまりDが完全に孤立した系である場合は (2.41) の右辺はゼロであり、粒子と電磁場の全運動量は保存する。

(2.41) は「D内の荷電粒子系に作用する合力が境界∂Dでのマックスウェル応力の表面積分、つまり境界を通しての運動量の流れで決まる」ということになる。これは、電磁力が運動量の流れ（力線）という形で空間に充満し、境界を通して物体に伝達されるという見方を示唆している。これこそが「近接作用」の考え方である。

電磁場のエネルギー

荷電粒子が電磁場から受け取る仕事率は、$K_{粒子}$を荷電粒子系の全運動エネルギーとして

$$\frac{dK_{粒子}}{dt}=\int_D \boldsymbol{j}\cdot \boldsymbol{E}dv \tag{2.44}$$

となる。これは力学的な関係式である。ところが、(2.37)を使って$\boldsymbol{j}$を消去すると、右辺を純粋に電磁場のみを含む形で表すことができる。その結果、(2.44) は

---

[6] 電場の次元$\mathrm{MLT}^{-3}\mathrm{I}^{-1}$、磁場の次元$\mathrm{MT}^{-2}\mathrm{I}^{-1}$、$\epsilon_0$の次元$\mathrm{M}^{-1}\mathrm{L}^{-3}\mathrm{T}^4\mathrm{I}^2$を考慮すると$\epsilon_0\boldsymbol{E}\times\boldsymbol{B}$が単位体積当たりの運動量の次元$\mathrm{ML}^{-2}\mathrm{T}^{-1}$を持つことが確認できる。

$$\frac{d}{dt}(K_{粒子}+U_{場}) = -\int_{\partial D}\boldsymbol{\Pi}_{場}\cdot d\boldsymbol{S} \tag{2.45}$$

という形にまとまる。この関係式は「ポインティングの公式」と呼ばれる。この式は電荷保存則 (2.38) と同様、ストックとフローを結びつける連続方程式の形を持っている。左辺は荷電粒子系の運動エネルギーと電磁場のエネルギー

$$U_{場} = \int\left(\frac{\epsilon_0}{2}E^2 + \frac{1}{2\mu_0}B^2\right)dv \tag{2.46}$$

の合計がエネルギーストックであることを示している。また、境界∂Dを通して単位面積当たり

$$\boldsymbol{\Pi}_{場} = \frac{1}{\mu_0}\boldsymbol{E}\times\boldsymbol{B} \tag{2.47}$$

のエネルギーの流れがある。$\boldsymbol{\Pi}_{場}$は「ポインティングベクトル」と呼ばれる。以上のように、電磁場と荷電粒子の間ではエネルギー、運動量（さらに角運動量も）が相互に行き来するのである。

2.2.2 平面電磁波

電磁波としての光

源泉電荷、電流が存在しない領域ではρと$\boldsymbol{j}$がゼロである。このとき、(2.35) および (2.37) の両辺の回転をとってからそれぞれ (2.34) と (2.36) を考慮すると、電場と磁場がそれぞれ波動方程式

$$\left(\Delta - \frac{1}{c^2}\frac{\partial^2}{\partial t^2}\right)\boldsymbol{E}=0, \quad \left(\Delta - \frac{1}{c^2}\frac{\partial^2}{\partial t^2}\right)\boldsymbol{B}=0 \tag{2.48}$$

($\Delta = \nabla^2$はラプラス演算子）を満たすことがわかる。ここに波の伝搬速度として

$$c = 1/\sqrt{\epsilon_0\mu_0} \tag{2.49}$$

があらわれる。マックスウェルは、この値が当時知られていた光速に極めて近いことから光が電磁波であることを確信した。

平面電磁波のエネルギー

(2.48) の解のうち最も基本的なものが無限空間を自由に進行する平面波解

$$E(x, t) = E_0 \sin\Theta(x, t)、B(x, t) = B_0 \sin\Theta(x, t) \tag{2.50}$$

である。E_0、B_0 は振幅を表す複素ベクトルであり、

$$\Theta(x, t) = k \cdot x - \omega t \tag{2.51}$$

は「位相」である。位相が空間を伝搬する速度（位相速度）は

$$v_{位相} = (\omega/k)\hat{k} = c\hat{k}$$

である。また、(2.50) をマックスウェル方程式に代入すると $B_0 = \dfrac{k}{\omega} \times E_0$ であることがわかる。k は E_0 から B_0 に右ねじを回す向きを持ち、さらに $E_0 = cB_0$ である。

電磁波が運ぶエネルギーの流れを表すポインティングベクトルは、

$$\Pi_{場}(x, t) = \frac{1}{\mu_0} E(x, t) \times B(x, t) = c\epsilon_0 E_0^2 \sin^2\Theta(x, t)\hat{k} \tag{2.52}$$

である。$\Theta(x, t) = k \cdot x - \omega t$ は平面波の位相である。時間平均をとると $\langle \sin^2\Theta(x, t) \rangle = 1/2$ より

$$\langle \Pi_{場} \rangle = \frac{1}{2} c\epsilon_0 E_0^2 \hat{k} = c\varepsilon \hat{k} \tag{2.53}$$

($\varepsilon = \dfrac{1}{2}\epsilon_0 E_0^2$ は電場のエネルギー密度)が得られる。$c\varepsilon$ という組合せから、文字通り $\langle \Pi_{場} \rangle$ がエネルギーの流れであることが理解できるだろう。また、電磁場の伝搬方向に沿う $\langle \Pi_{場} \rangle$ の成分

$$I = \langle \Pi \rangle \cdot \hat{k} = c\varepsilon \tag{2.54}$$

はエネルギー流の強度を表す。これが「電磁波の強度」と呼ばれる量であり、電磁波を特徴付ける実験的な測定量として最も基本的なものである。

さらに電磁場が運ぶ運動量密度の時間平均 $p \equiv \langle p_{場} \rangle$ は、(5.37) より

$$p = \frac{1}{c^2}\langle \Pi \rangle = \frac{\varepsilon}{c}\hat{k} = \frac{\varepsilon}{\omega} k \tag{2.55}$$

となる。(2.55) は質量ゼロの粒子のエネルギーと運動量の関係 $\varepsilon = cp$ に対応している。

関係式 (2.55) には、波動（位相）を特徴付ける波数 k と角振動数 ω、そして粒子の運動を特徴付ける運動量 p とエネルギー ε が混在している。つまり光の波動性と粒子性を関連付ける関係式と読むことができる。この見方は、前節でみた幾何光学と粒子の力学の類似性（ハミルトン–ヤ

コビ理論）と整合する。古典物理学から得られるこれらの知見が、物理学における最も重大なパラダイムシフトである量子力学の建設につながったのである。

2.2.3　電磁波の放射

電磁ポテンシャルとゲージの自由度

マックスウェル方程式のうち、物質の有無によらない (2.35)、(2.36) からポテンシャルが導入できる。まず (2.36) より、磁場が

$$B = \nabla \times A \tag{2.56}$$

と書けることがわかる。A をベクトルポテンシャルと呼ぶ。これを (2.35) へ代入すると、電場が

$$E = -\nabla \phi - \frac{\partial A}{\partial t} \tag{2.57}$$

と書ける。ϕ をスカラーポテンシャルと呼ぶ。

ところで磁場の発散は常にゼロなので、磁場には各時刻ごとに2個の関数の自由度しかない。ところがベクトルポテンシャルは3個の関数の自由度があるので1個分が冗長だということになる。この冗長性は以下のように処理できる。ベクトルポテンシャルに任意のスカラー場 λ の勾配をつけ加えた

$$A' = A + \nabla \lambda \tag{2.58}$$

もまた物理的に同じ磁場を与える。つまり、A が素朴に持つ3個の関数自由度のうち1個は任意に選んでその自由度を凍結してしまってよい。これがゲージの自由度である。変換 (2.58) に伴い、

$$\phi' = \phi + \frac{\partial \lambda}{\partial t} \tag{2.59}$$

と変換すれば電場も不変に保たれる。(2.58)、(2.59) をゲージ変換と呼ぶ。

ゲージ自由度が固定できることを活用し、ローレンツゲージ

$$\nabla \cdot A + \frac{1}{c}\frac{\partial \phi}{\partial t} = 0 \tag{2.60}$$

を選ぶと、(2.34)、(2.37) はそれぞれ源泉を持つ波動方程式の形

$$\Delta\phi - \frac{1}{c^2}\cdot\frac{\partial^2\phi}{\partial t^2} = -\rho/\epsilon_0, \quad \Delta\mathbf{A} - \frac{1}{c^2}\cdot\frac{\partial^2\mathbf{A}}{\partial t^2} = -\mu_0\mathbf{j} \qquad (2.61)$$

になる。

　このように、ゲージの自由度とは物理理論を記述する上での冗長性の表れに過ぎない。しかし、これを「物理理論はゲージ変換の下で不変でなくてはならない」と読み替えるとゲージの自由度が積極的な意味を持つことになる。古典物理学において、場を記述する上での"黒子"の役割しか果たさなかったゲージの自由度は、量子物理学の世界で主役を演じることになる。

遅延ポテンシャル

　(2.61) を解いてポテンシャルが求められれば、(2.56)、(2.57) から電場と磁場が計算できる。ここで、場が位置$\mathbf{y}$で時刻tに発信されるとき、信号が光速で伝搬して位置$\mathbf{x}$で受信される時刻は

$$\tau_x(t) = t - |\mathbf{x} - \mathbf{y}|/c \qquad (2.62)$$

である。このことを反映して、電磁ポテンシャルの解は

$$\phi(\mathbf{x}, t) = \frac{1}{4\pi\epsilon_0}\int\frac{\rho(\mathbf{y}, \tau_x)}{|\mathbf{x}-\mathbf{y}|}dv_y \qquad (2.63)$$

$$\mathbf{A}(\mathbf{x}, t) = \frac{\mu_0}{4\pi}\int\frac{\mathbf{j}(\mathbf{y}, \tau_x)}{|\mathbf{x}-\mathbf{y}|}dv_y \qquad (2.64)$$

となる。ここで、dv_yは場の発信点を含む微小体積要素である。これらは「遅延ポテンシャル」と呼ばれる。

電磁場の一般公式

　遅延ポテンシャルから電場と磁場の一般形を導くと、

$$\mathbf{E}(\mathbf{x}, t) = \frac{1}{4\pi\epsilon_0}\int_D\left[\frac{\rho(y, \tau_x)}{R^2}\hat{R} + \frac{\dot{\rho}(y, \tau_x)}{cR}\hat{R} - \frac{\dot{\mathbf{j}}(y, \tau_x)}{c^2R}\right]dv_y \qquad (2.65)$$

$$\mathbf{B}(\mathbf{x}, t) = \frac{\mu_0}{4\pi}\int_D\left[\frac{\mathbf{j}(y, \tau_x)}{R^2} + \frac{\dot{\mathbf{j}}(y, \tau_x)}{cR}\right]\times\hat{R}\,dv_y \qquad (2.66)$$

が得られる。ここで$R = |\mathbf{x} - \mathbf{y}|$である。この結果は、静電場のクーロンの法則を場の源が時間変化する場合に拡張したものである。重要なポイントは、距離の-1乗に比例する電場があらわれたことである。静電場

のクーロンの法則が距離の−2乗に比例する電場を与えたのに対し、遅延効果によって新しいタイプの距離依存性を持つ場があらわれたのである。この新しいタイプの場は、源から遠く離れた遠方で特に重要になる。R^{-1}はR^{-2}より緩やかに減衰するため、より遠方まで尾を引くのである。この場こそが源から遠く離れて伝搬する電磁波を担うのである。

双極子放射、放射領域と近接領域

さらに具体的に踏み込もう。場の源は空間原点周辺の小さな領域（源泉領域）に閉じ込められているとする。さらに、場を受信する点は源泉領域と比べてはるかに遠いとする。このとき、$R=|\boldsymbol{x}-\boldsymbol{y}|$を$r=|\boldsymbol{x}|$で置き換えてしまってよい。このような条件を満たす受信点xは「放射領域」にあるという。逆に、源泉領域近傍ではR^{-2}の項が支配的になり、静電磁場的（つまりクーロンおよびアンペール的な）磁場が源泉近傍に"しずく"のごとくまとわりつく。この領域を「近接領域」と呼び、対応する光は近接場光という。

放射領域での (2.66) は、電気双極子モーメント

$$\boldsymbol{p}(t) = \int_D \boldsymbol{y} \rho(\boldsymbol{y}, t) dv_y \qquad (2.67)$$

を使って

$$\boldsymbol{B}_{\text{放射}}(\boldsymbol{x}, t) = \frac{\mu_0}{4\pi c} \cdot \frac{\ddot{\boldsymbol{p}}(t-r/c) \times \hat{\boldsymbol{r}}}{r} \qquad (2.68)$$

と書ける。このように、源から遠く離れた点での電磁波は、電気双極子が生み出す電磁場として記述できる。このような放射が「双極子放射」である。ここに$\ddot{\boldsymbol{p}}$があらわれたことに注意しよう。これは、電磁波の放射には荷電粒子の加速度運動が必要であるという一般的事実に対応している。逆に、加速度運動する荷電粒子は電磁波を放射する。

古典原子の崩壊

加速度運動する荷電粒子が電磁波を放射することをすでに述べた。この事実は、古典物理学の範囲では原子が安定に存在できないことを示唆する。水素原子のモデルとして、電子が原子核の周りで速さv_eで等速円運動（半径r_0）を行うとする。このとき、向心加速度

$$a = \frac{v_e^2}{r_0} = \frac{1}{4\pi\epsilon_0} \cdot \frac{e^2}{m_e r_0^2} \tag{2.69}$$

の発生に伴って放射される電磁波が単位時間当たり運び去るエネルギー（つまり仕事率）は

$$P = \frac{\mu_0 e^2 a^2}{6\pi c} \tag{2.70}$$

で与えられる。これをラーモアの公式と呼ぶ。電磁波の放射がない場合、電子の運動エネルギーは

$$K = \frac{1}{2}m_e v_e^2 = \frac{1}{8\pi\epsilon_0} \cdot \frac{e^2}{r_0} \tag{2.71}$$

である。しかし、実際には電磁波の放射によって単位時間当たり P のエネルギーが失われるので、時間

$$\tau = \frac{K}{P} = \frac{12\pi^2 \epsilon_0^2 r_0^3 c^3 m_e^2}{e^4} \tag{2.72}$$

の後には電子は運動エネルギーを失って原子核に落ち込んでしまう。水素原子の広がりとして $r_0 = 0.53 \times 10^{-10}$ m を用いれば、$\tau \simeq 4.7 \times 10^{-11}$ sec が得られる。このような短時間に、原子は潰れてしまう。このように、古典的な原子模型には古典物理学そのものによって深刻な矛盾を突きつけられる。この矛盾は、ハイゼンベルクの不確定性原理によって救われることになる。

2.2.4 古典電気力学のラグランジアン

電磁場中の荷電粒子

電磁場中の荷電粒子を考える。(2.56)、(2.57) より、運動方程式は

$$m\frac{d\boldsymbol{v}}{dt} = q(\boldsymbol{E} + \boldsymbol{v} \times \boldsymbol{B}) = q\left(-\nabla\phi - \frac{\partial \boldsymbol{A}}{\partial t}\right) + q\boldsymbol{v} \times (\nabla \times \boldsymbol{A}) \tag{2.73}$$

であるが、これは

$$\frac{d}{dt}(m\boldsymbol{v} + q\boldsymbol{A}) = -q\nabla(\phi - \boldsymbol{v} \cdot \boldsymbol{A}) \tag{2.74}$$

と変形できる[7]。この形から、荷電粒子のラグランジアンを

$$L = \frac{1}{2}mv^2 - q\phi + qv \cdot A \tag{2.75}$$

とすればよいことがわかる。

このラグランジアンから導かれる正準運動量は

$$p = \frac{\partial L}{\partial v} = mv + qA \tag{2.76}$$

であり、これを使うと (2.74) は $\dot{p} = -\nabla\phi$ の形に収まる。また、対応するハミルトニアンは

$$H = v \cdot p - L = \frac{1}{2m}(p - qA)^2 + q\phi \tag{2.77}$$

となる。このように、磁場中では運動学的運動量と正準運動量が異なる。この状況を理解するには、空間に静止した荷電粒子が誘導電場 $E_{誘導} = -\partial A/\partial t$ によって短時間 dt に加速された場合の力積

$$d(mv) = qE_{誘導}dt = q\frac{\partial A}{\partial t}dt = -qdA \tag{2.78}$$

を考えるとよい。このとき $d(mv + qA) = dp = 0$ となって正準運動量 p は不変に保たれる。つまり正準運動量は誘導電場による力積を取り込んだ運動量と解釈できる。

電磁場の解析力学

　電磁場がエネルギーと運動量を備えた物理的実在であることを強調してきた。これは、場の力学も粒子の力学同様、変分原理で導かれることを意味している。粒子の座標は時間のみの関数であったが、場は位置と時間の関数として $\phi(r, t)$ の形を持つ。この意味で、場の力学には位置と時間が対等に入ってくる。この結果、粒子のラグランジアンが座標とその時間微分の関数であったのに対し、場のラグランジアンは場の時間微分と空間微分の関数である。これより、場の作用は

---

7)　恒等式 $v \times (\nabla \times A) = \nabla(v \cdot A) - (v \cdot \nabla)A$ および $\dfrac{dA(r,t)}{dt} = \dfrac{\partial A(r,t)}{\partial t} + (v \cdot \nabla)A(r,t)$ を使う。

$$S = \int dt \int dv \mathcal{L}[\phi(r,t), \dot{\phi}(r,t), \nabla \phi(r,t)] \quad (2.79)$$

の形を持つ。ここに、$\mathcal{L}$ は単位体積当たりのラグランジアン（ラグランジアン密度）である。この作用の変分は、$\phi \to \phi + \delta\phi$ とずらすことで得られる。オイラー・ラグランジュ方程式は

$$\frac{\partial}{\partial t}\left(\frac{\partial \mathcal{L}}{\partial \phi/\partial t}\right) + \frac{\partial}{\partial x_i}\left[\frac{\partial \mathcal{L}}{\partial(\partial \phi/\partial x_i)}\right] = \frac{\partial \mathcal{L}}{\partial \phi}$$

（$i = 1, 2, 3$ は座標の空間成分）となる。荷電粒子との結合を考慮しない、電磁場単体のラグランジアン密度は

$$\mathcal{L} = \frac{1}{2}\left(\epsilon_0 E^2 - \frac{1}{\mu_0} B^2\right) = \frac{1}{2}\epsilon_0\left[\left(\nabla\phi + \frac{\partial A}{\partial t}\right)^2 - c^2(\nabla \times A)^2\right] \quad (2.80)$$

で与えられる。

古典電気力学のラグランジアン

荷電粒子と電磁場からなる系全体のラグランジアンは

$$L = \sum_i \left(\frac{1}{2} m_i v_i^2 + q_i v_i \cdot A - q_i \phi\right) + \frac{1}{2}\epsilon_0 \int dv (E^2 - c^2 B^2) \quad (2.81)$$

で与えられる。このラグランジアンは、古典電気力学の標準模型というべきものである。ディラックとファインマンは量子力学におけるラグランジアン（作用関数）の意味を探求し、作用関数が量子力学的な確率振幅と直結することを見いだした。上記のラグランジアンは、これを量子化することで場の量子論の枠組みと自然に調和することになる。

参考文献

[1] L. D. ランダウ、E. M. リフシッツ著、水戸巌、恒藤敏彦、廣重徹翻訳『力学・場の理論―ランダウ＝リフシッツ物理学小教程（ちくま学芸文庫）』（筑摩書房、2008）

[2] 岸根順一郎、松井哲男、小玉英雄共著『力と運動の物理』（放送大学教育振興会、2019）

[3] 米谷民明、岸根順一郎共著『場と時間空間の物理』（放送大学教育振興会、2014）

3 相対性理論

小玉英雄

相対性理論の歴史的背景を簡単に振り返り、特殊相対性理論の基礎概念と定式化を復習した後、一般相対性理論の基本仮定と定式化について解説する。さらに、一般相対性理論に特有の現象であるブラックホールと重力波について、研究の歴史と現状を簡単に紹介する。

3.1 相対性原理の発展

相対性理論と聞くと、アインシュタインの理論を思い浮かべる人が多いと思う。しかし、その基礎にある相対性原理という考え方はずっと古く、現代からみると、ニュートン理論は実は最初の相対性理論であった。ニュートン理論と比較してアインシュタインの特殊相対性理論の新しい点は、電磁気学の法則と力学の法則の双方が相対性原理を満たすためには、力学法則と同時に時間空間の概念を大きく変更する必要があることを示したことにある。

3.1.1 ニュートン理論における相対性

ガリレオは、力を受けていない物体は等速直線運動するという**慣性の法則**を発見したことで有名である。ただし、この慣性の法則はどのような基準系でも成り立つわけではない。ある特殊な基準系に対してのみ成り立つ。

ニュートンは、ガリレオ・ガリレイ、ケプラーらの研究を基に力学と重力の基礎理論を確立したが、その基礎となる運動法則は、（第1法則）慣性の法則、（第2法則）運動方程式、（第3法則）作用反作用の法則の3つからなる。この運動法則には、それらがどのような基準系、あるい

は空間時間に対して成り立つのか明記されていない。これは、彼が運動法則が成り立つ基準系に付随する空間と時間は唯一であると考えていたためである。このような空間と時間は**絶対空間**、**絶対時間**と呼ばれる。

それでは、この唯一の絶対空間・絶対時間に対応する基準系を見いだすことはできるだろうか？もし、それが可能なら、自然法則が基準系のとり方により異なるはずである。しかし、実はニュートン理論はそうなっていない。まず、絶対空間において等速直線運動する物体は、絶対空間において等速直線運動する別の基準系から見ても、常に等速直線運動をする。したがって、絶対空間に対して等速直線運動するすべての基準系で慣性の法則が成り立つ。これら慣性の法則が成り立つ基準系を**慣性系**と呼ぶ。

力の法則として、ニュートンの重力理論を仮定すると、運動方程式もすべての慣性系で一致する。これを示すためには、異なる慣性系における粒子の空間座標と時間の関係（座標変換則）を決定する必要がある。ニュートン理論では、この変換で空間の2点の距離が変化しないことを仮定する。また、時間間隔も不変であるとする。これらの要請をすると、慣性系 $S:(r, t)$ からそれに対して速度 V で運動する別の慣性系 $S':(r', t')$ への変換は一意的に定まり、

$$r' = A(r - Vt) + a 、 t' = t + b \tag{3.1}$$

で与えられる。ここで、A は座標軸のとり方の自由度を表す3次元の直交行列、a は空間原点の取り替えの自由度を表す定数ベクトル、b は時間の原点の取り替えの自由度を表す定数である。この変換は**ガリレイ変換**と呼ばれる。この式からの帰結として、特に、座標軸を平行にとった場合（**特殊ガリレイ変換**、$A = 1$）、粒子の速度の変換則は

$$v = v' + V \tag{3.2}$$

となる。すなわち、基準系Sに対して基準系S'が速度 V、S'に対して粒子が速度 v' で運動しているとき、元の基準系Sに対する粒子の速度はこれらの相対速度の和で与えられる。これは**速度の単純加法則**と呼ばれる。

簡単のため2粒子のみから成る系を考え、それらの位置ベクトルを r_1, r_2 とすると、第1粒子の運動方程式は、$m_1 a_1 = f_1 = G m_1 m_2 r_{12} / r_{12}^3$ となる。ここで、a_1 は第1粒子の加速度、$r_{12} = r_2 - r_1$、$r_{12} = |r_{12}|$ である。特殊ガリレイ変換は明らかに加速度を保つ（$a' = a$）。また、2粒子の相対位置ベクトル r_{12} も変化させない。したがって、質量が基準系に依存しないと仮定すると、第1粒子の運動方程式はガリレイ変換で不変となる。第2粒子の運動方程式についても同様である。したがって、運動方程式と力の法則はすべての慣性系で同じ表式で表される。この事実は、現在ではニュートン理論が**ガリレイの相対性原理**を満たすと表現される。ニュートンが想定した絶対不可侵唯一無二の空間と時間という考え方は、自らの生み出した理論により否定されたのである。

3.1.2 特殊相対性理論

　ニュートン理論は、ハレー彗星の回帰を予言するなどめざましい成果を上げ、19世紀はじめには、すべての自然現象は粒子系の力学に還元されるとする力学的自然観が広く信じられるようになった。この成功に大きな影を落としたのが、電磁現象の研究である。特に、ニュートン自信が創始した光学の分野において深刻な問題が発生した。ニュートンは著書で光の粒子説を提唱したが、19世紀に入るとヤング、フレネルらの実験および理論研究により、光は波動であるという説がほぼ確立した。そこで、力学的自然観に立つ人々は、エーテルと呼ばれる仮想的な媒質を導入し、その波動として光を記述しようと試みた。このエーテル理論では、速度の単純加法則を仮定すると、明らかに光の伝播速度は観測者（ないし物質）のエーテルに対する速度に依存する。ところが、すべての実験は、光速が観測者や物質の運動速度に依存しないことを示していた。この矛盾を解消するためには、振動数ごとに異なるエーテルが存在し、それぞれが物質の運動に異なる速度で引きずられるという実に奇妙な理論を導入することを余儀なくされた。この様な状況でエーテル理論を最終的に葬り去ったのが、よく知られているマイケルソン-モーリーの実験（1981、1987）である。彼らは、アーム型干渉計を用いて、地球を基準系とする真空中の光速が地球の公転運動の影響を受けないことを

公転速度と光速の比の2乗の精度で示したのである。

　このようなエーテル理論の悪戦苦闘を尻目に、ファラデーは電磁現象を電磁場という新たな実体を導入することにより記述することを提案し、電磁場の振る舞いを規定する基本法則を実験により確立した。これらの基本法則は、マックスウェルにより現在マックスウェル方程式と呼ばれる偏微分方程式系にまとめられた（1864）。この方程式系は光速で伝搬する波動解を持つが、実際に変動電流が光速で伝搬する波（電磁波）を生成することがヘルツにより実験的に検証され（1888）、光が電磁現象であることが確立した。

　これらのファラデー-マックスウェル理論の成功により問題が解決したわけではない。ニュートン理論を不変にするガリレイ変換は速度の単純化法則に基づいているが、この変換則を電磁波に適用すると、光速が慣性系ごとに異なるという結論が得られる。実際、ある慣性系において光速で伝搬する平面波の位相 $\Phi = \omega t - \bm{k}\cdot\bm{r}\,(\omega/|\bm{k}|=c)$ に速度 $\bm{V}$ で運動する慣性系への特殊ガリレイ変換 (3.1)($A=1$) を施すと、$\Phi' = (\omega - \bm{k}\cdot\bm{V})t' - \bm{k}\cdot\bm{r}' + \mathrm{const}$ となる。すなわち、新たな慣性系での光速は $c' = \omega'/|\bm{k}'| = (\omega - \bm{k}\cdot\bm{V})/|\bm{k}| = c - \bm{n}\cdot\bm{V}$ となる。ここで、$\bm{n} = \bm{k}/|\bm{k}|$ は波の伝搬方向を表す単位ベクトルである。したがって、物体の速度と同様に、光の速度も一般にはガリレイ変換で変化し、真空の光速が慣性系によらないという実験事実と矛盾する。

　ここまで来れば、何をすべきかは明らかである。真空の光速の不変性と相対性原理が正しいとすると、矛盾が起きた原因は、慣性系の間の変換がガリレイ変換で与えられるという仮定にある。もとをたどると、この仮定の論拠は、変換により空間の距離や時間の間隔が不変に保たれるという前提にあったが、実はこの前提は何ら実験的根拠を持っていなかった。この根拠のない前提を放棄し、実験的に確認された事実のみに基づいて慣性系の間の新たな変換則を探さないといけない。これが、アインシュタインのたどりついた結論である。すなわち、彼は物理学の基本法則が次の2つの条件を満たすことを要請するとどのような帰結が得られるかを組織的に研究し、特殊相対性理論と呼ばれる新たな物理法則

の枠組みを完成させた。

1) **特殊相対性原理**:すべての慣性系は法則記述において対等であり、物理法則はすべての慣性系において同じ表式で表すことができる。
2) **光速不変性**:真空中の光速はすべての慣性系において同じ値をとる。

アインシュタインは、まず、基準系に付随した相対空間、相対時間を、本来の定義に戻り、空間を埋め尽くす無限個の仮想的標準時計により定義した。すなわち、各事象の空間座標 $r=(x, y, z)=(x^1, x^2, x^3)$ はそれが起きた位置にある時計を区別する3次元的なラベル、時間座標 t はその時計の読みと定義する。次に、このような一般の基準系の中で、光速が一定値 c となる基準系を慣性系とする。すなわち、慣性系では、時刻 $t=t_0$ に空間座標 $r=(x_0, y_0, z_0)$ から出た光の光波面は、方程式

$$-c^2(t-t_0)^2+(x-x_0)^2+(y-y_0)^2+(z-z_0)^2=0 \qquad (3.3)$$

に従う。したがって、慣性座標系の間の変換 $S:(t, r) \to S':(t', r')$ は、光波面に対するこの方程式を保たないといけない。この条件は非常に強く、変換式が1次式でないと満たされないことが示される。この1次変換は、明らかに、空間の原点の変更（空間並進） $r \to r'=r+a$、時間の原点の変更（時間並進） $t \to t'=t+b$、空間の回転 $r \to r'=Rr$ を含んでいる。このことを用いると、条件を満たす任意の変換は、これらの変換と次の形をした特殊な変換の組み合わせとして表されることが示される：

$$x'^i = p_i x^i + q_i t \,(i=1,2,3), \quad t' = lt + \sum_i s_i x^i \qquad (3.4)$$

この変換により、$-c^2 t'^2 + x'^2 + y'^2 + z'^2 = 0$ が $-c^2 t^2 + x^2 + y^2 + z^2 = 0$ となるとすると、まず xy、yz、zx の形の項があらわれないことより、s_i はどれかひとつを除いてゼロとなることがわかる。したがって、必要なら適当な回転により x, y, z を入れ替えて、$s_1=s$, $s_2=s_3=0$ とできる。このとき、tx^i の形の項があらわれないことより、$q_2=q_3=0$、$p_1 q_1 = ls$ が得られる。最後に、残った対角項の係数が等しいことより、$l^2 - q_1^2/c^2 = p_1^2$ $- c^2 s^2 = p_2^2 = p_3^2$ を得る。また、慣性系 S' の S に対する速度を V とすると、

S′の原点 $r'=0$ のSにおける運動が $r=Vt$ と表されることより、$V=(V,0,0)$ および $p_1V+q_1=0$ を得る。以上の条件を解くと、

$$ct'=\lambda\gamma(ct-\beta x),\quad x'=\lambda\gamma(x-Vt),\quad y'=\lambda y,\quad z'=\lambda z \tag{3.5}$$

を得る。ここで、$\beta=V/c$, $\gamma=(1-\beta^2)^{-1/2}$ で、γ は**ローレンツ因子**と呼ばれる。また、λ はゼロではない任意定数で、時間座標と空間座標を同じ比率で一斉に拡大縮小する**スケール変換**の拡大比率を表すパラメータである。物理法則はこの変換に対して、一般に不変でないので、慣性座標系の間の変換では $\lambda=1$ となるもののみを考える。このとき、相対速度 V のみをパラメータとして持つ変換（3.5）を**特殊ローレンツ変換**、特殊ローレンツ変換と空間回転・反転、時間反転を組み合わせた変換を単に**ローレンツ変換**と呼ぶ。また、ローレンツ変換と時間および空間の並進を組み合わせた変換は**ポアンカレ変換**と呼ばれる。この最も一般的な慣性系の間の変換は、$(x^a)=(ct,x^1,x^2,x^3)$ とおくと

$$x'^a=\Lambda^a{}_b x^b+A^a,\quad \eta_{cd}\Lambda^c{}_a\Lambda^d{}_b=\eta_{ab} \tag{3.6}$$

と表される。ここで、添え字 $a, b, c, \cdots$ は 0, 1, 2, 3 の値をとるものとする。したがって、$\Lambda=(\Lambda^a{}_b)$ は4次の定数正方行列、A^a は4次元の定数ベクトルである。また、$\eta=(\eta_{ab})$ は、$-\eta_{00}=\eta_{11}=\eta_{22}=\eta_{33}=1$ となる4次の対角型行列で**ミンコフスキー計量テンソル**と呼ばれる。以下、「同じ項に同じ添え字が上付きと下付きにあらわれたときはその添え字について和をとる」という**アインシュタインの和の規約**を用いる。例えば、$\Lambda^a{}_b x^b \equiv \sum_{b=0}^{3}\Lambda^a{}_b x^b$ である。

さて、特殊ローレンツ変換に戻ろう。変換式(3.5)はガリレイ変換(3.1)といくつかの点で大きく違っている。まず、特殊ローレンツ変換では時間座標の変換に空間座標が含まれている。これは、時間と空間が全く独立であったニュートン理論と異なり、互いに運動する慣性系の間の時刻の関係が空間的位置に依存することを意味する。特に、2つの事象が同時刻に起きたかどうかは基準となる慣性系、言いかえれば観測者により異なる。このため、相対性理論では時間と空間を不可分のものとして一

体として捉え、**時空**と呼ぶ。次に、変換則の時間座標や空間座標の前に、γという余分な因子が付いている。この因子は、慣性系の間の変換で、時間間隔や空間的距離が変化することを意味し、運動する時計の進みが$1/\gamma$倍に遅れる現象や運動する物体が運動方向に$1/\gamma$倍に縮む現象（**ローレンツ収縮**）を引き起こす。これらの効果により、速度の単純加法則は破れ、慣性系Sでの速度$\boldsymbol{v}=d\boldsymbol{r}/dt$と慣性系S′での速度$\boldsymbol{v}'=d\boldsymbol{r}'/dt'$の具体的な関係は

$$v'_x = \frac{v_x - V}{1 - Vv_x/c^2}, \quad v'_y = \frac{1}{\gamma}\frac{v_y}{1 - Vv_x/c^2}, \quad v'_z = \frac{1}{\gamma}\frac{v_z}{1 - Vv_x/c^2} \quad (3.7)$$

となる。$|Vv_x|/c^2$と$|V|/c$が無視できるほど小さいときには単純加法則が成り立つが、相対速度が大きくなると単純加法則から大きくずれる。特に、$c^2 - v'^2 = (c^2 - v^2)\gamma^{-2}/(1-\beta v_x/c)^2$より、$|\boldsymbol{v}|=c$なら$|\boldsymbol{v}'|=c$となる。

特殊相対性理論における運動方程式は見かけ上、ニュートン理論と同じで、粒子の運動量$\boldsymbol{p}$は質量mと速度$\boldsymbol{v}$を用いて$\boldsymbol{p}=m\boldsymbol{v}$と表され、粒子に作用する力$\boldsymbol{f}$は運動量の時間変化率として定義される：

$$\frac{d\boldsymbol{p}}{dt} = \boldsymbol{f}; \quad \boldsymbol{p} = m\boldsymbol{v}. \quad (3.8)$$

ただし、特殊相対性理論では質量は速度に依存し、静止時の質量（**静止質量**）m_0を用いて、

$$m = m_0 \gamma \quad (3.9)$$

と表される。ここで、γは粒子の速度から定義されるローレンツ因子$\gamma = (1-v^2/c^2)^{-1/2}$である。この運動方程式より、エネルギー方程式

$$\frac{dE}{dt} = \boldsymbol{v} \cdot \boldsymbol{f}; \quad E = mc^2 = m_0 c^2 \gamma \quad (3.10)$$

が得られる。4次元運動量ベクトルと呼ばれる4次元時空のベクトルp^aを$p^0 = E/c$, $(p^1, p^2, p^3) = \boldsymbol{p}$により定義すると、ローレンツ変換(3.6)に対して、p^aは、$p'^a = \Lambda^a{}_b p^b$と変換することが確かめられる。この変換則は、時空の変位ベクトル$\Delta x^a = x_2^a - x_1^a$の変換則と一致するので、このように変換する4次元量は**4元反変ベクトル**と呼ばれる。また、4次元力ベク

トル F^a を $F^0 = \gamma \boldsymbol{v} \cdot \boldsymbol{f}/c$, $F^i = \gamma f^i$ により定義すると、F^a は4元反変ベクトルとして変換することが示され、運動方程式とエネルギー方程式がコンパクトに

$$\frac{dp^a}{d\tau} = F^a \qquad (3.11)$$

と表される。ここで、τ は、$d\tau = dt/\gamma$ により粒子の時空軌道に沿って定義される時間パラメータで、**固有時**と呼ばれる。この量はどのような慣性系で計算しても同じ値となるのでスカラー量と呼ばれ、相対性理論全般で非常に重要な役割を果たす。τ がローレンツ変換で不変で、p^a と F^a がともに4元反変ベクトルとして変換するので、運動方程式(3.11)はローレンツ変換で不変で、特殊相対性原理の要請を満たすことが確認できる。

以上、天下りに運動方程式を与えたが、(3.11) がローレンツ変換に対して不変で、速度 $v \to 0$ の極限でニュートンの運動方程式と一致することより、特殊相対性理論の要請を満たす運動方程式は (3.8) に限られることが論理的に結論される。

運動方程式とは異なり、電磁場に対するマックスウェル方程式は、修正なしにローレンツ不変な形に書き換えられる。例えば、真空中の電磁場に対しては、電場 E、磁場 B の代わりに、電磁テンソルと呼ばれる反対称行列 F_{ab} を $F_{i0} = E^i$, $F_{jk} = c\epsilon_{jkl}B^l$ ($i, j, k, l = 1, 2, 3$, ϵ_{ijk} は $\epsilon_{123} = 1$ となる完全反対称テンソル) により導入し、電荷密度 ρ_e と電流密度 $\boldsymbol{j}$ から4元電流密度ベクトル $(J^a) = (\rho, \boldsymbol{j}/c)$ を定義すると、マックスウェル方程式は

$$\partial_b F^{ab} = \frac{1}{\epsilon_0} J^a, \quad \partial_a F_{bc} + \partial_b F_{ca} + \partial_c F_{ab} = 0 \qquad (3.12)$$

とコンパクトに表される。ここで、η^{ab} を η_{ab} の逆行列(実際には同じもの)として、$F^{ab} = \eta^{ac}\eta^{bd}F_{cd}$ である。ローレンツ変換に対して、電磁テンソル F_{ab} は2つのベクトルの積 $V_a W_b$ と同じ変換則従うので、$\partial_b F^{ab}$ は J^a と同じく反変ベクトルとして変換する。これより、(3.12) はローレンツ変換で不変となることが示される。

3.1.3 一般相対性原理

特殊相対性理論は力学と電磁気学を整合的に記述する枠組みを提供するが、重力を記述することができない。その原因は、重力の万有性にある。

ニュートン理論によると、重力はすべての物体に引力として作用し、その大きさは物体の慣性質量 $m_i = m$ に比例する。すなわち、物体に対する重力 f を、その物体の**重力質量** m_g と物体によらない重力加速度 g を用いて、$f = m_g g$ と表すと、$m_i = m_g$ が成り立つ。これは、エトヴェスを始め、多くの研究者により高い精度で実験的に確かめられている。この事実により、粒子に重力以外の力が働かないとき、ニュートンの運動方程式は

$$a = g \tag{3.13}$$

となる。すなわち、いかなる物体も同じ重力加速度を受ける。したがって、力を受けない粒子というものは存在し得ず、ニュートン理論や特殊相対性理論における慣性系の定義の前提が壊れてしまうことになる。

これに対する救済策は、慣性系の定義を「重力以外の力が働かない物体が等速直線運動する基準系」に変更することである。実際、g が定数なら、もとの基準系Sに対して加速度 g で加速運動する基準系S′に移ると、S′での加速度は $a' = a - g$ となるので、運動方程式は $a' = 0$ となり、すべての物体が等速直線運動する。よく使われる例では、ロープの切れた自由落下するエレベーターの内部がS′に当たる。すなわち、重力と基準系の加速は等価で、適当な基準系を選べば重力を完全に消し去ることができる。この結果は、**等価原理**と呼ばれる。

ただし、天体の作る重力場のように現実の非一様な重力場は、この方法で大域的に消し去ることはできない。唯一、各時空点の無限小の近傍でのみ、加速系に移ることにより重力を消去できる。すなわち、慣性系は局所的、正確には無限小の広がりを持つ意味で**微局所的**にしか存在しない。このため、重力を記述するには慣性座標系という特別の時空座標系による記述を諦め、一般的な運動をする仮想的な基準時計の集団で定

義される座標系（**一般座標系**）により物理法則を記述することが必要となる。アインシュタインは、以上の考察に基づいて、特殊相対性理論を重力を含むように拡張した理論は、すべての法則が任意の一般座標系で同じ形で表されるという**一般共変性**の要請を満たすべきだと考え、それを**一般相対性原理**と名付けた。この要請と、時空の各点で重力場がゼロとなる微局所慣性系が存在し、かつそこでは特殊相対性理論が成り立つという等価原理の要請を満たす理論として作られたのが一般相対性理論である。

3.2 時空の曲がりとしての重力とその作用

3.2.1 計量仮説

一般相対性理論では、各時空点Pでの微局所慣性座標系 $S_P : X_P^a (a = 0, 1, 2, 3)$ と一般座標系 $x^\mu (\mu = 0, 1, 2, 3)$ の間の関係により重力場が決まる。この関係を記述するのに使われるのが計量テンソルである。

まず、慣性座標系での4元ベクトル $V = (V^a) = (V^0, \boldsymbol{V})$ の長さの2乗 $V \cdot V$ を、ミンコフスキー計量テンソル η_{ab} を用いて、$V \cdot V = \eta_{ab} V^a V^b = -(V^0)^2 + |\boldsymbol{V}|^2$ により定義する。この量は、V が空間的ベクトル $(0, \boldsymbol{V})$ のときには正で、3次元ベクトル $\boldsymbol{V}$ の長さの2乗と一致するが、$V = (V^0, \boldsymbol{0})$ のときには負となる。この定義を隣接する2点 (X^a)、$(X^a + dX^a)$ を結ぶ変位ベクトル dX^a に適用すると、距離の2乗に相当する量

$$ds^2 = dX \cdot dX = \eta_{ab} dX^a dX^b = -(dX^0)^2 + (dX^1)^2 + (dX^2)^2 + (dX^3)^2$$

(3.14)

が定義される。この量は、慣性系の**ミンコフスキー計量**と呼ぶ。ローレンツ変換の定義より、この計量は一般のローレンツ変換(3.6)により変化しない。一般に、この計量が与えられた4次元時空を**ミンコフスキー時空**と呼ぶ。$V^a = dX^a$ は $ds^2 > 0$ のとき空間的、$ds^2 < 0$ のとき時間的と呼ばれる。粒子の時空における軌道の接ベクトルは時間的で、その上の隣接する2点に対して、$d\tau = \sqrt{-ds^2}/c$ は固有時の差と一致する。

次に、各時空点Pでの微局所慣性系 S_P に対して、ミンコフスキー計量 ds^2 を付与する。この計量を微局所慣性座標系 X_P^a の代わりに、一般座

標 x^μ で表すと、$dX_P^a = dx^\mu \partial X_P^a(x)/\partial x^\mu$ より

$$ds^2 = g_{\mu\nu}(x)dx^\mu dx^\nu \; ; \quad g_{\mu\nu}(x(P)) = \eta_{ab}\left(\frac{\partial X_P^a}{\partial x^\mu}\right)_P \left(\frac{\partial X_P^b}{\partial x^\nu}\right)_P \quad (3.15)$$

を得る。ミンコフスキー計量のローレンツ不変性より、4次の対称行列 $g_{\mu\nu}(x)$ は各点での微局所慣性系のとり方によらず各点ごとに曖昧さなく定まり、時空の隣接する2点の距離の2乗を与えるので、**計量テンソル**と呼ばれる。

一般座標の変換 $x^\mu \to x'^\mu = x'^\mu(x)$ に対して、その構成法より、計量テンソルは

$$g_{\mu\nu}(x) \to g'_{\mu\nu}(x') = \Lambda_\mu^{\;\alpha}(x)\Lambda_\nu^{\;\beta}(x)g_{\alpha\beta}(x) \quad (3.16)$$

と変換し、ds^2 の値は保たれる。ここで、$\Lambda_\mu^{\;\nu} = \partial x^\nu/\partial x'^\mu$ である。この一般座標系の中に至る所 $g_{\mu\nu} = \eta_{\mu\nu}$ となる座標系が存在すれば、大域的な慣性座標系が存在することを意味するので、時空はミンコフスキー時空で、本質的な重力場は存在しないことになる。一方、どのような一般座標系でも計量テンソルがミンコフスキー計量テンソルと大域的に一致しなければ、本質的な重力場が存在することになる。

以上では、微局所慣性系の計量から一般座標系での計量テンソルを構成したが、逆に一般座標系での計量テンソルが与えられると、各点Pでの微局所慣性座標系を決定することができる。そのためには、$g_{\mu\nu}$ が、点PでPからの座標差 $X^\mu = x^\mu - x^\mu(P)$ について1次の精度でミンコフスキー計量と一致するという条件

$$g_{\mu\nu}(x) = \eta_{\mu\nu} + O(|X|^2) \quad \Leftrightarrow \quad g_{\mu\nu}(x(P)) = \eta_{\mu\nu}, \; \left(\frac{\partial g_{\mu\nu}}{\partial x^\lambda}\right)_P = 0 \quad (3.17)$$

を満たす座標系を探せばよい。この条件を満たす微局所座標系は各点ごとに常に存在し、その自由度は座標差 X について2次の精度でローレンツ変換の自由度と一致することが示される。

このように、等価原理を要請すると、一般座標系での重力場は計量テンソルにより過不足なく決定されることがわかる。それでは、重力場の作用は計量によりどのようにして記述されるであろうか？この問題に答

えるため、まず、現代では物理法則が微分方程式、すなわち時空の隣接する点での物理量の関係として表されることを思い起こそう。したがって、物理法則を書き下すには異なる点での物理量を比較する方法を与える必要がある。例えば、粒子の運動方程式を書き下すには、加速度を定義することが必要で、そのためには、一般座標系x^μのもとで、ある点Pでの4元速度$u^\mu = U^a \partial x^\mu / \partial X_P^a$ ($U^a = dX^a/d\tau$) と隣接する点Qでの4元速度$u'^\mu = U^a \partial x^\mu / \partial X_Q^a$がどのような場合に一致するかを定めないといけない。幾何学の用語では、これはベクトルの平行移動を定めることになる。2点の座標差dx^μが無限小のとき、$\delta u^\mu \equiv u'^\mu - u^\mu$は$dx^\mu$と$u^\mu$の両方に比例する。したがって、一般に平行移動によるベクトル成分の変化δu^μは

$$\delta u^\mu = -\Gamma^\mu_{\nu\lambda} dx^\nu u^\lambda \tag{3.18}$$

と、**接続係数**と呼ばれる3つの添え字を持つ量$\Gamma^\mu_{\nu\lambda}(x)$ により表される。この平行移動を用いて、粒子の加速度ベクトルa^μは

$$a^\mu = \frac{u^\mu(\tau + d\tau) - (u^\mu(\tau) + \delta u^\mu)}{d\tau} = \frac{du^\mu}{d\tau} + \Gamma^\mu_{\nu\lambda} u^\nu u^\lambda \tag{3.19}$$

と表される。したがって、重力場中での粒子の運動方程式は、$F^\mu = F^a \partial x^\mu / \partial X_P^a$を4元力の一般座標系での成分表示として、

$$m_0 \left(\frac{du^\mu}{d\tau} + \Gamma^\mu_{\nu\lambda} u^\nu u^\lambda \right) = F^\mu \tag{3.20}$$

で与えられる。

u^μは座標変換$x^\mu \to x'^\mu$に対して、

$$u'^\mu(x') = \Lambda^\mu_{\ \nu}(x) u^\nu(x) \ (\Lambda^\mu_{\ \nu}(x) = \partial x'^\mu(x) / \partial x^\nu)$$

と変換するので（反変ベクトル）、平行移動はこの変換則を保たねばならない。この要請により、ある座標系で接続係数が与えられると、すべての座標系での接続係数が一意的に定まる。このようにして定まる平行移動を用いて定義される微分は、**共変微分**と呼ばれる。例えば、4元加速度ベクトルa^μは、速度ベクトルu^μの時空軌道に沿った共変微分で、両者は共に反変ベクトルとして変換する。一般に、ベクトルX^μ方向の

反変ベクトル V^μ の共変微分は、

$$\nabla_X V^\mu = X^\nu \nabla_\nu V^\mu = X^\nu (\partial_\nu V^\mu + \Gamma^\mu_{\nu\alpha} V^\alpha) \tag{3.21}$$

により定義され、再び反変ベクトルとして変換する。この記法を用いると、加速度ベクトルは $a^\mu = \nabla_u u^\mu$ と表される。

ミンコフスキー時空では平行移動によりベクトルの成分値は変化しないので、等価原理を仮定すると、各点Pにおける微局所慣性座標系 $x^\mu = X^\mu_P$ では $\Gamma^\mu_{\nu\lambda}(P) = 0$ を要請することになる。したがって、等価原理から自然な平行移動（接続）が定まるが、この平行移動は**レビ・チビタ接続**と呼ばれる。その構成法から、レビ・チビタ接続では、接続係数が $\Gamma^\mu_{\nu\lambda} = \Gamma^\mu_{\lambda\nu}$ という対称性を持ち、かつ平行移動がベクトルの長さを保つ。実は、この2つの性質を持つ接続は一意的で、その接続係数は計量テンソルを用いて

$$\Gamma^\mu_{\nu\lambda} = \frac{1}{2} g^{\mu\alpha} (\partial_\nu g_{\lambda\alpha} + \partial_\lambda g_{\nu\alpha} - \partial_\alpha g_{\nu\lambda}) \tag{3.22}$$

と表されることが示される。この関係式を運動方程式（3.20）に代入すれば、粒子に対する重力の作用を計量テンソルで表す表式が得られる。計量テンソルはニュートン理論における重力ポテンシャルに相当する量である。

3.2.2 時空の曲率

ミンコフスキー時空でも勝手な一般座標系 x^μ を用いると、計量テンソルは $g_{\mu\nu} = \Lambda^a_\mu(x) \Lambda^b_\nu(x) \eta_{ab}$ $(\Lambda^a_\mu = \partial X^a / \partial x^\mu)$ となり、一般には複雑な時空の関数となる。等価原理により、これは一般座標系では重力場がゼロでなくなることを意味するが、この重力場は基準系の加速運動により生じた見かけの力（非本質的重力場）である。それでは、重力場が本質的なものかそうでないかはどのようにしたら見分けられるであろうか？

その答えは、計量の重力作用が接続係数、すなわち平行移動への影響により決まることに注目すると得られる。これをみるために、まず、2次元球面での平行移動の振る舞いをみてみよう。3次元ユークリッド空間の原点を中心とする半径 a の球面 S^2 を考える。z 軸上の点を頂点とし

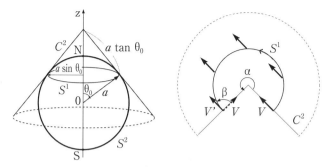

図3.1　球面と接触円すい

てこの球面に接する円すいを C^2 とする（図3.1）。球面上の位置ベクトルが z 軸となす角（天頂角）を θ、z 軸まわりの回転角（方位角）を ϕ とすると、角度座標差が $(d\theta, d\phi)$ となる球面上の隣接する2点の距離の2乗（計量）は、

$$ds^2(S^2) = a^2(d\theta^2 + \sin^2\theta d\phi^2) \quad (3.23)$$

と表される。一方、C^2 と S^2 は円 S^1 で接するが、その天頂角を θ_0 とおくと、頂点からの距離を r とするとき、円すいの計量は

$$ds^2(C^2) = dr^2 + r^2\cos^2\theta_0 d\phi^2 \quad (3.24)$$

となる。$r = a(\theta - \theta_0 + \tan\theta_0)$ により、円すいと球面を対応させると、円すいの計量は (θ, ϕ) 座標で

$$ds^2(C^2) = a^2[d\theta^2 + \{(\theta - \theta_0)\cos\theta_0 + \sin\theta_0\}^2 d\phi^2] \quad (3.25)$$

となる。$\theta = \theta_0$ におけるこの計量の値とその座標に関する微係数は、接触円での S^2 の計量の値および微係数と一致する。

円すいは局所的には平坦でユークリッド平面と一致するので、これは、接触円上では接触円すいが球面の微局所ユークリッド平面となっていることを意味している。しがたって、接触円に沿っての平行移動は、円すい内での平行移動と一致する。円すいを頂点を通る直線に沿って切り開くと、扇形の平面となるので、平行移動はこの平面の接触円に相当する

円弧において行えばよい。扇の開き角は $\alpha = 2\pi a \sin\theta_0 / (a\tan\theta_0) = 2\pi \cos\theta_0$ となるので、この弧の端点で子午線に平行で北極向きのベクトルをこの弧に沿って別の端点まで平行移動すると、平行移動して得られるベクトルはその位置での子午線と $2\pi - \alpha$ の角度をなす（図3.1の右図）。これより、球面上で任意のベクトルを $\theta = \theta_0$ の位置にある円に沿って平行移動してもとの位置に戻ると、もとのベクトルに対して角度 $\beta = 2\pi - \alpha = 2\pi(1-\cos\theta_0)$ だけ回転するすることがわかる。

2次元ユークリッド平面では、ベクトルを閉曲線に沿って平行移動させるともとのベクトルと一致するので、球面上での平行移動のこの振る舞いは、球面が曲がっていることの結果である。このことを定量的に見るために、円 S^1 が北極Nの一点に潰れる極限 $\theta_0 \to 0$ をとってみよう。もちろん、この極限で β はゼロに近づくが、β と円の面積 S の比は、$\theta_0 \to 0$ で $\pi\theta_0^2/S \to a^2$ より、一定値

$$K = \lim_{\theta_0 \to 0} \frac{\beta}{S} = \lim_{\theta_0 \to 0} \frac{2(1-\cos\theta_0)}{a^2\theta_0^2} = \frac{1}{a^2} \quad (3.26)$$

に近づく。これは、ちょうど球面の半径の2乗分の1となっており、球面の曲がり具合を表す。そこで、この量は（2次元球面の）断面曲率と呼ばれる。

以上の2次元球面での議論は、計量を持つ4次元時空に次のように一般化される。まず、ミンコフスキー時空では計量は平たんで、閉曲線に沿った一周の平行移動でベクトルは変化しない。明らかに、これは座標系のとり方に依存しない性質である。これは逆に、計量が与えられたとき、そのレヴィ・チヴィタ接続によりベクトルを閉曲線に沿って一周させてベクトルが変化すれば、その計量は平たんでなく、本質的重力場を表すことが座標系に無関係に結論できる。ただし、すべての閉曲線に沿ってベクトルを平行移動させてみるのは不可能なので、特殊な極限として、微小な面を囲む閉曲線に沿った平行移動によりベクトル V の変化 ΔV とそれが囲む面の面積 ΔS の比を考える。微小面として、ベクトル Δx_1^μ および Δx_2^μ により張られる平行四辺形を考えると、この比は

$$\lim_{\Delta S \to 0} \frac{\Delta V^\mu}{\Delta S} = R^\mu{}_{\nu\alpha\beta} V^\nu \frac{\Delta x_1^\alpha \Delta x_2^\beta}{\Delta S} \tag{3.27}$$

と表される。この式の比例係数としてあらわれる$R^\mu{}_{\nu\alpha\beta}$は、2次元の断面曲率に対応する量で、曲率テンソルと呼ばれる。テンソルという名前は、座標変換$x^\mu \to x'^\mu$に対し、

$$R'^\mu{}_{\nu\alpha\beta} = \Lambda^\mu{}_\lambda \Lambda_\nu{}^\sigma \Lambda_\alpha{}^\gamma \Lambda_\beta{}^\delta R^\lambda{}_{\sigma\gamma\delta} \tag{3.28}$$

と変換するためである。ここで、$\Lambda^\mu{}_\nu = \partial x'^\mu / \partial x^\nu$、$\Lambda_\mu{}^\nu = \partial x^\nu / \partial x'^\mu$である。曲率テンソルは、接続係数を用いて

$$R'^\mu{}_{\nu\alpha\beta} = \partial_\alpha \Gamma^\mu{}_{\beta\nu} - \partial_\beta \Gamma^\mu{}_{\alpha\nu} + \Gamma^\mu{}_{\alpha\gamma} \Gamma^\gamma{}_{\beta\nu} - \Gamma^\mu{}_{\beta\gamma} \Gamma^\gamma{}_{\alpha\nu} \tag{3.29}$$

と表される。曲率テンソルは無限小の閉曲線に沿う平行移動のみを記述するが、その成分が至る所すべてゼロなら、時空は局所的にミンコフスキー時空となることが数学的に示される。

3.2.3 極小結合仮説（対応原理）

すでに述べたように、等価原理より、一般座標系での重力の粒子への作用は、特殊相対性理論での運動方程式において、軌道に沿った微分$d/d\tau = u^\mu \partial_\mu$をレヴィ・チヴィタ接続に対応する共変微分$u^\mu \nabla_\mu$に置き換えることにより得られる。実は、粒子の運動方程式だけでなく、特殊相対性理論における場の方程式はすべて、この微分の置き換え$\partial_\mu \to \nabla_\mu$により一般共変性を持つ方程式となる。この方法で得られる重力の物質場への作用は、**極小結合**と呼ばれる。等価原理のもと、微局所慣性系では$\Gamma^\mu{}_{\nu\lambda} = 0$となるので、これらの方程式はもともとの特殊相対性理論での方程式に戻る。例えば、曲がった時空での電磁場に対するマックスウェル方程式は

$$\nabla_\nu F^{\mu\nu} = \frac{1}{\epsilon_0} J^\mu, \quad 3\nabla_{[\mu} F_{\nu\lambda]} \equiv \nabla_\mu F_{\nu\lambda} + \nabla_\nu F_{\lambda\mu} + \nabla_\lambda F_{\mu\nu} = 0 \tag{3.30}$$

で与えられる。ここで、$F_{\mu\nu} = \Lambda_\mu{}^a \Lambda_\nu{}^b F_{ab}$、$F^{\mu\nu} = g^{\mu\alpha} g^{\nu\beta} F_{\alpha\beta}$である。また、反対称2階テンソル$F_{\mu\nu}$、$F^{\mu\nu}$の共変微分は、$\nabla_\alpha F_{\mu\nu} = \partial_\alpha F_{\mu\nu} - \Gamma^\beta{}_{\alpha\mu} F_{\beta\nu} - \Gamma^\beta{}_{\alpha\nu} F_{\mu\beta}$、$\nabla_\alpha F^{\mu\nu} = \partial_\alpha F^{\mu\nu} + \Gamma^\mu{}_{\alpha\beta} F^{\beta\nu} + \Gamma^\nu{}_{\alpha\beta} F^{\mu\beta}$である。これより、レヴィ・チヴィ

タ接続に対しては、$\nabla_{[\mu} F_{\nu\lambda]} = \partial_{[\mu} F_{\nu\lambda]}$となることが示される。

3.3 アインシュタイン方程式と時空の動力学

3.3.1 アインシュタイン方程式

　重力場が計量により過不足なく記述されるとする計量仮説のもとでは、一般相対性原理を満たすという要請から、等価原理と対応原理により、重力場の物質に対する作用を完全に定めることができる。しかし、特殊相対性理論が重力を記述できないため、物質がどのような重力場を作るかを決定する重力場の方程式はこの方法で定めることはできない。そこで、アインシュタインは、ニュートンの重力方程式に対応する一般共変性を持つ方程式を試行錯誤により探すほかなかった。彼が最終的にたどり着いた結論は次のようなものである。

　まず、ニュートン理論では、重力場はポテンシャルϕにより記述され、対応する重力加速度は$g = -\nabla\phi$で、ϕを決定する方程式はポアソン方程式

$$\triangle \phi = 4\pi G \mu \tag{3.31}$$

により与えられる。ここで、μは物質の質量密度、Gはニュートンの重力定数である。一般相対性理論でも重力場の方程式は同じ構造を持つとすると、右辺としてはエネルギー密度が自然な対応物となる。しかし、特殊相対性理論では、エネルギー密度はローレンツ変換で不変ではなく、運動量密度、エネルギー流束密度、応力テンソルからなる4^2個の量を組にしてはじめて閉じた変換則に従う。4次の対称行列T_{ab}で表されるこの組は**エネルギー運動量テンソル**と呼ばれる。したがって、重力方程式の右辺は、この量を一般座標系に拡張した$T_{\mu\nu} = \Lambda_\mu{}^a \Lambda_\nu{}^b T_{ab}$に比例するのが自然である。$T_{\mu\nu}$は一般座標の変換に対して、$T'_{\mu\nu} = \Lambda_\mu{}^\alpha \Lambda_\nu{}^\beta T_{\alpha\beta}$と変換するので、2階共変テンソルと呼ばれる。

　一方、一般相対性理論では、計量テンソルがニュートンの重力ポテンシャルと対応するので、左辺は、その2階までの微分で書かれる量でないといけない。また、右辺が16個の成分を持つ2階共変テンソルなので、

一般共変性の要請より、左辺も2階共変テンソルとして変換する量でないといけない。これらの要請を満たす量$E_{\mu\nu}$は、3個の定数a, b, cの自由度を持ち、$E_{\mu\nu} = aR_{\mu\nu} + bRg_{\mu\nu} + cg_{\mu\nu}$と表されることが示される。ここで、$R_{\mu\nu}$は曲率テンソルの線形結合$R_{\mu\nu} = R^{\alpha}_{\mu\alpha\nu}$により定義される2階対称共変テンソルで、**リッチ曲率**と呼ばれる。また、Rはその和$R = g^{\mu\nu}R_{\mu\nu}$（$g^{\mu\nu}$は計量テンソル$g_{\mu\nu}$の逆行列）で、座標変換に対して通常の関数と同じ変換を受け、**スカラー曲率**と呼ばれる。エネルギー運動量テンソルは局所保存則$\nabla_{\nu}T^{\mu\nu} = 0$（$T^{\mu\nu} = g^{\mu\alpha}g^{\nu\beta}T_{\alpha\beta}$）を満たすので、右辺$E_{\mu\nu}$も同じ式$\nabla_{\nu}E^{\mu\nu} = 0$を満たさないといけない。この要請より、関係式$b = -a/2$が得られる。以上より、ニュートンの重力方程式に対応する一般相対性理論の方程式として、アインシュタイン方程式

$$R_{\mu\nu} - \frac{1}{2}Rg_{\mu\nu} + \Lambda g_{\mu\nu} = \frac{8\pi G}{c^4}T_{\mu\nu} \tag{3.32}$$

が得られる。ここで、右辺の係数は、重力場が弱く、時間変化が無視できるとき、この方程式よりニュートンの重力方程式（3.31）が得られるという条件により決定される。この方程式において、左辺のΛは定数である。$\Lambda > 0$ならばこの方程式は一定の半径の3次元球面を空間とする宇宙解を持つ。そこで、宇宙は定常的であると考えたアインシュタインは、このニュートン理論には対応物のない項を残すことにした。このため、この項はしばしば**宇宙項**、Λは**宇宙定数**と呼ばれる。後にハッブルが宇宙膨張を発見したため、アインシュタインは、「宇宙項の導入は人生最大の失敗である」といったが、近年の観測は、正の宇宙項が存在することを強く示唆している（10章参照）。

3.3.2　一般相対論に特有の現象

　一般相対性理論は、重力場が弱く時間変化が緩やかなとき、ニュートン理論に帰着するように作られている。このため、多くの現象では一般相対性理論の効果はニュートン理論からの微小なずれとしてあらわれる。その代表例は、星からの光が太陽近傍で曲がる現象、水星の近日点移動などである。これらの現象は、一般相対性理論が発表されてすぐに観測と理論の比較が行われ、一般相対性理論が信任される上で大きな役割を

果たした。一方、重力場が強くなると、一般相対性理論は、ニュートン理論では起こらないさまざまな現象を予言する。宇宙論に関連した問題は第10章に譲ることにして、ここではそのような例として、ブラックホールと重力波を紹介する。

（1） ブラックホール

一般相対性理論が発表された翌年の1916年、シュヴァルツシルト（K. Schwarzschild）は、兵役中にり患した天疱瘡（てんぽうそう）の闘病中に、次のような球対称で静的な真空アインシュタイン方程式の厳密解を発表した：

$$ds^2 = -f(r)c^2 dt^2 + \frac{dr^2}{f(r)} + r^2 d\sigma^2; \quad f(r) = 1 - \frac{2GM}{c^2 r}. \quad (3.33)$$

ここで、$d\sigma^2$ は2次元単位球面の計量 $d\theta^2 + \sin^2\theta d\phi^2$ である。彼は、この解の重大な内容に気付くことなく、まもなく死亡したが、この解はその後100年間、輝き続けている。

この解は、r の大きい領域では、質量 M の天体が作る重力場を表すことが、ニュートン理論とアインシュタイン理論の対応よりわかる。しかし、r が小さい領域ではニュートン理論からのずれは大きくなり、$r=r_h=2GM/c^2$ では、計量が発散するという特異性を示す。しかし、曲率テンソルから作られるスカラー量 $R^\mu{}_{\nu\lambda\sigma}R_\mu{}^{\nu\lambda\sigma}$ を計算してみると $12r_h^2/r^6$ となり、$r=r_h$ では何の特異性も示さない。

この奇妙な球面が、時空構造が破綻する特異面でなく、実はブラックホールホライズンであることをはじめて明らかにしたのは、ルメートル（G. Lemaître）である（1933）。彼は、時間座標として t の代わりに、$cv=ct+r+r_h\log(r/r_h-1)$ で定義されるエディントン-フィンケルシュタイン時間を用いると、計量は $ds^2=-f(r)dv^2+2dvdr+r^2d\sigma^2$ となり、滑らかに $r>r_h$ の領域から $r<r_h$ の領域につながることを示した。すなわち、シュヴァルツシルト計量の特異性は座標系の選択が悪かったために生じた見かけのものということになる。ただし、依然として $r=r_h$ 面には奇妙な点がある。それは、この新しい計量ではこの面の角度座標が一定となる方向の接ベクトル $(dv, dr, d\theta, d\phi) = (dv, 0, 0, 0)$ のノルム（長さの2乗）がゼロとなることである。ほかの接ベクトルのノルムはすべ

て正なので、これは、時空における$r=r_h$面が光波面となることを意味する。さらに、この面上での計量は$ds^2 = 2dvdr + r^2d\sigma^2$となるので、未来向き（$dv>0$）で時間的な（$ds^2<0$）ベクトルは、必ず$dr<0$、すなわち、この面を内向きに横切る。これは、粒子や光子が常にこの面に吸い込まれるだけで、いかなる物質もそこから外部に出られないことを意味する。そこで、この光的面は**ホライズン**（**事象の地平線**）、その内側は**ブラックホール領域**と呼ばれる。

シュヴァルツシルト解は電気的に中性で非回転のブラックホールを表すが、その解の発見の直後に、電荷を持った非回転ブラックホールを表すライスナー（Reissner）-ノルドストレム（Nordstrøm）解が発見されている。その後約50年たった1963年にようやく、回転する中性ブラックホール解がカー（B. Kerr）により、また、1965年には回転する荷電ブラックホール解がニューマン（E. T. Newman）により発見された。さらに、宇宙項がゼロの理論では、特異性を持たないブラックホール解はこれらの解に限られるという**ブラックホール一意性定理**が、イスラエル（W. Israel）、カーター（B. Carter）、ホーキング（S. W. Hawking）らにより証明された。

これらの数理的な研究の発展と並行して、天体物理の観点からの研究もかなり初期から行われた。特に、星の死後に残される白色矮星や中性子星の質量に1から2太陽質量程度の上限が存在することがチャンドラセカール（S. Chandrasekhar、1931）、オッペンハイマー（J. R. Oppenheimer）-ヴォルコフ（G. M. Volkov）（1940）により発見され、それより十分重い星は核燃料を消費し尽くした後、重力崩壊によりブラックホールを生み出すと考えられるようになった。しかし、天文学者が、ブラックホールが宇宙に実在するかもしれないと真剣に考えるようになったのは、CygnusX-1と呼ばれるX線天体が中性子星の上限質量を超える質量のコンパクト天体と恒星の連星系であることが判明した1970年代になってからである。以後、このような活動的天体とブラックホールの結びつきを示す例は高エネルギー天文学の発展とともに急速に増え、現代では、ほとんどの銀河において、中心には$10^6 M_\odot$以上の巨

大なブラックホールが、また星の分布する領域には太陽質量の数倍から100倍程度の質量を持つブラックホールが大量に存在し、さまざまな高エネルギー現象を引き起こしていると考えられている。

(2) 重力波

アインシュタイン方程式は、計量について2階の非線形偏微分方程式となっている。計量がミンコフスキー計量からわずかにずれているとして、計量のずれ（摂動）$h_{\mu\nu}=g_{\mu\nu}-\eta_{\mu\nu}$について1次の項のみを取り出すと、$h_{\mu\nu}$についての2階線形偏微分方程式が得られる。この摂動方程式の解には、座標系のとり方の自由度に伴う見かけ摂動が含まれる。これは、電磁場の方程式を電磁ポテンシャルで表した場合に生じるゲージ自由度と類似のものなので、摂動に対してゲージ条件と呼ばれる付加条件を課すことにより取り除くことができる。その結果得られる摂動方程式は、ローレンツ不変性を持つため、標準的な波動方程式 $(\partial_t^2-c^2\triangle)h_{\mu\nu}=16\pi G/c^2 T_{\mu\nu}$ となる。したがって、アインシュタイン方程式は、ニュートン理論と異なり、波動解を持ち、時空構造のひずみは独自に光速で伝搬する。この波動解は重力波と呼ばれる。

原理的には、いかなる物体も加速運動すれば重力波を放出する。したがって、この世界は飛び交う重力波で満ちているはずである。しかし、重力はもともと弱い力であるため、その検出は非常に難しい。例えば、自動車の急加速・急停車で生じる重力波の強度は、振幅（計量の摂動hの振幅）で表すと、車の近くでも10^{-41}程度でしかない。この重力波の通過により人間の身長の変動は、10^{-39}cm程度で、原子核のサイズの10^{27}分の1にすぎない。しかし、質量の大きな物体ほど強い重力波を生成するので、天体の衝突や合体はこれに比べて格段に強い重力波を放出する。例えば、ブラックホールなど強い重力を伴う天体の合体は、生成領域では$h\sim0.1$という大きな振幅を持つ。しかし、重力波の振幅は源からの距離に反比例して減衰するため、遠距離にあるこれらの天体からの重力波は、一般に弱いものとなる。例えば、われわれの銀河系の中心付近で連星ブラックホールが合体して、太陽質量の10倍程度のブラックホールを形成するとすると、地球上で観測される重力波の振幅は$h\sim$

10^{-17} となる。これは、地球の半径が1オングストローム（$= 10^{-8}$ cm）変動する程度の時空のひずみに相当する。重力波の検出がいかに難しいかわかると思う。

しかし、ウェーバー（J. Weber）の先駆的な研究以来、約50年間にわたり、人類はこの微弱な重力波を検出するための工夫と努力を続けてきた。そして、ついに2015年9月14日、アメリカでレーザー干渉計による重力波検出実験を行っていたLIGO-VIRGOチームは、歴史上はじめて重力波を直接検出した。彼らの検出した重力波は、約400 Mpc（14億光年）の彼方で太陽質量の約36倍と29倍のブラックホールの連星がひとつのブラックホールに合体することにより放出されたものであった。なんと、振幅 $h \sim 10^{-20}$ 程度の微弱な重力波の検出に成功したのである。その後も、類似の重力波が次々と検出されている。アインシュタインにより純理論的に予言された時空のさざ波である重力波は、その存在が確証されただけでなく、さらに宇宙を探る新たな手段となりつつある。

参考文献

[1] 小玉英雄著『相対性理論』（培風館、2005）

4 量子力学の形成と基本原理

松井哲男

　量子論は相対論とともに20世紀の現代物理学の飛躍的発展を支えた基礎理論である。それは、19世紀後半から20世紀初頭にかけて顕在化してきた古典物理学ではどうしても理解できないいろいろな現象を理解するために、多くの人の試行錯誤によって作られた。それが量子力学として一応の完成された理論形式を得たのは1925～26年の頃であるが、その後も、多体問題への応用、相対論との融合をめぐって大きく発展した。この章では、その起源から特殊相対論との融合の前夜までの発展をまとめる。

4.1 形成期の量子論

4.1.1 熱放射の問題

　すべての物質は有限温度で電磁波を放出する。熱放射、あるいは熱輻射と呼ばれる現象である。低温でも電磁波は放出されるが、温度が高くなるとその電磁波の波長は短くなる。例えば、われわれの体からも熱放射が放出されているが、波長が長い赤外領域にあるため目には見えない。可視光領域で熱放射が起こるには、溶鉱炉のように高温になる必要がある。放出される電磁波の波長の分布（スペクトル）は、温度だけの普遍関数によって表されることが、キルヒホッフの思考実験によって示されたのは1859年のことであった。その後、この普遍関数を求める実験とその理論的導出の研究が、当時のドイツ帝国研究所とベルリン大学の研究者達（ヴィーン、プランク、プリングスハイム、…）によって行われ、それが量子論誕生のきっかけとなった。

　この問題は最終的にプランクが出した放射公式によって決着がつくことになった。プランクは壁と熱平衡状態にある真空容器を満たす熱放射

（ユニフォトプレス）

図4.1　量子論の創始者達　左から、プランク（1858-1947）、アインシュタイン（1879-1955）、ボーア（1886-1962）。

のエネルギー密度uを放射の振動数νで分解してみると、それが

$$u_\nu(T) = \frac{8\pi h\nu^3}{c^3}\frac{1}{e^{h\nu/kT}-1} \tag{4.1}$$

となる分布で表されることを示した。この式の導出の際に、彼は統計物理学のエントロピーの定義、$S = k\ln W$を用いているが、今日ボルツマン定数k_Bと書かれる定数kは、プランクによってここではじめて導入された。ここでWは放射のエネルギーの異なる分配の仕方の数を意味するが、その計算に、彼はこれ以上小さくできないエネルギーの単位としての「エネルギー量子（energy quantum）」を$\varepsilon = h\nu$ととり、ここでプランク定数hがはじめて導入される。また、cは放射を記述するマックスウェル方程式に内在する光速である。

　プランクの熱放射の公式は量子論の幕開けとなるはずだったが、元来保守的なプランクはその革命的な内容をすぐには納得できず、次の発展は5年後のアインシュタインの光量子論を待たなければならなかった。アインシュタインはプランクの公式の短波長でよい近似となるヴィーンの公式に着目し、それがエネルギー$h\nu$を持った「光量子（light quantum）」の分布になっていることを直感的に見抜いた。実際、彼は熱放射のエントロピーを計算し、それが気体分子の式と酷似していることを示した。アインシュタインはさらに、この見方がすでに知られていた光電効果をよく説明することを指摘し、それは後にミリカンの実験に

よって精密に検証される。しかし、アインシュタインの光量子論は長く受け入れられることはなかった。その理由は、プランク分布の長波長での振る舞いが、波動論によってレーリーとジーンズによって出されていた分布に一致し、マックスウェル理論による波動解釈が有効であることが示されていたことにもよる。これは今日では光の二重性（波動としての性質と粒子としての性質）として知られているものであるが、その理解には、量子力学完成後の放射場の量子論の誕生（ディラック、1927）を待つ必要があった。

4.1.2 原子模型と前期量子論

量子論のもうひとつの契機になったのは原子構造とスペクトルの問題であった。原子の存在はすでに19世紀から多くの人が受け入れるところとなっていたが、電子の発見（J. J. トムソン、1896）によりそれがさらに内部構造を持つということが明らかになった。電子の内部運動を考えいくつかの原子模型の提案があったが、古典物理学の枠内でその安定性を理解するには大きな制約があった。1911年にラザフォードは弟子たちの行った金箔へのα線照射による散乱実験で大角度散乱の確率が異常に大きいことを説明するため、原子の中心には電子の電荷を打ち消す正電荷とほとんどの原子の質量を持つ非常に小さい原子核があり、α粒子（ヘリウム原子核）が近距離でクーロン力によって散乱されると考えた。しかし、この描像を原子核のまわりを周回する電子に当てはめると、電子から電磁波が出てすぐに原子核に落ち込み、その軌道の安定性は説明できなかった。

この問題に解決策を提案したのは、ラザフォードのところにやってきた若いボーアであった。ボーアは古典電磁気学による電子の軌道概念は残したまま、電子軌道の不安定性の問題を回避するため、その軌道の量子化を提案した。これは、電子の角運動量の量子化を意味した。実際、プランクの導入した定数hは角運動量、あるいは作用、の次元を持っており、このことは後で重要な意味を持つ。ボーアは原子核のまわりを周回する電子の角運動量が$\hbar = h/2\pi$の整数n倍をとると考えると、電子の持つ束縛エネルギーがnで量子化されて、水素原子の場合、

$$E_n = -\frac{R_E}{n^2} \tag{4.2}$$

となることを示した。ここで、R_Eはリュードベリの定数として水素原子のスペクトルの分析から知られていたものと定量的に一致することを示した。ボーアはこの飛び飛びの電子軌道を「定常状態」と呼び、定常状態の間の電子の遷移によって電子の持つエネルギーの差が電磁波として放出されるとすると、すでに水素原子（Z=1）のスペクトルの規則性として知られていた可視光領域にあらわれる線スペクトル（バルマー列）が説明できることを示した。ボーアの理論はその後、水素原子スペクトルのパッシェン列（赤外線領域）、ライマン列（紫外線領域）でも有効であることがわかり、その正しさは広く受け入れられるところとなったが、水素原子以外にこれを拡張することは少しの例外を除き困難であることがわかった。

ボーア理論は1電子の円運動を考えていたが、それを楕円運動にまで拡張し、量子化の条件を電子軌道に沿った作用の量子化として拡張を行ったのはゾンマーフェルトであった。ゾンマーフェルトは電子の運動に特殊相対論の運動学的効果も考慮し、その「方向量子化」を特徴付ける新しい量子数を導入したが、これは外部磁場中で原子のエネルギーが分離するゼーマン効果の量子論的説明を可能にし、磁場中を通過する原子の「方向量子化」の発見（Stern-Gerlach, 1922）によりさらに支持を得る。ボーア・ゾンマーフェルトの理論は電子軌道という概念を保持した上で、ボーアの対応原理により古典論と整合性を持たせながら軌道を量子化するという折衷的な理論で、前期量子論と呼ばれる。ボーアの「定常状態」やゾンマーフェルトの「磁気量子数」のように後の量子力学でも使われる概念が導入されたが、これらの理論で定量的に説明できる現象は水素原子のスペクトルに限られており、より本質的な新しい力学の原理の発見が強く望まれた。

4.1.3 量子力学の誕生

それに応えたのが、ゾンマーフェルトのもとで学位をとったばかりの新進気鋭の理論家ハイゼンベルクと、チューリヒ大学の熟練の理論家で

あったシュレーディンガーだった。

　ハイゼンベルクは「電子軌道」というような直接観測できない概念を排除し、ある定常状態 m から別の定常状態 n への遷移のような変化に対応した物理量のみを理論の構成要素とする。この考え方によると、粒子の位置座標や運動量は遷移する定常状態の足がつく行列で表現され、一般に非可換な量となる。ハイゼンベルクの「行列力学」の数学的意味は、ボルンやヨルダンによってさらに明確にされた。また、その水素原子への応用はパウリによって巧妙に解かれ、ボーアの原子模型の結果を再現することが示された。

　一方、シュレーディンガーは、ド・ブロイによって導入された「物質波」、すなわち電子に付随した波が満たす波動方程式を導出した。ド・ブロイは自由電子に対してプランクのエネルギーと振動数の関係を相対論的効果も取り入れて拡張したが、シュレーディンガーは一般に外力のもとで束縛状態にある電子に対して、この関係を非相対論的に拡張することに成功した。この波動方程式はシュレーディンガー方程式と呼ばれる。シュレーディンガーは、古典力学のハミルトン-ヤコビ形式を使って、光のマックスウェル波動論と幾何光学との対応の類推を手がかりにこの方程式を導いた。そして、それを水素原子の問題に応用して、やはりボーアの結果が再現されることを示した。

（ユニフォトプレス）

図4.2　量子力学の発見者達　左から、ハイゼンベルク（1901-1976）、シュレーディンガー（1888-1961）、ディラック（1902-1984）。

この 2 つの理論は、一見して数学的形式が全く異なるにもかかわらず、水素原子に対して同じ結果が得られたことから同じ理論の異なる数学的表現であることがうかがえる。ただ、もともとのハイゼンベルクの行列力学には波動関数という概念は含まれていなかった。行列の作用空間のベクトルとして波動関数を導入し、量子力学の数学的表現を統一したのはディラックであった。ディラックの理論は「変換理論」と呼ばれた。ハイゼンベルクの行列力学は定常状態を基底にとった表示であり、シュレーディンガーの波動力学は連続変数の座標表示を基底としてとった表示となっており、2 つの表示はユニタリー変換で結びつけられることが示された。このディラックの一般化は量子力学をいろいろな物理的状況に適応して解き、その予言を検証することを可能にした。

4.2 量子力学の基本原理と描像

この節では、完成した量子力学の基本原理とその物理的な描像をディラックの記法を用いてまとめる。

4.2.1 物理量と状態

古典力学では、物理量はすべて同時観測可能量であり、運動方程式はその時間変化を記述する初期値問題として数学的に定式化されていた。量子力学では、物理量（observable）は抽象的なヒルベルト空間における演算子（ディラックの「q数」）となっており、それが作用する状態ベクトル（ディラックのケットベクトル$|\rangle$）がその固有状態になるときにのみ、その固有値が測定値として確定値を持つ。

一般に、量子力学的状態は物理量$\hat{O}$の固有状態とはならず、任意の状態ベクトル$|\Psi\rangle$を$\hat{O}$の固有状態の完全系$|o\rangle$で展開して、$|\Psi\rangle = \sum \psi_o |o\rangle$としたとき、物理量$\hat{O}$の観測したときに得られる期待値$\langle \hat{O} \rangle$は個々の観測量の値$o$にその確率の重み$P(o) = |\psi_o|^2$をかけた値で与えられる：$\langle \hat{O} \rangle = \sum_o o P(o)$。

4.2.2 量子化条件と不確定性関係

量子力学では、一般に 2 つの物理量は同時観測可能量とはならず、特に共役な物理量は交換関係によって量子化される。例えば、粒子の$\hat{x}$座

標とその方向の運動量 $\hat{p}_x$ との間には、

$$[\hat{x}, \hat{p}_x] = \hat{x}\hat{p}_x - \hat{p}_x\hat{x} = i\hbar \tag{4.3}$$

という交換関係が成り立つ。ここで、ディラックの導入した記号 $\hbar = h/2\pi$ を用いた。これは、粒子の位置とその運動量が同時測定可能量ではなく、$\hbar$ によって特徴付けられるハイゼンベルクの不確定性関係、$\Delta x \Delta p_x \geq \hbar/2$、があることを意味している。

4.2.3 運動方程式とその表現

量子状態の時間変化は、量子化されたハミルトニアン $\hat{H}$ によって、

$$i\hbar \frac{\partial}{\partial t} |\Psi(t)\rangle = \hat{H} |\Psi(t)\rangle \tag{4.4}$$

で与えられ、シュレーディンガー表示（S表示）の運動方程式、あるいは単に、シュレーディンガー方程式と呼ばれる。$\hat{H}$ がエルミート演算子のとき、この微分方程式を形式的に解くと、時刻 t の状態 $|\Psi(t)\rangle$ はその $t=0$ の初期値からユニタリー変換 $U(t) = e^{-i\hat{H}t/\hbar}$ で変換された状態 $|\Psi(t)\rangle = U(t)|\Psi(0)\rangle$ で与えられる。これはハミルトニアン演算子が状態の時間推進の演算子となっていることを意味する。

S表示の運動方程式は、時間変化する物理量を $\hat{O}(t) = U^\dagger(t) \hat{O} U(t)$ で定義することにより、$\hat{O}(t)$ の時間変化を表す方程式、

$$i\hbar \frac{\partial}{\partial t} \hat{O}(t) = [\hat{O}(t), \hat{H}] \tag{4.5}$$

と書き直すことができる。これはハイゼンベルク表示（H表示）の運動方程式と呼ばれる。H表示では状態自身は時間変化しない。

S表示とH表示の中間の表示の運動方程式も可能である。特にハミルトニアンが、粒子の自由運動を記述する部分と相互作用の効果の部分に、$\hat{H} = \hat{H}_0 + \hat{H}_I$ と分解できるときは、物理量の時間変化を $\hat{H}_0$ で表したユニタリー変換 $U_0(t) = e^{-i\hat{H}_0 t/\hbar}$ で表すことにより、相互作用による状態の変化を表す運動方程式を、

$$i\hbar \frac{\partial}{\partial t} |\tilde{\Psi}(t)\rangle = \tilde{H}_I(t) |\tilde{\Psi}(t)\rangle \tag{4.6}$$

と表すことができる。ここで、$\hat{H}_I(t) = U_0^\dagger(t)\hat{H}_I U_0(t)$ は相互作用表示のハミルトニアンと呼ばれる。この表示は、時間に依存する摂動論によって相互作用の効果を見積もるのに適している。

4.2.4 経路積分の描像

シュレーディンガーの描像では状態の時間変化を表す時間推進演算子はハミルトニアン演算子で表されるが、この演算子を時間的に刻々と変化する運動量と座標の完全系を使ってそれぞれの変数の古典的な積分で表したものはファインマンの経路積分表示と呼ばれる。経路積分は量子力学の運動方程式の積分を汎関数積分で表したものであるが、物理的には波の伝播を表す位相因子を粒子のあらゆる古典的な運動経路について和をとったものになっている。その重みを与える複素位相因子にはラグランジアンがあらわれ、運動方程式の古典解がその停留値を与える。量子論的効果はその周辺を通る解の干渉効果となってあらわれる。この汎関数積分は調和振動の場合に解析的に実行でき、それからのずれとして相互作用の効果を摂動的に評価することができるため、場の量子論の共変摂動論による計算によく用いられる。また虚数時間をとることにより、位相因子を統計力学的なボルツマン因子と考え、統計和の計算と同じように積分を電子計算機を使って数値的に実行することができる。これは摂動論が使えない強結合の理論の計算に用いられる。

4.2.5 量子力学と対称性

ある物理的系の特性がそれを記述する座標系の変換に対して不変性を持つとき、対称性があるという。古典力学において対称性は重要な役割を果たし、運動を記述する際の自由度に制限を与え、適当な座標系をとることによって記述が簡略化される。量子力学において対称性はさらに重要な役割を果たす。

量子力学における変換は、状態ベクトルのユニタリー変換 $U|\psi\rangle$ と、物理量を記述する演算子の変換 $U\hat{O}U^\dagger$ によって表され、状態ベクトルが変換されても、物理量の期待値が変わらないとき、対称性があるという。例えば、時間推進のユニタリー変換 $U(t) = e^{-iHt/\hbar}$ に対して状態は変換されるが、ハミルトニアン H の固有値、すなわち系のエネルギーは不

変である。これは運動によるエネルギーの保存則を意味する。同様に、（空間）座標推進のユニタリー変換 $U(\mathbf{r}) = e^{i\hat{P}\mathbf{r}/\hbar}$ による運動量演算子 $\hat{P}$ の期待値の不変性には、運動量の保存則が対応している。ここで、$\hat{H}/\hbar$ や $\hat{P}/\hbar$ は、それぞれ時間推進（変換）、（空間）座標推進（変換）の生成演算子（generator）と呼ばれる。

系の回転操作を行う生成演算子には角運動量演算子 $\hat{J}$ が対応するが、その3つの成分は可換ではないため注意が必要である。$U(\varphi) = e^{i\hat{J}_z\varphi/\hbar}$ は z 軸を回転軸として角度 φ 回転させるユニタリー変換の演算子となる。一般に、ある角運動量を持った1粒子状態は角運動量演算子の絶対値の2乗とその z 方向成分の固有状態として表される。その状態にこの演算を行うと、位相因子だけの変更を受け、状態は変化しないが、回転軸を変えると角運動量の z 成分が混合した状態となる。原子や原子核のような複数の粒子から成る多体系では、全角運動量とその1方向成分が系を特徴付ける量子数となる。

対称性は、後述するように、物質中の電子状態の分類や、素粒子の内部状態の分類、場の量子論による相互作用の記述においても重要な役割を果たす。

4.3 典型的な量子力学の問題

量子力学によって記述される具体的な物理の応用例を述べる。

4.3.1 定常状態

ボーアがその原子模型で導入した定常状態は、量子力学においてはハミルトニアン演算子 $\hat{H}$ の固有状態として与えられる。定常状態の波動関数の時間発展は単なる位相変化の因子 $e^{-iE_n t/\hbar}$ で表され、エネルギー固有値 E_n は時間に依存しないシュレーディンガー方程式、

$$\hat{H}|n\rangle = E_n|n\rangle \tag{4.7}$$

の解として与えられる。

4.3.2 量子化された角運動量

角運動量の量子化はボーアの原子模型では単なる仮説であったが、

シュレーディンガー方程式による定常状態の記述では、波動関数の有界な領域で角度座標に対する境界条件から自動的に得られる。量子力学では角運動量演算子はその3つの方向成分$\hat{J}$が交換関係、

$$[J_x, J_y] = i\hbar J_z \tag{4.8}$$

を持つことから、1つの成分、例えば$\hat{J}_z$、しか対角化できない。しかし、その絶対値の2乗の和、$\hat{J}^2 = \hat{J}_x^2 + \hat{J}_y^2 + \hat{J}_z^2$は、それぞれの成分と交換するため同時対角化が可能である。それを$j(j+1)\hbar^2$と書くことにし、角運動量の固有状態$|jm\rangle$を、

$$\hat{J}^2|jm\rangle = j(j+1)\hbar^2|jm\rangle, \qquad \hat{J}_z|jm\rangle = m\hbar|jm\rangle \tag{4.9}$$

で定義すると、jとmはどちらも整数で、mは$-j$からjの値をとらなければならないことがわかる。jは角運動量の大きさ（を与える量子数）と呼ばれ、前期量子論でゾンマーフェルトが導入した副量子数kに相当することがわかる。mは角運動量のz方向成分の大きさを決める量子数となるが、その値はとびとびとなり、外部磁場がかかったとき、ゼーマン効果でエネルギー準位がとびとびの値をとる「方向量子化」を説明する。

4.3.3 量子化された調和振動子

1次元調和振動子のハミルトニアン演算子は、

$$\hat{H} = \frac{\hat{p}^2}{2m} + \frac{1}{2}m\omega^2\hat{x}^2 \tag{4.10}$$

で与えられ、量子力学で最も簡単に解ける例題として知られている。ここで、正準量子化条件$[\hat{x}, \hat{p}] = i\hbar$を考慮して、

$$a = \frac{\hat{p} + im\omega\hat{x}}{\sqrt{2m\hbar\omega}}, \qquad a^\dagger = \frac{\hat{p} - im\omega\hat{x}}{\sqrt{2m\hbar\omega}}$$

とおけば、交換関係、

$$[a^\dagger, a] = 1$$

が得られ、これを使って演算子$a(a^\dagger)$は$\hat{n} = a^\dagger a$の固有値を1だけ減少（増加）させる演算子となることが示される。また、ハミルトニアン演算子

は$\hat{H}=\hbar\omega(\hat{n}+1/2)$となることから、エネルギー固有値は$\hat{n}$の固有値を用いて$E_n=\hbar\omega(n+1/2)$となる。これらのエネルギー固有値に対応する定常状態$|n\rangle$の座標表示の波動関数$\varphi_n(x)=\langle x|n\rangle$は、基底状態に対しガウス型$\varphi_0(x)=N_0e^{-\frac{1}{2}\frac{m\omega}{\hbar}x^2}$となっており、そのエネルギー固有値$E_0=\hbar\omega/2$はゼロ点振動のエネルギーと呼ばれる。

4.3.4 水素原子の問題

量子力学の成立過程で最も重要な役割を果たしたのは水素原子の問題である。この問題にはシュレーディンガー表示の運動方程式（波動方程式）を用いるのが適しており、座標表示の波動関数$\psi_n(r)=\langle r|n\rangle$を使うと、水素原子のシュレーディンガー方程式は、

$$\left[-\frac{\hbar^2}{2m}\nabla^2-\frac{e^2}{4\pi\epsilon_0 r}\right]\psi_n(r)=E_n\psi_n(r) \tag{4.11}$$

となる。ボーアの導入した角運動量の量子化条件（主量子数）は、極座標表示$(x,y,z)=(r\sin\theta\cos\phi, r\sin\theta\sin\varphi, r\cos\theta)$を用いて、

$$\nabla^2=\frac{\partial^2}{\partial r^2}-\frac{2}{r}\frac{\partial}{\partial r}+\frac{1}{r\sin\theta}\frac{\partial}{\partial \theta}\left(\sin\theta\frac{\partial}{\partial \theta}\right) \tag{4.12}$$

で変数分離された波動方程式の方位角φ方向成分の周期的な解が得られる条件に対応しており、エネルギー固有値はボーアの得たものと同じ値となる。ゾンマーフェルトが導入した磁気量子数はもう一つの角度成分の周期解を与える条件に対応しているが、エネルギーはこの量子数に対して縮退しており、外部磁場がかかったときにのみこの縮退が解かれる（ゼーマン効果）。

量子力学はエネルギースペクトルに関する限り前期量子論と同じ結果を再現するが、ハイゼンベルクが強調したように、定常状態に対応する古典的な電子軌道というものは存在せず、エネルギー固有状態に対応する電子の波動関数$\psi_n(x)$によって置き換えられる。波動関数の絶対値の2乗は電子の存在確率密度を与え、基底状態（$n=1$）には指数関数的に広がった動径方向の波動関数$\psi_1(r)=N_0e^{-r/a_0}$の2乗がそれを与える。ここで、$a_0=\alpha^2mc^2/2=0.58\times10^{-10}$mはボーアの第1軌道の半径（ボーア半径）と一致する。

4.3.5　散乱の量子力学

　非束縛状態である散乱過程の記述も波動方程式を用いて行うことができる。厳密には散乱過程は定常状態としては扱えないが、この場合も波動関数の規格化を適当に与えることにより、時間に依存しないシュレーディンガー方程式を用いて記述することができる。ポテンシャル$V(r)$で散乱される場合、時間に依存しない波動関数$\psi(r)$は、入射波を平面波$\psi_0(r) = e^{ikx}$にとると、$r \to \infty$の漸近解は、

$$\psi(r) = e^{ikx} + f(\theta)\frac{e^{ikr}}{r}$$

で表される。ここで、長さの次元を持つ散乱角θの関数$f(\theta)$は散乱振幅（scattering amplitude）と呼ばれポテンシャルの1次近似解は散乱中心から球面波として広がっていく散乱波と入射波が干渉したものとなり、それを2乗して遠方での散乱確率を計算すると典型的な干渉縞があらわれる。ボルンはこの結果の分析から、波動関数の2乗が確率密度を表すことを示した。

4.4　電子スピンとその起源

　電子スピンは量子力学特有の自由度であり、古典力学と本質的に異なることを意味している。その起源は電子の相対論的な運動に由来している。

4.4.1　電子の非古典的2価性

　原子スペクトルが磁場中で分離することは古典電子論でもゼーマン効果として知られていたが、量子力学では分離したスペクトルが量子化され、さらに古典論にはない二重性を持つことが明らかになった（異常ゼーマン効果）。パウリはこれを電子の「2価性」と呼んでいたが、カウシュミットとウーレンベックは電子の内部自転に起因すると解釈し、それ以来「電子スピン」と呼ばれるようになった。この自転という解釈は必ずしも正しくはなく、パウリはこの「2価性」を2行2列の3つの行列（パウリ行列）の2つの固有状態として記述した。確かにパウリ行列に$\hbar/2$をかけたものは、角運動量の3つの成分と同じ交換関係を満たし、電子

(ユニフォトプレス)

図4.3 量子統計の発見者達 左から、パウリ（1900-1956）、フェルミ（1901-1954）、ボース（1894-1974）。

の「内部角運動量」sと解釈することができる。しかし、電子の持つ磁気能率μはこの内部運動量の値に対応する古典的な磁気能率にさらに$g=2$の因子をかけたもの、$\mu = g\mu_B$になっており、このg因子の起源は相対論的な歳差運動と説明された。

4.4.2 ディラック方程式と電子スピン

この電子スピンの起源の問題に明快な決着を与えたのは、ディラックによる電子の相対論的な波動方程式（ディラック方程式）の発見であった。シュレーディンガー方程式は時間に対して1階、空間座標について2階の偏微分方程式になっており、これを特殊相対論と整合性を持たせるために、どちらも2階微分とするクライン・ゴルドンの波動方程式にすることがまず考えられたが、この方程式を満たす波動関数は確率保存を満たさないという困難があった。また点電荷の作る電場中でのこの方程式の解は、水素原子のスペクトルを正しく与えない。ディラックは時間微分に対しても空間座標微分についても1階の偏微分となる4成分の波動方程式を4行4列の行列（γ行列）を使って表すことに成功した。このγ行列は2行2列のパウリ行列を使って書くことができ、波動関数の4つの成分はスピンの2成分と正負のエネルギーの2成分に対応している。このディラックの方程式を点電荷の作る電場中で非相対論的な近似で解くと、ボーアの原子模型の結果を再現するだけでなく、ゾンマー

フェルトの相対論的な微細構造が説明される。また、外部磁場中ではパウリ行列によって表される電子スピンと外部磁場のゼーマン相互作用を表すパウリ相互作用項があらわれる。これは電子の磁気能率が電子の相対論的な運動に起因していることを示している。ディラック方程式の詳細は、場の量子論の章でさらに詳しく説明される。

4.5 フェルミ粒子とボース粒子

量子力学が古典力学と大きく異なるのは、同種粒子の多体系を記述する際にあらわれる。現在知られている粒子は、すべて電子のようにスピンが半奇数のフェルミ粒子か、光子のようにスピンが整数のボース粒子のどちらかであり、その多体系の振る舞いは大きく異なる。

4.5.1 多粒子系の波動関数の置換対称性

同種粒子の多体系の波動関数は、任意の2粒子の座標の交換に対し、フェルミ粒子の場合は符号を変え（反対称）、ボース粒子の場合は符号は同じ（対称）となる。この2つの置換対称性が、それぞれの多体系の状態を特徴付ける。偶数個のフェルミ粒子でできた複合粒子は、そのサイズよりも大きなスケールではボース粒子として振る舞い、奇数個のフェルミ粒子から成る複合粒子はフェルミ粒子としてふるまう。

4.5.2 パウリの排他律とボース凝縮

多粒子系の波動関数を1粒子状態の積として表す（平均場近似）と、電子のようなフェルミ粒子の場合、スピン自由度も含め1粒子状態はすべて異なる状態とならなければならない。例えば、原子の中のたくさんの電子の占める状態は、電子間の電磁相互作用を無視する近似では、原子核の作るクーロン場の中での1体問題を解いて得られる解に電子が占有した状態の直積となり、特徴的な殻構造（atomic shell structure）を持つが、このとき、電子は同じ1粒子状態をスピンの自由度まで含め、1個しか占有できない。これはパウリの排他律（exclusion principle）と呼ばれる。

よく知られた元素の周期表は基本的にこの排他律によって説明される。すなわち、原子核の作るクーロン場の中での電子の1粒子運動状態を電

子は内側から順に占有し、元素の化学的性質はそれぞれの元素の最外殻状態を占有する電子によって決まる。電子間相互作用を平均場として取り込むと原子核のクーロン場は内殻上の電子による遮蔽効果で弱くなるが、この基本的な結果は変更されない。

原子核を構成する陽子や中性子もこの排他律に従うフェルミ粒子であり、核子集団の作る平均場の中の1粒子状態を占有する殻構造（nuclear shell structure）を持つことが知られている。パウリの排他律はフェルミ粒子の多粒子系を支配する基本法則であり、元素の化学的性質だけでなく、物質の安定性を説明するのに本質的な役割を果たしている。

反対に光子のようなボース粒子は、同じ1粒子状態をいくらでも粒子が占有することができ、その数が巨視的な値となると、その状態は物質のマクロな性質に直接反映されるようになる。例えば、ヘリウム4のようなボース粒子が低温で示す超流動の性質はこのボース凝縮によって説明されている。この問題は、量子統計の基本問題であり、後に詳しく論じられる。

4.5.3 量子統計と第2量子化

フェルミ粒子とボース粒子の違いは多体系の取り扱いにおいて顕著となるが、それをうまく取り入れる数理的方法として第2量子化の方法がある。この方法は、ディラックによって電磁場（ボース粒子の場）を量子化する方法として提案され（1927）、場の局所的な交換関係を使ってボース場を量子化した。その後、ジョルダンとウィグナーによって電子場（フェルミ粒子の場）に拡張され（1931）、フェルミ粒子の場は反交換関係によって量子化された。量子化された場から作られる場の粒子の生成・消滅演算子は同様な交換関係を満たし、それを使って波動関数を構成すると、粒子交換に伴う対称性を自動的に取り入れることができる。後で見るように、この方法は、量子電気力学（QED）をはじめ、今日の場の量子論の記述には標準的な方法となっており、量子統計の計算にも用いられる。

4.6 量子力学の解釈の問題

　量子力学は多くの具体的な物理的問題に適用され、正確に実験結果が記述できる理論として不動の地位を得ているが、その解釈の問題をめぐって、その創始者であるアインシュタインとボーアの間でも論争があった。この論争ははじめ哲学的な色彩が強かったが、最近では実際に実験で実証することも可能となり、様相は一変した。

4.6.1 「コペンハーゲン解釈」

　ハイゼンベルクはディラックの交換関係を使って、運動量と座標の不確定性関係を導出し、それが「量子化」によってもたらされる必然的な関係であることを示したが、ボーアはボルンによる波動関数の確率解釈を敷延しつつ、それらを一般化した「相補性（complimentarity）」が量子力学の本質であるとした。波動性と粒子性は、量子力学によって記述される統一された量子力学的現実の古典物理学による一見矛盾した2つの異なった相互に補う記述となる。また、量子化された物理量が連続量に近づく極限で量子力学の結果は通常の古典力学から得られる結果と一致することは、相補性原理のあらわれであるとする。ただ、ある物理量の観測によって量子状態がその固有状態に一瞬に変化するという解釈（「波動関数の収縮"collapse of the wavefunction"」）は「観測の問題」と呼ばれ、長く「コペンハーゲン解釈」への批判の原因となった。

4.6.2 EPRパラドックス

　「コペンハーゲン解釈」に早くから異議を唱えたのは、量子論の建設に積極的に深く貢献したアインシュタインであった。彼は量子力学の原理が物理学の基本原理と矛盾する例を思考実験でいくつかあげたが、ボーアはアインシュタインの考察に欠陥があると一つひとつ反論した。アインシュタインが特に問題としたのは、量子状態の観測が、一見、因果律と矛盾することであった。1935年に発表されたポドルスキーとローゼンとの共著論文では、反対称化された2粒子状態の観測で、遠方で一方の粒子状態が観測されたとき、遠く離れたもう一方の粒子状態が瞬時に決まることになり、それは物理的な局所因果律に反するため、量子力

学はまだ完全ではないとした。これは2粒子の波動関数が1粒子状態の量子もつれ（quantum entanglement）の状態となっていることに起因した相関であるが、古典力学においても同様な2粒子相関は起こりうる。

4.6.3 「隠れた変数」とベルの不等式

ボームは観測不可能な「隠れた変数」を導入することによって、「EPRパラドックス」であらわれる2粒子相関が古典論でもあらわれることを論じたが（1952）、ベルはさらに「隠れた変数」が本当にあれば相関関数の和がある不等式（「ベルの不等式」）によって拘束され、逆に、量子力学ではその不等式の拘束が破れることになることを示した（1964）。ベルの考察はアインシュタイン等の主張に誘導されたものであったが、その後、彼の不等式はアスペ等の2粒子相関の精密実験により実際に破られていることが示され、今日では量子力学を「隠れた変数」で解釈する理論は否定されている。「量子もつれ」によって引き起こされる2粒子相関は、量子コンピュータや量子テレポーテーションなどの最新の電子機器技術への応用が注目されている一方で、量子力学の理解についてはまだ満足できないとする第一線の研究者も少なからずいる。

参考文献

量子力学の良書は多いが、ここではその創始者によって書かれた歴史的な名著と、日本人によって書かれたユニークな名著を2つだけ記載する。

[1] P. A. M. Dirac, The Principles of Quantum Mechanics, (Oxford, 4th edition, 1958)：(ディラック著（朝永振一郎他訳）『量子力学』岩波書店)

[2] 朝永振一郎著『量子力学I、II、III』（みすず書房、1952、1975）：「朝永の量子力学」として知られる名著。必ずしも歴史的な発展経過をたどっていないが、筆者の論理的な思考発展がたどれる。第3巻は「スピンはめぐる」という表題で、核物理学に至る量子力学の発展期について語ったユニークな内容。

5 | 統計物理学の形成

岸根順一郎

現代物理学は決定論的な側面と確率統計的な側面をあわせ持つ。本章では、これら2つの側面を橋渡しする役割を果たすエントロピーの概念を中心に、統計物理学のエッセンスを述べる。特に、統計物理学における時間の概念と自然現象の階層構造がどのように結びつくかを強調する。

古典力学と古典電気力学の基本方程式はいずれも時間を含む微分方程式である。初期条件のもとでこれらを解くことで、粒子と場の運動の時間変化を追跡する。そこでは粒子の個別運動というミクロな情報を直接扱う。これに対し、膨大な数の原子・分子からなるマクロ物質内部の状態変化はどう記述できるかに答えるのが熱力学と統計力学である。

5.1 熱力学の論理

熱力学と統計力学

熱力学はマクロな系の状態を温度、体積、圧力といったマクロな情報（状態量、熱力学量）だけで記述し切る枠組みである。一方、統計力学は、マクロな熱力学をミクロな視点で構築しようとする試みである。本章では、熱力学と統計力学を合わせて統計物理学と呼ぶことにする。ただし熱力学は本来、統計的基礎づけから解放された独自の理論体系である。この点を含んだ上で、まずは熱力学の論理を概観する。熱力学を統計力学の立場からみれば、「熱ゆらぎを無視して平均値だけを扱う」ということである。この扱いを正当化するのが「独立なN個（膨大な数）の確率変数の和は、もとの確率変数の分布によらずガウス分布になる。和の期待値はNのオーダー、分散（ゆらぎ）は$\sqrt{N}$のオーダーである」という定理（中心極限定理）である。一言でいうなら「熱力学系では平均

値がゆらぎを凌駕(りょうが)する」ということである。

熱力学の基本法則

　1840年代に、マイヤー、ジュール、ヘルムホルツらによって熱力学第1法則が確立する。その標準的な形は

$$dE = \delta W + \delta Q \tag{5.1}$$

である。内部エネルギーEは、1つの熱平衡状態に応じて一意的に決まる状態量であり、系の分割に比例して分割される示量変数である。δWとδQはそれぞれ力学的仕事および熱の形で系に流入（外界と交換）するエネルギーであり、WとQそれら自体は状態量ではない。しかし、変化が準静的であればこれらを状態量の微分として表せる。仕事については、$\delta W = -PdV + \mu dN$と書ける[1]。Pは圧力、dVは微小体積変化、μは化学ポテンシャル、dNは微小粒子数変化である。V、Nは示量変数であり、P、μは系を分割しても変化しない示強変数である。

　熱の交換δQはどうだろう。クラウジウスはカルノーサイクルにおける熱交換の考察を通して、エントロピーと呼ばれる状態量の存在に気付き、今日クラウジウスの不等式と呼ばれる

$$dS \geq \delta Q / T \tag{5.2}$$

に到達して熱力学第2法則を完成させた。不可逆過程が混入すると、ミクロ自由度間のエネルギー交換による$\delta Q/T$よりも大きなエントロピーが系の内部で生成される。これが（5.2）の意味である。孤立系では$\delta Q = 0$だから、

$$孤立系：dS \geq 0 \tag{5.3}$$

が得られ、「孤立系が熱平衡状態へ向かう過程で、エントロピーSは決して減少しない」ことになる。これが熱力学第2法則（エントロピー増大の法則）である。熱力学の理論体系は、クラウジウスが1865年に「宇

---

1) 電場Eが電気分極Pを誘導する場合は$E \cdot dP$、磁場Bが磁化Mを誘導する場合は$B \cdot dM$が加わる。

宙のエネルギーは一定（熱力学第1法則）」であり、「宇宙のエントロピーは最大値に向かう（熱力学第2法則）」と宣言した段階で完成した。

エントロピー増大は不可逆的であって、そこには必然的に時間の向き（時間の矢）の概念が含まれる。ところがエントロピーが最大値に達して熱平衡状態が実現すると、もはや S は変化しない。このため、熱平衡状態だけを扱う限り時間の概念が消える。これが熱平衡状態の熱力学である。

(5.2) の等号は可逆過程に対してのみ成り立ち、その場合（5.1）を

$$dE = -PdV + \mu dN + TdS = \sum_i F_i dX_i \tag{5.4}$$

という全微分の形に書くことが許される[2]。(5.4) は変化についての法則であるが、E の示量性は、数学的には、E が1次の同次関数である [$E(\lambda X_i) = \lambda E(X_i)$] ことを意味する。すると、同次関数についてのオイラーの定理から

$$E = \sum_i X_i \frac{\partial E}{\partial X_i} = \sum_i X_i F_i = -PV + \mu N + TS \tag{5.5}$$

となって E の絶対値が定まってしまう。さらに $dE = \sum_i X_i dF_i + \sum_i F_i dX_i = \sum_i F_i dX_i$ よりギブズ-デュエムの関係式

$$\sum_i X_i dF_i = 0 \tag{5.6}$$

が得られる。

エントロピー関数：物質の熱力学的な"顔"

可逆過程に対する (5.4) は

$$dS = \frac{1}{T}dE + \frac{P}{T}dV - \frac{\mu}{T}dN \tag{5.7}$$

と書き直せる。これは、エントロピーが示量変数 E, V, N の連続関数

$$S = S(E, V, N) \tag{5.8}$$

---

[2] 示量変数 $X_1 = V$、$X_2 = N$、$X_3 = S$、示強変数 $F_1 = -P$、$F_2 = \mu$、$F_3 = T$ とまとめた。X_i を「熱力学的流れ（フラックス）」、F_i を X_i に共役な「熱力学的力」と呼ぶ。化学ポテンシャルや温度は、それぞれ粒子数変化とエントロピー変化を駆動する抽象的な力と見なせる。

として決まることを意味する。(5.8)はエントロピー関数または基本関係式と呼ばれる。エントロピー関数は、物質の熱平衡状態を指定する、いわば物質の熱力学的な顔である。2つの熱平衡状態を結ぶ可逆過程は、連続的な点の軌跡として表せる。一方、不可逆過程の場合はある点から別の点に不連続な跳躍が起きる。

いま、(5.8)に対応する熱平衡状態を仮想的に2つ用意して熱的に接触させる。Sは示量性だから、複合系が熱平衡に達した段階でのエントロピーは$2S(E, V, N)$である。熱平衡に達する過程でエネルギーのゆらぎΔEを許せば、熱平衡でのエントロピーはゆらぎを許した際の全エントロピー$S(E+\Delta E, V, N)+S(E-\Delta E, V, N)$より必ず大きいはずだ。このことから、$S$が$E$の凹関数であることが要求される。つまり、$(\partial^2 S/\partial E^2)_{V,N} < 0$である。$V$や$N$についてのゆらぎも同様に議論できるから、エントロピーは示量変数の凹関数でなくてはならない。

孤立単純系[3]の例として、単原子理想気体のエントロピーを与えるザックール-テトローデ（Sackur-Tetrode）の公式（1912年）

$$S = Nk_B \log\left(\frac{E^{3/2}V}{N^{5/2}}\right) + Nk_B\left\{\frac{3}{2}\log\left(\frac{4\pi m}{3h^2}\right) + \frac{5}{2}\right\} \quad (5.9)$$

を取り上げよう。右辺第2項はマクロな熱力学だけからは出てこない項（エントロピー定数）、hはプランク定数である。図5.1（a）に、Nを固定してSをE、Vの関数として描いた曲面（エントロピー曲面、熱力学曲面等と呼ばれる）を示す。SがE、Vの凹関数であることが見てとれる。この曲面上の1点1点が1つの熱平衡状態に対応する。

温度、圧力、化学ポテンシャルなどの示強変数は、点(E, V, N)におけるエントロピー曲面の接線の傾きによって決まる。(5.9)の場合、

$$\frac{1}{T} = \left(\frac{\partial S}{\partial E}\right)_{V,N} = \frac{3}{2}\frac{Nk_B}{E}, \quad \frac{P}{T} = \left(\frac{\partial S}{\partial V}\right)_{E,N} = \frac{Nk_B}{V} \quad (5.10)$$

である。(5.10)より理想気体の状態方程式$PV = Nk_BT$が得られる。このように、エントロピー関数には、熱平衡状態について知り得るすべて

---

[3] マクロスケールで空間的な不均一が無視できる（マクロな内部束縛がない）等方的な系を単純系と呼ぶ。

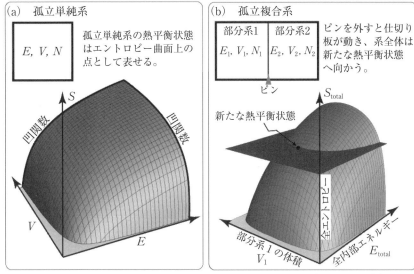

図5.1 (a) 単原子理想気体からなる孤立系のエントロピー曲面。(b) 孤立系を仕切り板で部分系に分けたのち、仕切りを開放して体積変化を許す。系は S を最大化し、E を最小化する点に向けて変化する。

の情報が込められている。

第1法則と第2法則の結合：エネルギー最小状態としての熱平衡

第1法則と第2法則を組み合わせると

$$\underbrace{\frac{\delta Q}{T} = \frac{dE + PdV - \mu dN}{T}}_{\text{第1法則}} \underbrace{\leq dS}_{\text{第2法則}} \tag{5.11}$$

が得られる。つまり

$$dE + PdV - \mu dN - TdS \leq 0 \tag{5.12}$$

である。S, V, N が一定なら $dE \leq 0$、つまり熱平衡状態に向けて内部エネルギーが最小値に向かうことがわかる。熱平衡状態は「エントロピー最大」あるいは「エネルギー最小」という2つの等価な極値原理で表される。さらに、平衡状態で E が S、V の関数として最小（谷底）となるべきことから、熱力学不等式

$$C_v = T\left(\frac{\partial S}{\partial T}\right)_V > 0, \quad \kappa_T = -V\left(\frac{\partial P}{\partial V}\right)_T > 0 \tag{5.13}$$

が導ける[4]。この不等式を満たさない状態は熱力学的に不安定であり、より安定な状態へ向けて変化することになる。

束縛の解放：エントロピー最大値のさらなる最大化

図5.1（b）のように孤立系に仕切り板（マクロな内部束縛）を入れて複合系を作る。仕切り版は固定されており、分れた部分系1、2間にはわずかな圧力差がある。いま、ピンをはずして仕切りを解放する。系の全エントロピーは、各部分系のエントロピーの和 $S_{total} = S(E_1, V_1, N_1) + S(E_2, V_2, N_2)$ であるが、系全体は孤立系なので新たな熱平衡状態へ向けて $dS_{total} \geq 0$ となる。

N_1、N_2は固定し、S_{total}を、$E_{total} = E_1 + E_2$ と V_1 の関数とみて $S_{total}(E, V_1)$ を描いたのが図5.1（b）である。落ち着く先の熱平衡状態は、「S_{total}一定なら E_{total} 最小」、「E_{total} 一定なら S_{total} 最大」となる点である[5]。

自由エネルギー

（5.12）は、以下の自由エネルギー

$$\text{Helmholtz}: F = E - TS = -PV + \mu N \qquad (5.14)$$

$$\text{Gibbs}: G = E - TS + PV = \mu N \qquad (5.15)$$

$$\text{Grand}: \Omega = E - TS - \mu N = -PV \qquad (5.16)$$

を次々導入[6]すると、

$$\text{Helmholtz}: dF \leq -SdT - PdV + \mu dN \qquad (5.17)$$

$$\text{Gibbs}: dG \leq -SdT + VdP + \mu dN \qquad (5.18)$$

---

4) C_Vを定積比熱、κ_Tを等温体積弾性率と呼ぶ。これらの不等式を、「温度が上がるとエントロピーも上がる」、「体積が増えると圧力は減る」と言葉に直せばわかりやすいだろう。

5) 図5.1（a）と（b）の相違をしっかり把握することが重要である。

6) Helmholtz、Gibbs、Grandは各自由エネルギーの呼称。

$$\text{Grand}: d\Omega \leq -SdT - PdV - Nd\mu \qquad (5.19)$$

と等価変形できる。例えば（5.17）は、T、V、Nが一定の環境下では熱平衡状態へ向けてFが最小値へ向かうことを意味している。可逆過程では等号が成り立ち、FはT、V、Nを自然な変数とする関数となる。

5.2 統計物理学の形成と論理

確率論の導入：ボルツマンの思想

　平衡状態への接近過程まで視野に入れるとなると、時間の概念を取り戻さねばならない。この難題に取り組んだのがボルツマンである。ボルツマンは、粒子の力学から出発して熱力学第2法則を導き出そうと試みた。しかしながら、力学的な運動方程式は（古典、量子問わず）微分方程式であり、初期条件が決まればその後の時間発展が決定論的に決まる。さらに、時間反転に対して対称（可逆）である。ボルツマンは、決定論的かつ可逆な力学法則からどうやってマクロ過程の不可逆性を導き出すか苦悩し、「熱の力学的理論の問題は確率論の問題である」と述べて決定論からの決別宣言をした。確率論的発想の創始者はマックスウェル（1867）であるが、ボルツマンはこれを引き継ぐ形で「力学と確率論の折衷案」を探り続けた。

力学的状態の捉え方

　古典力学によれば、1粒子の力学的状態は、空間座標と運動量の組$(r; p)$で指定される。これは6次元空間（moleculeにちなんでμ空間と呼ばれる）の1点である。N粒子全体の状態は、$6N$次元位相空間（gasにちなんでΓ空間と呼ばれる）の1点(q, p)で代表される。(q, p)は、すべての一般化座標と一般化運動量$(q_1, \cdots, q_{3N}, p_1, \cdots, p_{3N})$をまとめて表している。$\Gamma$空間を、$\mu$空間が$N$重に重なったものとみれば、$\Gamma$空間の1点は$\mu$空間に分布する$N$個の点の集合となる（図5.2）。力学的状態を$\Gamma$空間で扱うか$\mu$空間で扱うかによってアプローチの仕方が変わってくる。

運動学とボルツマン方程式

図5.2のようにμ空間を微小細胞に分割し、ある時刻tに体積要素$d\mu = drdp$中に含まれる状態数が$f(\boldsymbol{r}, \boldsymbol{p}, t)\,d\mu$となるような関数$f$を1粒子分布関数と呼ぶ。ボルツマンは1872年、$f$の時間変化率を記述する方程式（ボルツマン方程式）

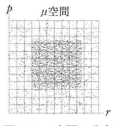

図5.2　μ空間に分布する状態と分布関数の導入

$$\frac{df}{dt} = \frac{\partial f}{\partial t} + \frac{d\boldsymbol{r}}{dt} \cdot \nabla_r f + \frac{d\boldsymbol{p}}{dt} \cdot \nabla_p f = I \quad (5.20)$$

を作り[7]、これに基づいてエントロピー増大を論じた（H定理）。ここで衝突積分と呼ばれる項Iの扱いが重大な問題になるが、これについては後述する。

平衡状態の統計的エントロピー：ボルツマンの公式

運動方程式の可逆性とマクロな不可逆性の折り合い（例えば1876年のロシュミットによる批判）に対する苦悩を通して、1877年、ボルツマンは一つの熱平衡状態に対応するミクロ状態[8]の数Wとエントロピーを結びつける関係式

$$S = k_B \log W \quad (5.21)$$

に到達する。定数$k_B = 1.38 \times 10^{-23}$ J/Kをボルツマン定数と呼び、今日ボルツマンのエントロピー公式として知られるこの式を確定させたのはプランクである。このように、ボルツマンは非平衡過程を包含する「熱の確率論」を作ろうとして最終的に熱平衡状態のエントロピーの公式にたどり着いた（再び時間が消えた！）。(5.21)とクラウジウスのエントロピーを等置すると、孤立系の温度の統計力学的定義

$$\frac{1}{T} = \left(\frac{\partial S}{\partial E}\right)_{V,N} = k_B \left(\frac{\partial \log W}{\partial E}\right)_{V,N} \quad (5.22)$$

が得られる。こうして絶対温度の統計力学的定義が完成し、「熱平衡状

---

7) ∇_r, ∇_pはそれぞれ$\boldsymbol{r}$、$\boldsymbol{p}$での勾配を表す。真ん中の式は$f(\boldsymbol{r}, \boldsymbol{p}, t)$の全微分の式から直ちに得られる。

8) 1つの熱平衡状態を「アクセス可能なミクロ状態」といい表す。

態の統計力学」の基礎が築かれた。

ギブズのエントロピー

　ボルツマンの公式（5.21）の基礎をなすのは、「マクロにみれば単一の熱平衡状態も、ミクロにみれば実に多様だ」という見方である。この見方を逆転すると、「ミクロにみれば異なるほぼすべての状態が、互いに見分けがつかないほどそっくりなのが平衡状態だ」ということになる。平衡への接近過程で、そっくりでない状態は姿を消し、圧倒的多数の典型的状態だけが均等にあらわれると考えるのだ。これを等重率の原理と呼ぶ。実際、（5.21）を

$$S = -k_B \sum_{i=1}^{W} \frac{1}{W} \log\left(\frac{1}{W}\right) = -k_B \sum_{i=1}^{W} p_i \log p_i \tag{5.23}$$

と書き直せば、$p_i = 1/W$ は全部で W 個あるミクロ状態が均等に出現する確率を意味している。逆に、孤立系において p_i が均等でない場合、これは非平衡だということだ。この意味で、（5.23）の最右辺は非平衡状態に拡張可能なエントロピーの表式になっている。これが「ギブズのエントロピー」である。最右辺から真ん中の式を導くには、規格化条件 $\sum_j p_j = 1$ のもとで $-k_B \sum_{i=1}^{W} p_i \log p_i$ を最大にする p_i を探せばよい。ラグランジュの未定乗数法を用いれば、$p_i = 1/W$ が得られる。かくして、ギブズのエントロピーを最大にする確率分布が熱平衡状態に対応し、そのときのエントロピーがボルツマンのエントロピー（5.21）だという見方が確立する。

ギブズのアンサンブル法

　ここで、「ミクロ状態が均等に出現」と表現したが、どのような母集団（アンサンブル）のもとでサンプリングして「均等」なのかがあいまいである。これに対し、ギブズは「アンサンブル法」を開発して平衡統計力学のマニュアル化を達成した[9]。相互作用する粒子系で状態数 W を計算することは極めて困難であるが、この処方箋を使うと熱力学量が（少なくとも形式上は）系統的に計算できる。ギブズ流の平衡統計力学は、

---

[9] 統計力学（statistical mechanics）という言葉を作ったのはギブズである。

量子力学と融合して現代物理学の最重要ツールのひとつとなった。

多粒子系の状態変化はΓ空間における点（代表点）の軌跡（トラジェクトリ）として描ける。アンサンブル法では、図5.3のようにΓ空間のコピー（アンサンブル）をたくさん準備してスナップショットをとる。すると、異なるコピーごとの代表点が重なって分布ができるので、この分布を母集団とする統計平均を議論すればよい。これがアンサンブル法のアイデアである。

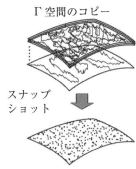

図5.3　ギブズのアンサンブル法

アンサンブル法を使うと、

$$\text{全体} = \text{部分系} + \text{環境} \tag{5.24}$$

という統計力学において本質的な見方が具体化できる。例えば巨大な孤立系（環境、熱浴）が絶対温度Tの熱平衡状態にあり、この内部にごく小さな部分系をとって環境と熱平衡にある場合を考える。そして、われわれが観測対象にするのはこの部分系だと考える。

このとき、部分系をエネルギー$E_{部分} = H(q,p)$の状態に見出す確率は、それを許す（この状態にアクセス可能な）環境の状態数$\exp(S_{環境}/k_B)$に比例する[10]。全体は孤立系だから、エネルギーについて$E_{全体} = E_{環境} + E_{部分}$である。しかし部分系は環境に比べて微小だから$E_{部分} \ll E_{全体}$。これより

$$S_{環境}(E_{環境}) \simeq S_{環境}(E_{全体}) - \beta E_{部分} \tag{5.25}$$

となる[11]。ここで温度の定義（5.22）を使い、$\beta = (k_B T_{環境})^{-1}$と置いた。これより

$$\exp(S_{環境}/k_B) \propto \exp(-\beta E_{部分}) \tag{5.26}$$

---

10) これは、環境のミクロな自由度についての情報を縮約するということである。

11) $S_{環境}(E_{環境}) = S_{環境}(E_{全体} - E_{部分}) \simeq S_{環境}(E_{全体}) - \dfrac{\partial S_{環境}}{\partial E_{全体}} E_{部分}$

が得られる。これを規格化した

図5.4 環境中の部分系

$$\rho = Z^{-1} e^{-\beta E_{部分}}, \quad Z = \sum_{部分系の状態} e^{-\beta E_{部分}} \quad (5.27)$$

が、いわゆるカノニカル分布の確率密度である。Zは分配関数であり、和は部分系のすべての状態についてとる。古典統計の場合、$\sum_{状態}$はΓ空間の積分になる。ギブズのアンサンブル法は、分配関数Zとヘルムホルツの自由エネルギーFを結び付ける式

$$e^{-\beta F} = \sum_{部分系の状態} e^{-\beta E_{部分}} \Rightarrow F = -k_B T \log Z \quad (5.28)$$

に結実する。こうして、系のハミルトニアン$H(q, p)$から出発してマクロな平衡熱力学に移行するレシピが完成したのである。

量子論的な密度演算子と量子もつれ

　量子論では、Γ空間が量子力学的な状態空間に置き換わり、$d\Gamma$についての積分が離散的な量子状態についての和に置き換わる。状態を数える、という考え方はそもそも量子論的である。ところが、量子論でエントロピーを理解しようとすると問題が生じる。孤立系の量子状態は1つの量子状態（純粋状態）をとる。それがエネルギー固有状態$|E_n\rangle$であるなら、(5.23)において確率p_nだけが1で、それ以外の$p_i (i \neq n)$はすべてゼロということになる。そうなると、

$$S = -k_B p_n \log p_n - k_B \sum_{i \neq n} p_i \log p_i = 0 \quad (5.29)$$

となって孤立系のエントロピーは必ずゼロになってしまう！この問題を回避し、平衡統計力学を量子力学の体系に組み込むにあたって本質的な役割を果たしたのがランダウとフォン・ノイマンによって導入された統計演算子（密度行列）である。

　要するに、ミクロ状態の情報が完全に手に入ってしまうとエントロピーの概念が作れない。だとすれば意図的に無知を作り込む必要がある。そこで孤立系を部分系と環境に分け、環境の情報を縮約して部分系だけ見る、ということをする。環境についての不可知（無知）を確保するこ

とで部分系のエントロピーを有限にするのである。このとき、全体としての孤立系は部分系の状態$|\psi_{部分}\rangle$と環境の状態$|\psi_{環境}\rangle$純粋状態の直積$|\psi_{部分}\rangle|\psi_{環境}\rangle$で書けてはならない。そのような状態は再び純粋状態になるからだ。このためには、$|\psi_{部分}\rangle$と$|\psi_{環境}\rangle$をそれぞれ

$$|\psi_{部分}\rangle = \sum_m a_m |m\rangle, \quad |\psi_{環境}\rangle = \sum_M b_M |M\rangle \tag{5.30}$$

と直交展開するとき、これらを複合した系の状態

$$|\psi\rangle = \sum_{m,M} c_{mM} |m\rangle |M\rangle \tag{5.31}$$

において$c_{mM} = a_m b_M$と分解できてはならない。このように、「複合系の状態が、各部分系の状態の積として書けない」とき、「量子もつれ（エンタングルメント）」が起きているという[12]。次に（5.31）から射影演算子$\hat{P} = |\psi\rangle\langle\psi|$を作り、環境の状態についてのみ対角和をとる。すると

$$\hat{\rho} = \mathrm{Tr}_{環境} \hat{P} = \sum_M \langle M | \hat{P} | M \rangle = \sum_m w_m |m\rangle\langle m| \tag{5.32}$$

の形があらわれる。このとき、部分系の状態は「混合状態」にある。ここにあらわれた$\hat{\rho}$こそが量子系の密度演算子であり、カノニカル分布の量子版は

$$\hat{\rho} = Z^{-1} \exp(-\beta \hat{H}_{部分}), \quad Z = \mathrm{Tr} \exp(-\beta \hat{H}_{部分})$$

となる。$\hat{H}_{部分}$は部分系のハミルトニアンであり、Trは$\hat{H}_{部分}$が作用する状態空間の基底についての対角和である。混合状態にある系のエントロピー（フォンノイマンのエントロピー）は

$$S(\hat{\rho}) = -k_B \mathrm{Tr}(\hat{\rho} \log \hat{\rho}) \tag{5.33}$$

で定義される。これは（5.23）の自然な拡張である。

　以上が、複合系の純粋状態から部分系の混合状態が作り出される仕組みである。私たちは、環境の自由度について対角和をとる（連続自由度

---

[12]　具体的な内容は米谷民明、岸根順一郎共著『量子と統計の物理』（放送大学教育振興会、2015）第11章参照。

の場合は積分する）ことによって環境についての情報を放棄し、無知を生み出したのである。その結果、熱浴に囲まれた系が混合状態となって有限のエントロピーが生まれるのである。

さらに、量子力学では同種粒子は互いに区別できない。この点を考慮すると量子統計力学ができ上がる。具体的に、整数のスピンを持つ粒子はボース・アインシュタイン統計、半整数のスピンを持つ粒子はフェルミ–ディラック統計に従う。ギブズは、量子力学が建設される4半世紀前に、個々の粒子が区別できるとするとエントロピーの示量性（加法性）[13]が破たんすること（ギブズのパラドックス）を見抜いて因子$1/N!$を導入した。統計力学と熱力学を調和させる苦悩の中に、量子論の種がまかれていたのである。

非平衡と不可逆性の問題

ここで話を戻す必要がある。平衡に達した後の統計力学に終始するのでは非平衡と不可逆性の問題を置き去りにすることになる。実際、ギブズのアンサンブル法は極めて有用であるが、一方で統計力学から時間の概念を追放してしまった。これではボルツマンの本来の志が途絶えてしまう。しかし、アンサンブル法と非平衡を調和させるのは容易ではない。

統計力学は、「時間の概念を含む非平衡統計力学」と「熱平衡状態に特化したギブズ流の統計力学」に分離したまま今日に至っている。非平衡統計力学はさらに、ボルツマン流の運動論、確率過程論、線形応答論といった支流に分かれて現在まで発展を続けている。

時間スケールの階層性

マクロな熱力学をミクロな粒子の運動にさかのぼって記述することがボルツマンの目的であった。しかし、ミクロ世界の現象は小さく素早い。マクロ世界の現象は大きくゆったりしている。この桁違いだがあいまいな隔たりをどうつないだらよいのか。ここから始める必要がある。そこで時間スケールの階層性に着目しよう（図5.5）。

---

13) 内部エネルギーEは明らかな示量変数、絶対温度Tは明らかな示強変数である。TdSがUと同じ示量変数だということは、エントロピーSは示量変数でなくてはならない。

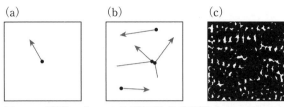

図5.5 時間スケールの階層性を空間的な広がりで表した概念図 (a) 力学的領域、(b) 運動学的領域、(c) 流体力学的領域

膨大な数の粒子（原子・分子）からなる系で生起する現象として、最も素早い現象は粒子同士がコツンと衝突するのに要する時間（相互作用時間、衝突時間）τ_1だろう。室温での空気分子を念頭におくと、分子間相互作用が及ぶ10^{-10} m程度の距離を平均速度$\langle v \rangle \simeq 10^2$ m/s程度で通過する時間として$\tau_1 \simeq 10^{-12}$ sと見積もることができる。$t \simeq \tau_1$の時間スケールでは、（すぐ後で述べる）Γ空間の分布関数ρ（量子論では密度演算子$\hat{\rho}$）がハミルトニアンに従って時間発展する様子を追跡すべき階層（力学的領域）である。対応する運動方程式は、

$$\text{古典論（リウヴィル方程式）}：\frac{\partial \rho}{\partial t} = \{H, \rho\} \qquad (5.34)$$

$$\text{量子論（フォン・ノイマン方程式）}：\frac{\partial \hat{\rho}}{\partial t} = \frac{1}{i\hbar}[\hat{H}, \hat{\rho}] \qquad (5.35)$$

である[14]。

次の段階は、ひとつの粒子がある粒子と衝突した後、次に別の粒子と衝突するまでの時間τ_2であろう。分子を半径dの剛体球とみなせば、1分子が時間t進む間に衝突する分子の数は$\pi d^2 \langle v \rangle tn$（$n$は分子数密度）である。距離$\langle v \rangle t$進む間にこの回数衝突するということは、1回の衝突ごとに距離$(\pi d^2 n)^{-1}$程度進む計算になる。これが平均自由行程であり、大気圧中の分子の場合10^{-7} mのオーダーである[15]。これより、目安と

---

14) $\{H, \rho\}$はポアソン括弧、$[\hat{H}, \hat{\rho}]$は交換子。詳しくは米谷民明、岸根順一郎共著『量子と統計の物理』（放送大学教育振興会、2015）第11章参照。

15) 平均自由行程の概念を出したのはクラウジウスである（1858）。

して$\tau_2 \simeq 10^{-9}$ s が得られる。$t \simeq t_2$ の時間スケールでは、少数の分子が時たま衝突して分布が変化する。これが運動学的領域である。

最後に、そして$t_2 \ll t$（マクロな時間スケール）となると限りない数の衝突を経て熱平衡[16]が実現する。例えば空気中の可聴音の周期は10^{-2} s 程度であるが、このようなマクロな時間スケールになると空気を連続体（流体）として扱ってよい。これが流体力学的領域である。

このように、ミクロとマクロの間には、少なくとも「力学的領域（原子領域）」、「運動学的領域」、「流体力学的領域」という3つの階層が存在する。この様子を図5.5に示す。重要なことは、各階層で出発点とすべき有効理論が異なることである。原子領域ではリウヴィル方程式、運動学的領域ではボルツマン方程式、流体力学的領域ではナビエ-ストークス方程式といった具合である。ボルツマン方程式からナビエ-ストークス方程式を導出することは、チャップマンとエンスコッグによって1910年代になされた。さらにボルツマン方程式自体をリウヴィル方程式から導出することは、ずっと後の1946年、ボゴリュウボフによってなされた。統計物理学の研究は、「時間スケールの階層構造を正しく捉えること」、「各階層での有効理論を正しく運用すること」、そして「異なる階層をつないでいくこと」という段階を経て進められる。

ボルツマン方程式とH定理

ボルツマンは、1粒子分布関数$f(r, p, t)$の時間発展と不可逆性の問題を結び付けようとした。粒子間の衝突によって$d\mu$内の状態数は増減する。正味の変化率をIとすれば、ボルツマン方程式（5.20）が得られる。これがボルツマン方程式であり、統計的な気体分子運動論の基礎となる。衝突積分と呼ばれる項Iの内容を吟味するにあたって、ボルツマンは2粒子の衝突イベントが互いに全く独立であるとの仮定（stosszahlansatz、分子カオスの仮定）をおいた。つまり、ある衝突と次の衝突は互いに全く無相関だとした。この仮定は、低密度で希薄な気体の場合に成り立つ。

この仮定のもと、ボルツマンはH関数とよばれる量[17]

---

16) 実際の現象はすべて開放系で起きるので、ここでの熱平衡とは局所的熱平衡のことである。

$$H(t) = -\int d\boldsymbol{p} f(\boldsymbol{p}, t) \log f(\boldsymbol{p}, t) \tag{5.36}$$

が粒子の衝突によって「決して減少しない（$dH/dt \geq 0$）」ことを示した。これがボルツマンのH定理である。ボルツマンは、これをもって熱力学第2法則の原子論的導出とした。

H定理の導出法は本質的に以下のとおりである。W個のミクロ状態からなる系が状態iをとる確率分布関数を$p_i(t)$とする。その時間変化率は

$$\dot{p}_i(t) = \sum_j [a_{j \to i} p_j(t) - a_{i \to j} p_i(t)] \tag{5.37}$$

の形に書けるだろう。ここで$a_{j \to i}$は状態がjからiへ遷移する確率である。これをマスター方程式と呼ぶ。次いでボルツマンのH関数を模して

$$H(t) = -\sum_j p_j(t) \log p_j(t) \tag{5.38}$$

なる量を導入しよう。これを時間で微分し、(5.37)を使うと簡単に$dH/dt \geq 0$が得られる[18]。(5.38)はギブズエントロピー(5.23)と形の上で全く同じである。しかし、ギブズのエントロピーが本来Γ空間の状態密度を使って定義されるのに対し、ボルツマンのH関数はμ空間で定義されている点に注意しよう。

マルコフ性と粗視化

マスター方程式は、過去の挙動（初期条件）によらず、時刻$t+dt$での挙動が直前の時刻tでの挙動だけで決まるタイプの確率過程（マルコフ過程）を記述する。これは、運動論が対象とする時間の階層$t \sim t_1$では多粒子系の初期条件についての情報が完全に失われていることを意味している。この「初期状態の無知化」は「粗視化（coarse graining）」と呼ばれるプロセスの1つである。複雑さの階層が上がるごとにミクロ

---

17) ここでは空間的には一様な系を考え、分布関数の位置異存は無視する。また、エントロピーとの対応をつけるため、本来の定義にマイナス符号を付けておく。

18) $dH(t)/dt = \frac{1}{2}\sum_{i,j} a_{i \to j}[p_i(t) - p_j(t)][\log p_i(t) - \log p_j(t)]$であるが、$(x-y)(\log x - \log y) \geq 0$より$dH(t)/dt \geq 0$。

な情報［例えば $(r_1, r_2, \cdots, r_N ; p_1, p_2, \cdots, p_N)$］が捨象（縮約）され、より少ない情報（例えば E, V, N）で系の挙動が記述できるようになる。その際、マクロな情報は確率的性質を帯びる。

ブラウン運動論と揺動散逸定理

ボルツマン流の運動論と並ぶ非平衡統計力学の大きな潮流が、アインシュタインによるブラウン運動の理論（1905）に始まり、揺動散逸定理、線形応答理論につながる流れである。水の入ったビーカーに十分な数の微粒子（大きさ 10^{-6} m程度）を入れた様子を思い浮かべよう。微粒子（ブラウン粒子）は、熱運動する水分子からの衝突によってランダム運動し、拡散流ができる。さらに重力

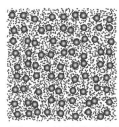

図5.6 溶液分子中のブラウン粒子

が作用し、これが水からの粘性抵抗（摩擦）と釣り合って定常的な流れ（ドリフト流）ができる。この拡散流とドリフト流が釣り合った状態が熱平衡状態だと考える。

アインシュタインは、系をブラウン粒子の集団と水分子の集団からなる2成分系と見なし、浸透圧の概念を踏まえた議論を行った。するとブラウン粒子系に対して平衡熱力学が適用でき、高さ z での密度 n はボルツマン因子 $\exp(-Fz/k_BT)$ ［$F=Mg$ は重力］に比例することになる（ボルツマンの測高公式）。これより関係式

$$\frac{\partial n}{\partial z} = -\frac{1}{k_B T} F n \tag{5.39}$$

が得られる[19]。次に、ブラウン粒子が水から速度に比例する抵抗（粘性抵抗）$\mu^{-1} v$ を受けるとする（比例定数を μ^{-1} とした）。これが重力と釣り合うと定常的な流れになり、終端速度は

$$v_f = \mu F \tag{5.40}$$

となる。μ は加えた力に対して速度がどれくらい敏感に応答するかを表

---

19) アインシュタインはこの関係式を（重力に限らず一様な力 F のもとでの）自由エネルギーの極値条件から導いた。

す応答係数の一種で、移動度と呼ばれる。よって、重力に駆動された流れ（ドリフト流）の密度は

$$j_{\text{drift}} = v_f n = \mu F n = -\mu k_B T \frac{\partial n}{\partial z} \tag{5.41}$$

である。最後の等式は（5.39）による。

次に、ブラウン粒子の拡散による流れは拡散係数Dを使って

$$j_{\text{diffusion}} = D \frac{\partial n}{\partial z} \tag{5.42}$$

と書ける。平衡状態では正味の流れが消えて$j_{\text{drift}} + j_{\text{diffusion}} = 0$が成り立つとすれば、（5.41）と（5.42）から

$$D = \mu k_B T \tag{5.43}$$

が得られる。これがアインシュタイン論文の重要な結論であり、アインシュタインの関係式と呼ばれる。

この関係式は以下のような深遠な意味を持つ。（5.40）が示すように、μは外場に対する（いわば強制的な）応答を表す係数であり、抵抗によって系が定常状態に接近する緩和（散逸）過程を表している。一方、Dが特徴づける拡散過程は系の自発的運動であり、熱平衡状態のまわりのゆらぎ（揺動）である。（5.43）は自発的ゆらぎと強制的散逸を結び付ける「揺動散逸定理」にほかならない。

線形応答理論

もう一歩進もう。ランダム運動する粒子を時刻tで位置rに見出す確率$f(r, t)$が拡散方程式に従うとき、十分長い時間tの間に粒子が進む距離の2乗平均とDの関係を使うと、

$$D = \lim_{t \to \infty} \frac{1}{2t} \langle z^2 \rangle = \int_0^\infty d\tau \langle v(\tau) v(0) \rangle \tag{5.44}$$

が得られる[20]。つまり、拡散係数が速度の相関関数$\langle v(\tau) v(0) \rangle$と結び付く。（5.43）と（5.44）を結び付けると、応答係数μに対する式

$$\mu = \frac{1}{k_B T} \int_0^\infty d\tau \langle v(\tau) v(0) \rangle \tag{5.45}$$

が得られる。この関係式は、より広く「弱い擾乱による不可逆な散逸過程（応答）が熱平衡状態のまわりのゆらぎ（相関関数）として立ちあらわれる」ことを示唆しており、線形応答理論における久保公式と呼ばれるものの一例になっている。

図5.7 平衡状態のまわりのランダムなゆらぎ（概念図）

　この状況を概念的に説明しておく。図5.7のように、平衡状態は自発的にランダムなゆらぎを持っている。一方、平衡状態に弱い外場をかけて擾乱を与えたとき、その擾乱とランダムなゆらぎは見分けがつかない。(5.40)のように、擾乱が外場に比例（線形応答）する限りこの見方は正しい。この見方は「線形応答理論」として大きく発展し、弱い外場のもとでの応答（磁化、分極、電流など）を計算する枠組みを与えた。

　ところで、(5.45)の意味をごく簡単につかむことができる。調和振動子からなる系に力Fを加えたときの変位の平均値を考えよう。まず、フックの法則から$\langle x \rangle = \alpha F$となるだろう。ここでは$\alpha$（ばね定数の逆数）が応答係数である。一方、エネルギー等分配則から$\frac{\alpha^{-1}}{2}\langle x^2 \rangle = \frac{1}{2}k_B T$がいえる。これらを辺々割ると

$$\langle x \rangle = \frac{\langle x^2 \rangle}{k_B T} F \Longrightarrow \alpha = \frac{\langle x^2 \rangle}{k_B T} \tag{5.46}$$

となる。$\langle x^2 \rangle$を相関関数とみれば、この式は(5.45)と本質的に同じである。

---

20) $z = \int_0^t v(t')dt'$を(5.44)の真ん中の式に代入すると$\int_0^t dt_1 \int_0^t dt_2 \langle v(t_1)v(t_2) \rangle$。$t_2 = t_1 + \tau$とおくと$2\int_0^t dt_1 \int_0^{t-t_1} d\tau \langle v(t_1)v(t_1+\tau) \rangle$。時間の一様性から$\langle v(t_1)v(t_1+\tau) \rangle = \langle v(0)v(\tau) \rangle$であることに注意し、最後に$\tau$と$t_1$の積分順序を入れ替えると

$$D = \lim_{t \to \infty} \int_0^t d\tau \left(1 - \frac{\tau}{t}\right) \langle v(\tau)v(0) \rangle$$

が得られる。$\lim_{t \to \infty} \langle v(\tau)v(0) \rangle = 0$を仮定すると括弧内の2項目は消える。

5.3　統計物理学の現状と展望

統計物理学の課題

　すでに述べてきたように、統計物理学はボルツマンが創始した非平衡統計力学と、ギブズが整備した平衡統計力学という2つの流れがなかなか統合できないまま現在に至っている。

　非平衡の問題は、「平衡状態への接近過程」および「戻るべき平衡状態を持たない本質的非平衡状態」いずれを対象とするかで内容が本質的に異なる。前者の問題は、ボルツマン方程式や線形応答理論、確率過程論の枠内で議論される。これについては前節で述べた。後者の問題の典型が非平衡パターン形成の問題である。自然界には、磁性体の磁気構造（ドメイン構造）、砂丘の風紋、雪の結晶、動物や魚の模様、銀河の分布といったさまざまなスケールで空間的に不均一な構造が規則性のあるパターンを形成する。さまざまなスケールで同じような模様ができる、ということは背後に何か普遍的な物理法則が隠れているはずだ。この仕組みを探求することは非平衡統計物理学の大きな問題である。

　ギブズ流の平衡統計力学は、分配関数という概念を生んだ。分配関数は、系がとり得るあらゆる配位について和の形をしている。これはファインマンの経路積分と同じことである。分配関数と経路積分を結び付けると、古典系と量子系のつながりも明白になる。

　平衡統計力学の主要課題のひとつが「相転移と臨界現象」である。相転移現象は古典熱力学に突き付けられた難題であるが、19世紀後半のファン・デル・ワールスによる気体・液体相転移理論によって問題の所在が明らかになった。相転移点近傍ではゆらぎが発散し、冒頭で述べた中心極限定理に基づく理論展開ができなくなる。「ゆらぎの発散」の問題は20世紀後半になって「くりこみ群」の概念が出てはじめて定量的に扱えるようになる。

　繰り返し述べてきたように、統計物理学はひとつの物理法則から出発して演繹（えんえき）的に導出できる体系ではない。このため、基礎的な部分をある程度置き去りにしながら進歩せざるを得なかった。しかし、しばしば基

礎的な問題への原点回帰が起きる。準静的でない（非平衡）仕事と自由エネルギーの間に成り立つ恒等式（Jarzynski等式あるいはゆらぎの定理）の発見が1997年になってなされていることは象徴的である。

力学・運動学・流体力学：自然現象の階層性

現代物理学は「力学」、「原子論」、「確率」という3つの見方が支えあってできている。これらの見方を総動員し、「ミクロとマクロ」、「平衡と非平衡」、「可逆と不可逆」、「決定論と確率論」、「古典論と量子論」といった対概念を統合していく試みこそが「マクロな系の物理学」としての統計力学であり、それを成し遂げることがボルツマンの原初の志であった。この壮大な試みの底流には、「自然現象の時空階層性」という概念がある。どのような時間スケール、空間スケールで現象をみるかによって出発すべき基本方程式（有効理論）が変わってくるという発想である。大雑把にみても、少数の原子が飛び交うミクロな領域（力学的領域）から、多数の原子が衝突して熱平衡が実現される領域（運動学的領域）、さらには（ミクロなスケールで見ると）十分ゆったりとした時間・空間スケールでのマクロ系が運動する領域（流体力学的領域）に至る階層をどうつないでいくかという問題がある。各階層を丁寧に記述するだけでなく、階層を横断できる理論体系の構築はまだまだ未完成である。

参考文献

[1] 米谷民明、岸根順一郎共著『量子と統計の物理』（放送大学教育振興会、2015）
[2] 久保亮五著『統計力学』（共立出版、2003）
[3] H. B. キャレン著（小田垣孝訳）『熱力学および統計物理入門〈上〉〈下〉』（吉岡書店、1998）
[4] M. ル・ベラ著、鈴木増雄・豊田正・香取眞理・飯高敏晃・羽田野直道訳『統計物理学ハンドブック―熱平衡から非平衡まで―』（朝倉書店、2007）

6 場の量子論

川合 光

　自然界の基本法則は、場に対する量子力学、すなわち、「場の量子論」に基づいて表すことができる。本章では、まず、粒子が同じ種類のものであるということが、量子力学の立場からどのように表されるかを議論し、それがボソンとフェルミオンという2つのクラスに分類されることをみる。次に、同種粒子が任意の個数ある系が、場の量子論によりうまく表されていることを示し、ボソンの典型的な例として、電磁場とスカラー場の量子化を議論し、ボソンが凝縮した結果、対称性が自発的に破れることをみる。さらに、フェルミオンの典型的な例としてディラック場を導入し、ディラック場と電磁場が共存する系として、素粒子の模型の基礎となる量子電磁気学を構成する。最後に、場の量子論から実際の物理量がどのように計算されるかを議論する。

6.1 第2量子化

6.1.1 粒子の統計性－ボソンとフェルミオン

　例として、2つの電子からなる系を考えると、その状態は波動関数$\Psi(\xi_1, \xi_2)$で表される。ここで、ξ_1は1番目の電子の座標$\mathbf{x}_1$とスピンのz成分s_{z1}をまとめて書いたものであり、ξ_2も同様である。2つの電子は同じ種類の粒子であり互いに区別できない、ということを量子力学的に表現すると、

$$\Psi(\xi_1, \xi_2) = \lambda \Psi(\xi_2, \xi_1) \tag{6.1}$$

となる。ここで、λは一般に複素数であるが、この式から、

$$\Psi(\xi_1, \xi_2) = \lambda \Psi(\xi_2, \xi_1) = \lambda^2 \Psi(\xi_1, \xi_2) \tag{6.2}$$

となるので、λは1か−1のどちらかでなければならない。λが粒子の種類によって定まっているとするのが自然な考え方だが、本当にそうなっていることが多くの実験事実からわかっている。実際、電子のようにスピンの大きさが半整数の粒子に対しては−1であり、逆に、スピンが整数の粒子に対しては1である。前者の場合は、粒子はフェルミ統計に従う、あるいは、粒子はフェルミオンであるという。後者の場合は、粒子はボース統計に従う、あるいはボソンであるといわれる。

ここでは、粒子が2個の場合を考えたが、粒子がたくさんある場合も同様である。一般に、多粒子系の波動関数は、同種のフェルミオンの入れ替えに対しては反対称（符号が変わる）であり、同種のボソンの入れ替えに対しては対称（符号が変わらず不変）である。

6.1.2 生成消滅演算子

フェルミオンやボソンがいくつかある状態は、粒子を作る演算子（生成演算子）と消す演算子（消滅演算子）を考えることにより、統一的に表すことができる。例えば、1個の電子がとり得る状態が$\psi_i (i=1, 2, \cdots)$と書けたとする。以下、ψ_iをi番目の状態と呼ぶことにする。ここで、粒子が何もない状態（真空）を$|0\rangle$と書くことにし、i番目の状態の電子を作る生成演算子を$\hat{a}_i^\dagger$とする。そうすると、$\hat{a}_i^\dagger|0\rangle$は$i$番目の状態に電子が1つある状態を表わし、$\hat{a}_i^\dagger \hat{a}_j^\dagger|0\rangle$は$i$番目と$j$番目に電子が1つずつある状態を表す。電子はフェルミオンであったから、iとjを入れ替えると−1がかかるはずである。よって、任意のiとjに対し、$\hat{a}_i^\dagger \hat{a}_j^\dagger = -\hat{a}_j^\dagger \hat{a}_i^\dagger$が成り立っていることがわかる。また、一般の2つの状態$|\phi\rangle$と$|\phi'\rangle$に対し、$|\phi\rangle$と$\hat{a}_i^\dagger|\phi'\rangle$がどのような場合に同じ状態になるかを調べることにより、$\hat{a}_i^\dagger$のエルミート共役$\hat{a}_i$はi番目の電子を消す消滅演算子であり、生成・消滅演算子は以下のような反交換関係を満たすことがわかる。

$$\begin{aligned} \{\hat{a}_i, \hat{a}_j\} &= 0 \\ \{\hat{a}_i^\dagger, \hat{a}_j^\dagger\} &= 0 \\ \{\hat{a}_i, \hat{a}_j^\dagger\} &= \delta_{ij} \end{aligned} \quad (6.3)$$

ここで、記号$\{,\}$は反交換子であり、$\{A, B\} = AB + BA$で定義される。また、δ_{ij}はクロネッカーのデルタであり、$i=j$のときは1、そうでない

ときは0と定義されている。

同様の議論がボソンに対しても成り立つ。ボソンの場合は、2つの粒子の入れ替えに対して波動関数は変わらないので、任意のiとjに対し、$\hat{a}_i^\dagger \hat{a}_j^\dagger = \hat{a}_j^\dagger \hat{a}_i^\dagger$が成り立つ。フェルミオンの場合と同様な議論により、ボソンの生成・消滅演算子は以下のような交換関係を満たすことがわかる。

$$\begin{aligned} [\hat{a}_i, \hat{a}_j] &= 0 \\ [\hat{a}_i^\dagger, \hat{a}_j^\dagger] &= 0 \\ [\hat{a}_i, \hat{a}_j^\dagger] &= \delta_{ij} \end{aligned} \quad (6.4)$$

ここで、記号 $[\,,\,]$ は交換子であり、$[A, B] = AB - BA$ で定義される。

6.1.3 第1量子化との関係

生成・消滅演算子を使うと、粒子がいくつもある系(多体系)の量子論を統一的に表すことができる。例として、質量mのN個の同種粒子が、共通のポテンシャルUの中にあって、ポテンシャルVで相互互作用しているような系を考える。簡単のため、UやVは粒子のスピンに依存しないとすると、ハミルトニアンは次のように書ける。

$$\begin{aligned} H &= H_1 + H_2 \\ H_1 &= \sum_{i=1}^{N} \left(\frac{1}{2m} \mathbf{p}_i^2 + U(\mathbf{x}_i) \right) \\ H_2 &= \sum_{i<j} V(\mathbf{x}_i, \mathbf{x}_j) \end{aligned} \quad (6.5)$$

ここで、H_1は、1個の粒子それぞれに関する量の和なので、1体の演算子と呼ばれる。同様に、H_2は、2個の粒子間に関する量の和の形であり、2体の演算子と呼ばれる。

このように、粒子1つ1つが明示された形でハミルトニアンを書き表すのは直感的にわかりやすく、第1量子化と呼ばれている。一方で、前節で議論したように、粒子が同種であるということは生成・消滅演算子によって自然に表される。実際、座標とスピンのz成分が$\mathbf{x}, s_z$であるような状態の粒子を生成する演算子を$\hat{\psi}(\mathbf{x}, s_z)^\dagger$とすると、粒子数$N$および$H_1$と$H_2$は次のように書ける。

$$
\begin{align}
N &= \sum_{s_z} \int d^3\mathbf{x}\, \hat{\psi}(\mathbf{x}, s_z)^\dagger \hat{\psi}(\mathbf{x}, s_z), \\
H_1 &= \sum_{s_z} \int d^3\mathbf{x}\, \hat{\psi}(\mathbf{x}, s_z)^\dagger \left(-\frac{\hbar^2}{2m}\Delta + U(\mathbf{x})\right) \hat{\psi}(\mathbf{x}, s_z), \\
H_2 &= \frac{1}{2}\sum_{s_z, s_z'} \iint d^3\mathbf{x}\, d^3\mathbf{x}'\, \hat{\psi}(\mathbf{x}, s_z)^\dagger \hat{\psi}(\mathbf{x}', s_z')^\dagger V(\mathbf{x}, \mathbf{x}') \hat{\psi}(\mathbf{x}', s_z') \hat{\psi}(\mathbf{x}, s_z).
\end{align}
\tag{6.6}
$$

例えば、3番目の式は、「$\mathbf{x}$と$\mathbf{x}'$にある2つの粒子を消し、重み$V(\mathbf{x}, \mathbf{x}')$をかけ、$\mathbf{x}$と$\mathbf{x}'$に粒子を2つ作る」という操作をすべての$\mathbf{x}$と$\mathbf{x}'$の可能性に対して足し合わせることを表しており、それは2粒子間のポテンシャルの和をとることにほかならない。同様に、粒子数自身も1番目の式のように、「$\mathbf{x}$にある粒子を消し、重み1をかけ、同じ場所に粒子を作る」という操作をすべての$\mathbf{x}$について足すことによって得られる。この意味でNも一体の演算子である。

このように、ハミルトニアンを生成・消滅演算子で表すことを、第2量子化と呼んでいる。以下でみるように、第2量子化は多体系を議論するための便利な手法であることにとどまらず、相対論的な現象を表すために必要不可欠なものである。

6.1.4　ハイゼンベルク描像における演算子の時間発展

第2量子化が、場の量子化と密接につながっていることをみるために、まず、ハイゼンベルク描像における生成・消滅演算子の時間発展を調べておこう。ハミルトニアンは 6.1.3 で考えたものとする。一般に、ハイゼンベルク描像では、演算子Oの時間発展はハイゼンベルク方程式 $i\hbar\frac{\partial}{\partial t}O = [O, H]$ で表される。よって、6.1.3の結果（6.6）と生成・消滅演算子の交換関係

ボソンのとき：
$$
\begin{align}
[\hat{\psi}(\mathbf{x}, s_z), \hat{\psi}(\mathbf{x}', s_z')] &= [\hat{\psi}(\mathbf{x}, s_z)^\dagger, \hat{\psi}(\mathbf{x}', s_z')^\dagger] = 0 \\
[\hat{\psi}(\mathbf{x}, s_z), \hat{\psi}(\mathbf{x}', s_z')^\dagger] &= \delta_{s_z s_z'} \delta^3(\mathbf{x} - \mathbf{x}')
\end{align}
\tag{6.7}
$$

フェルミオンのとき：
$$
\begin{align}
\{\hat{\psi}(\mathbf{x}, s_z), \hat{\psi}(\mathbf{x}', s_z')\} &= \{\hat{\psi}(\mathbf{x}, s_z)^\dagger, \hat{\psi}(\mathbf{x}', s_z')^\dagger\} = 0 \\
\{\hat{\psi}(\mathbf{x}, s_z), \hat{\psi}(\mathbf{x}', s_z')^\dagger\} &= \delta_{s_z s_z'} \delta^3(\mathbf{x} - \mathbf{x}')
\end{align}
\tag{6.8}
$$

を使うと、ハイゼンベルク描像における生成・消滅演算子の時間発展は、ボソン、フェルミオンいずれの場合も次のようになることがわかる。

$$i\hbar\frac{\partial}{\partial t}\hat{\psi}(\mathbf{x},s_z) = \left(-\frac{\hbar^2}{2m}\Delta + U(\mathbf{x})\right)\hat{\psi}(\mathbf{x},s_z)$$
$$+ \sum_{s_z'}\int d^3\mathbf{x}'\hat{\psi}(\mathbf{x}',s_z')^\dagger V(\mathbf{x},\mathbf{x}')\hat{\psi}(\mathbf{x}',s_z')\hat{\psi}(\mathbf{x},s_z)$$
(6.9)

興味深いことに、この方程式は、次のような作用を持つ古典論的な複素場 $\psi(t,\mathbf{x},s_z)$ の運動方程式と同じ形である。

$$S = \int dt L$$
$$L = \sum_{s_z}\int d^3\mathbf{x}\,\psi(\mathbf{x},s_z)^*\left(i\hbar\frac{\partial}{\partial t} - \left(-\frac{\hbar^2}{2m}\Delta + U(\mathbf{x})\right)\right)\psi(\mathbf{x},s_z)$$
$$- \frac{1}{2}\sum_{s_z,s_z'}\iint d^3\mathbf{x}\,d^3\mathbf{x}'\,\psi(\mathbf{x},s_z)^*\psi(\mathbf{x}',s_z')^* V(\mathbf{x},\mathbf{x}')\psi(\mathbf{x}',s_z')\psi(\mathbf{x},s_z)$$
(6.10)

このことは偶然ではなく、深い意味を持っている。実際、以下でみるように、ここであらわれた古典場を量子化したものは、前節で議論した生成・消滅演算子と一致する。すなわち第1量子化の出発点となった「粒子」というものは、作用 (6.10) を持つ古典場を量子化したときの、場の量子にほかならないのである。

6.1.5　シュレーディンガー場の量子化と生成消滅演算子

6.1.4であらわれた、作用 (6.10) を持つ古典場はシュレーディンガー場と呼ばれているが、その場を量子化することを考えてみる。一般に、自由度 n の系の正準形式における作用は、正準座標 $p_i, q_i\,(i=1\cdots n)$ を用いて次のように表される。

$$S = \int dt L$$
$$L = \sum_i p_i\frac{dq_i}{dt} - H(p,q)$$
(6.11)

このような古典系に対応する量子論を構成する標準的な手続きは次のようなものであり、正準量子化と呼ばれている。

1) 正準変数 $p_i, q_i (i=1...n)$ を量子化したものを $\hat{p}_i, \hat{q}_i (i=1...n)$ とし、その間に正準交換関係

$$[\hat{q}_i, \hat{q}_j] = 0$$
$$[\hat{p}_i, \hat{p}_j] = 0 \qquad (6.12)$$
$$[\hat{q}_i, \hat{p}_j] = i\hbar \delta_{ij}$$

を要求する。

2) ハミルトニアンは、$H(p, q)$ の p_i, q_i に $\hat{p}_i, \hat{q}_i$ を代入したものとする。

このような目でシュレーディンガー場の作用 (6.10) を眺めてみると、ちょうど (6.11) の形をしていることがわかる。実際、(6.11) では i でラベルされている力学変数 p と q があるが、(6.10) でそれに対応しているのが、x と s_z でラベルされている力学変数 $i\hbar\psi^*$ と ψ であると見なすことができる。そうすると、正準交換関係 (6.12) は (6.7) に帰着し、ハミルトニアンは確かに (6.6) の H_1 と H_2 の和になっていることがわかる。

結局、ボソンの多体系はシュレーディンガー場を普通に量子化したものにほかならないことがわかった。それでは、フェルミオンの場合はどうだろうか。上でみたように、通常の量子化の手続きでは交換関係はあらわれるが、反交換関係は出てこない。しかし、古典場に対して多少人工的な拡張をすれば、反交換関係も古典場を量子化した結果出てくるものと見なすことができる。ボソンの場合は対応する古典場は複素数の値を持つものであったが、フェルミオンに対応する古典場として、いわゆるグラスマン数の値を持つものを考えるのである。グラスマン数は反可換c数とも呼ばれており、$ab = -ba$ のようにかけ算の順序を変えると符号が変わる以外は普通の複素数と同様の性質を持つものとして定義される。その上で、形式的にではあるが、グラスマン数値の変数に対する古典力学とその量子化を定義することができる。その結果、グラスマン数の値を持つシュレーディンガー場を量子化すると、確かに場は反交換関係 (6.8) を満たし、ハミルトニアンも (6.6) の H_1 と H_2 の和になっていることが示される。

6.2 電磁場の量子化

以上の議論から、非相対論的な場合は、量子力学の記述の仕方として、粒子から出発する第1量子化と場から出発する第2量子化があり、それらは等価であることがわかった。一方、相対論的な場合は、古典論においても電磁場のように場を考えることが不可欠である。そのため、相対論的な量子力学も場の量子論として表すほうが自然である。この節ではまず、電磁場の量子化を議論する。

6.2.1 荷電粒子と電磁場の系の作用

はじめに、いくつかの荷電粒子と電磁場が相互作用している系の作用を考える。N個の荷電粒子を考え、それぞれの質量と電荷をm_i, $q_i (i=1, ..., N)$ とする。電磁場のスカラーポテンシャルとベクトルポテンシャルを$\phi(t, \mathbf{x})$, $\mathbf{A}(t, \mathbf{x})$ とすると、系の作用Sは次のように書ける。

$$S = S_1 + S_2 + S_3 \tag{6.13}$$

$$S_1 = \int dt \int d^3 \mathbf{x} \frac{\varepsilon_0}{2} (\mathbf{E}^2 - c^2 \mathbf{B}^2) \tag{6.14}$$

$$S_2 = \sum_i - \int dt\, m_i c^2 \sqrt{1 - \frac{\dot{\mathbf{x}}_i^2}{c^2}} \tag{6.15}$$

$$S_3 = \sum_i \int dt\, q_i \left(-\phi(t, \mathbf{x}_i) + \dot{\mathbf{x}}_i \cdot \mathbf{A}(t, \mathbf{x}_i) \right) \tag{6.16}$$

ここで、$\mathbf{E}$と$\mathbf{B}$は$\mathbf{E} = -\frac{\partial}{\partial t} \mathbf{A} - \nabla \phi$, $\mathbf{B} = \nabla \times \mathbf{A}$のことであり、電場と磁場の強さを表している。また、cは光速、ε_0は真空の誘電率である。

この系の重要な点は、上の作用がゲージ変換

$$\begin{aligned} \phi &\to \phi + \frac{\partial}{\partial t} \chi \\ \mathbf{A} &\to \mathbf{A} - \nabla \chi \end{aligned} \tag{6.17}$$

に対して不変であることである。ここで、χは時間と空間の任意の関数である。古典電磁気学の範囲では、場の運動方程式であるマックスウェル方程式や、粒子の運動を表すローレンツ力は電磁と磁場でかけている。

そのため、ゲージ不変性は単に、電場と磁場をポテンシャルϕとAで表すときの任意性に過ぎず、重要性はあまりわからない。一方、量子論を構成するためにはまず作用が必要であるが、上の作用からもわかるように、ポテンシャルのほうが電場や磁場よりも基本的な量である。この事情は、電磁場の拡張である非可換ゲージ理論でさらに顕著になる。そこでは、マックスウェル方程式に対応する場の運動方程式にも、場の強さだけではなくポテンシャルがあらわれる。このように、基本的な場がポテンシャルであると考えた場合、ゲージ不変性は確率が負にならないなど、矛盾のない量子論を作るために不可欠であることが知られている。実際、素粒子の標準模型はこのようなゲージ原理に基づいて構成されている。

6.2.2 クーロンゲージの作用

上でみたように電磁気学はゲージ不変性を持っているが、そのため、量子化に関しては少し注意する必要がある。量子力学で系を記述する方法の標準的なものの1つがシュレーディンガー方程式である。その場合、系の状態は波動関数により一意的に表されており、時間発展も一意的である。また、これと等価なハイゼンベルク描像では、演算子の時間発展は一意的に決まっている。一方、ゲージ不変性は任意関数を含んでいるため、ポテンシャルの時間発展はむしろ一意的には決まらないことを意味している。ゲージ変換で移り変わるポテンシャルは物理的には同じものを表していると考えるのが自然である。少し数学的な言い方をすると、ゲージ変換で移り変わるポテンシャルを同一視したときの同値類が、物理的な時間発展に対応しているとするのである。そうすると、ポテンシャルに条件をつけて代表元が一意的に決まるようにするのは自然な考え方である。ゲージ変換は1つの任意関数を含んでいるので、そのためには条件を1つ与えてやればよい。そのような条件としてはいろいろなものが考えられるが、代表的なものとしてクーロンゲージとローレンツゲージがある。ここでは、まず前者を議論する。

クーロンゲージは、ベクトルポテンシャルに次の条件を課すというものである。

$$\nabla \cdot \mathbf{A} = 0 \tag{6.18}$$

そうすると, 作用 (6.14) は ϕ の時間微分を含まなくなり, ϕ は消去できる. 実際, ϕ は運動方程式を使って $\mathbf{x}_i$ で表すことができる. その結果, 作用は次の形になる.

$$\begin{aligned}
S &= S_1 + S_2 + S_3 \\
S_1 &= \int dt \int d^3\mathbf{x} \frac{\varepsilon_0}{2} (\dot{\mathbf{A}}^2 + c^2 \mathbf{A} \cdot \Delta \mathbf{A}) \\
S_2 &= \sum_i - \int dt\, m_i c^2 \sqrt{1 - \frac{\dot{\mathbf{x}}_i^2}{c^2}} \\
S_3 &= \int dt \left(-\sum_{i<j} \frac{q_i q_j}{4\pi\varepsilon_0 |\mathbf{x}_i - \mathbf{x}_j|} + \sum_i q_i \dot{\mathbf{x}}_i \cdot \mathbf{A}(t, \mathbf{x}_i) \right)
\end{aligned} \tag{6.19}$$

ここで興味深いことは, 最後の式の第1項のように, ϕ を消去した結果, 粒子間のクーロン力があらわれたことである. 全体としては相対論的に不変であり, 信号は光速より速く伝わることはないが, クーロンゲージでは, 一見, 瞬間的に伝わるクーロン力があらわれている. もちろん, 他の項の効果によって因果律はきちんと満たされているが, 粒子の速度が光速に比べて小さいときは, 電磁場を介した相互作用はクーロン力でよく近似できるのである.

6.2.3 クーロンゲージでの量子化

クーロンゲージの作用 (6.18), (6.19) から出発して, 電磁場を量子化することを考える. まず, 自由な電磁場, すなわち (6.19) の S_1 の寄与のみを考える. 簡単のため, 系は十分大きな箱 V に入っているとする. 箱には適当な境界条件が定められており, $\nabla \cdot \mathbf{A} = 0$ を満たすベクトル場 $\mathbf{A}$ はラプラシアンの固有関数で展開できるとする. すなわち,

$$\begin{aligned}
\nabla \cdot \boldsymbol{\varphi}_i &= 0 \\
-\Delta \boldsymbol{\varphi}_i &= \omega_i^2 \boldsymbol{\varphi}_i
\end{aligned} \tag{6.20}$$

を満たす正規直交な完全系 $\{\boldsymbol{\varphi}_i\}_{i=1,2,\ldots}$ を考える.

これを用いて, ベクトルポテンシャルを

$$\mathbf{A}(t,\mathbf{x}) = \sum_i c_i(t)\varphi_i(\mathbf{x}) \tag{6.21}$$

と展開すると、(6.19) の S_1 は次のように書ける。

$$S_1 = \int dt \sum_i \frac{\varepsilon_0}{2}(\dot{c}_i^2 - \omega_i^2 c_i^2) \tag{6.22}$$

これは、電磁場のそれぞれのモード φ_i は、互いに独立な振動数 ω_i の調和振動子として振舞うことを示している。よって、系の基底状態はすべてのモードが基底状態であるような状態であり、それが真空を表している。i 番目のモードが第1励起状態をとり、他の状態が基底状態であるような状態はエネルギーが $\hbar\omega_i$ であり、光子がひとつある状態を表している。同様に、i 番目のモードと j 番目のモードが第1励起状態をとり、そのほかの状態が基底状態であるような状態はエネルギーが $\hbar\omega_i + \hbar\omega_j$ であり、光子が2つある状態を表している。また、i 番目のモードが第2励起状態をとり、他の状態が基底状態であるような状態はエネルギーが $2\hbar\omega_i$ であり、同じ状態に光子が2つある状態であると解釈できる。同様に第3励起状態、第4励起状態を考えると、光子は1つの状態に何個でも入れる、すなわち、ボソンであることがわかる。

さらに、i 番目の調和振動子に対する昇降演算子を $\hat{a}_i^\dagger, \hat{a}_i$ とすると、それらはボソンの生成・消滅演算子の交換関係 (6.4) と全く同じ形をしていることがわかる。

6.2.4 輻射による遷移

次に、電磁場と荷電粒子の相互作用を考える。上でみたように、クーロンゲージの作用 (6.19) の S_1 は電磁場の作用を表している。また、S_2 は粒子の自由運動を、S_3 の右辺第1項は粒子間のクーロン力を表しており、第2項は粒子と電磁場の相互作用を表している。

具体例として、原子や分子、すなわち、いくつかの電子と原子核からなる系を考えると、第1近似として、自由運動とクーロン力だけを考えればよいことがわかる。これは、電子と原子核がクーロン力で結びついているという通常の描像である。しかし、S_3 の第2項は $S_{相互} = \int dt \sum_i q_i \dot{\mathbf{x}}_i \cdot \mathbf{A}(t,\mathbf{x}_i)$ という形をしており原子・分子が作る電流が電磁場

と結合していることを示している。ところで、Aはc_iの線形結合（6.21）だから、量子化後は$\hat{a}_i^\dagger, \hat{a}_i$の線形結合となる。よって、$S_{相互}$は光子を1つ吸収・放出することにより原子・分子の状態が変化することを表している。実際、摂動論によってこの項の効果を計算し、原子・分子の準位間の遷移確率を求めることができるが、その結果は実験と非常によく一致している。

6.3 スカラー場の量子化と対称性の自発的破れ

6.2節では、電磁場を量子化すると、基本となる励起（素励起）として光子があらわれ、さらに光子はボソンであることがわかった。この節では、電磁場よりもさらに簡単な相対論的な場である、スカラー場の量子化を議論する。その結果、やはり素励起としてボソンがあらわれるのは電磁場の場合と同じであるが、いまの場合は、素励起はスピンが0の粒子となる。

この節では、そのような励起が真空に凝縮することにより、真空の持つ対称性が自発的に破れることを議論する。

6.3.1 スカラー場のハミルトニアン

最も単純なスカラー場として、実スカラー場$\phi(t, \mathbf{x})$を考える。相対論的な（ローレンツ不変な）作用は次のように与えられる。

$$S = \int dt L$$
$$L = \int d^3\mathbf{x} \left(\frac{1}{2} \dot{\phi}^2 - \frac{c^2}{2} (\nabla \phi)^2 - V(\phi) \right) \tag{6.23}$$

ここで、$V(\phi)$は一般にϕの多項式であるが、相対論的場の理論では、くりこみ可能性や対称性から$V(\phi) = a\phi^2 + b\phi^4$の形のものを考えることが多い。

このラグランジアンに対して、正準量子化を行うと、次のようなハミルトニアンが得られる。

$$H = \int d^3\mathbf{x} \left(\frac{1}{2} \hat{\pi}^2 + \frac{c^2}{2} (\nabla \hat{\phi})^2 + V(\hat{\phi}) \right) \tag{6.24}$$

ここで、$\hat{\pi}$は$\hat{\phi}$に対する共役運動量である。

特に$V(\phi)$がϕの2次式の場合は自由場と呼ばれる。この場合は、ラグランジアンは場の2次式となり、電磁場の場合と同様に各モードは互いに独立な調和振動子となる。よって、基底状態を真空と見なすと、素励起はボソンであることがわかる。また、空間の回転に対してスカラー場が不変であることから、素励起のスピンは0であることがわかる。

6.3.2 基底状態と自発的対称性の破れ

まず、古典的な場合に、ハミルトニアン（6.24）のエネルギーが最小の状態（基底状態）を考える。Hは3つの項の和であるから、それぞれの項が同時に最小になればエネルギーは最小となる。そのためには、πがゼロであり、ϕが空間に寄らない定数であり、その定数の値がVを最小にするようなものであればよい。

具体的に、$V(\phi) = a\phi^2 + b\phi^4$の場合を考えてみる。まず、$b<0$であるとすると、$V(\phi)$は絶対値の大きな$\phi$に対していくらでも負になるので、基底状態は存在しない。また、$b=0$は自由場なので、ここでは議論しないことにし、以下では$b>0$とする。この場合、aの符号によって様子が異なってくる。すなわち、$a>0$の場合は、$V(\phi)$は$\phi=0$で最小となるのに対して、$a<0$の場合は、$V(\phi)$はϕのゼロでない値に対して最小となる。これは、もとの理論、すなわち作用自身はϕの符号を変える変換$\phi \to -\phi$に対して不変であるのにもかかわらず、$a<0$の場合は、基底状態がその対称性を破っていることを意味している。

状況をわかりやすくするために、$a<0$の場合に$V(\phi)$をϕ^2について平方完成し、$V(\phi) = b(\phi^2 - v^2)^2 + $定数と表す。ここで、定数の部分はハミルトニアンに定数を加えるだけなので無視してもよく、結局、

$$V(\phi) = b(\phi^2 - v^2)^2, \qquad b>0 \tag{6.25}$$

を考えれば十分である。そうすると、古典的には$\phi(\mathrm{x}) = v$と$\phi(\mathrm{x}) = -v$という、2つの基底状態があることがわかる。

問題となるのは、場の量子ゆらぎによって、この2つの基底状態はお互いに遷移し、結局、2つの状態を重ね合わせたものが本当の基底状態

になるかどうかである。有限自由度の量子力学では、仮に古典論的にいくつかの基底状態があっても、トンネル効果によってその間に遷移が生じ、量子力学的な基底状態は1つに定まる。ところが、いまの場合は場が無限大の自由度を持つため、事情が異なってくる。実際、上のような $\phi(x) = v$ という状態から $\phi(x) = -v$ という状態へ遷移する確率を求めると、$\exp(-(定数) \times (空間の体積))$ のように大きく抑制されており、空間の体積が無限大の極限ではゼロとなることがわかる。すなわち、場の量子論においては、空間の体積が無限大の極限では、基底状態の間の遷移が抑えられ、実際に対称性が破れた基底状態(真空)が実現し得るのである。このような現象を「対称性の自発的破れ」と呼んだり、「真空が対称性を自発的に破っている」といったりする。また、体積が無限大の極限で遷移が禁止されることを超選択則という。

6.4 ディラック場

6.4.1 ディラック方程式

4成分量 $v^\mu (\mu = 0, ..., 3)$ が反変ベクトルであるとは、ローレンツ変換に対して、その成分が時空座標の微分 dx^μ と同じように変換することである。具体的に、v^μ を縦ベクトルとして表すと、無限小ローレンツ変換に対する変換は次のように書ける。

$$\delta v = \sum_{\mu\nu} \varepsilon_{\mu\nu} M^{\mu\nu} v \tag{6.26}$$

ここで、$\varepsilon_{\mu\nu}$ は $\varepsilon_{\mu\nu} = -\varepsilon_{\nu\mu}$ を満たす無限小パラメータであり、例えば、ε_{01} は x 軸方向へのブーストを、ε_{23} は x 軸まわりの回転を表す。$M^{\mu\nu}$ も $M^{\mu\nu} = -M^{\nu\mu}$ を満たし、それぞれが次のような成分を持つ4行4列の行列である。

$$(M^{\mu\nu})^\lambda{}_\rho = \eta^{\mu\lambda}\delta^\nu{}_\rho - (\mu \leftrightarrow \nu) \tag{6.27}$$

ローレンツ変換全体が合成に対して閉じていることに対応し、$M^{\mu\nu}$ の交換子は $M^{\mu\nu}$ の線形結合で書ける。

$$[M^{\mu\nu}, M^{\lambda\rho}] = \sum_{\alpha\beta} C_{\mu\nu,\lambda\rho,\alpha\beta} M^{\alpha\beta} \tag{6.28}$$

以上のことを踏まえて、スピノルについて議論する。出発点として、次のような反交換関係を満たす4つの行列 γ^μ ($\mu = 0, \cdots, 3$) を考える。

$$\{\gamma^\mu, \gamma^\nu\} = 2\eta^{\mu\nu} \tag{6.29}$$

ここで、各 γ^μ はそれぞれ4行4列の複素行列であり、ディラックのガンマ行列と呼ばれる。ここで、

$$S^{\mu\nu} = \frac{1}{4}[\gamma^\mu, \gamma^\nu] \tag{6.30}$$

で定義される行列を考えると、明らかに $S^{\mu\nu} = -S^{\nu\mu}$ を満たしているが、さらに、その交換関係は $M^{\mu\nu}$ と同じであることがわかる。すなわち、(6.28) において、$M^{\mu\nu}$ を $S^{\mu\nu}$ に置き換えた式が成り立つ。これは、ローレンツ変換に対して、(6.26) のように変換する実4成分量として反変ベクトルが定義できたのと同様に、以下のように変換する複素4成分量が定義できることを示している。

$$\delta\psi = \sum_{\mu\nu} \varepsilon_{\mu\nu} S^{\mu\nu} \psi \tag{6.31}$$

そのような複素4成分量をディラックスピノルと呼んでいる。

さらに、$S^{\mu\nu}$ と γ^λ の間には次の交換関係が成り立つ。

$$[S^{\mu\nu}, \gamma^\lambda] = -\sum_{\rho} (M^{\mu\nu})^\lambda{}_\rho \gamma^\rho \tag{6.32}$$

これは、ディラックスピノルにガンマ行列をかけると、ガンマ行列の足は反変ベクトルのように振舞うことを示している。実際、(6.32) を使うと、ψ が (6.31) のように変化するとき、$\gamma^\lambda \psi$ は

$$\delta(\gamma^\lambda \psi) = \gamma^\lambda \sum_{\mu\nu} \varepsilon_{\mu\nu} S^{\mu\nu} \psi = \sum_{\mu\nu} \varepsilon_{\mu\nu} \gamma^\lambda S^{\mu\nu} \psi \tag{6.33}$$

$$= \sum_{\mu\nu} \varepsilon_{\mu\nu} \left(S^{\mu\nu} \gamma^\lambda \psi + \sum_{\rho} (M^{\mu\nu})^\lambda{}_\rho \gamma^\rho \psi \right) \tag{6.34}$$

のように変化する、すなわち λ の足は反変ベクトルとして変換すること

がわかる。

以上のことから、ディラックスピノルの場 $\psi(x)$ に対し、$\gamma^\mu \partial_\mu \psi(x)$ もやはりディラックスピノルであることがわかる。ここで、$x = (ct, \mathbf{x})$ は時空の座標であり、∂_μ は x^μ による微分を表す。よって、次のような方程式はローレンツ変換に対して不変である。

$$i\hbar \gamma^\mu \partial_\mu \psi(x) - mc\psi(x) = 0 \tag{6.35}$$

この方程式はディラック方程式と呼ばれており、以下でみるように、スピンが 1/2 の粒子を表している。

6.4.2 一体問題の問題点とディラックの海

議論を簡単にするため、以下では、複素 4 次元空間の基底をうまくとって γ^0 はエルミート、$\gamma^i (i=1, 2, 3)$ は交代エルミートになるようにしておく。方程式 (6.35) の項のうち時間微分を含むものだけを左辺に残し、後の項は右辺に移項し、さらに、その両辺に左から $c\gamma^0$ をかけると、次のようになる。

$$i\hbar \frac{\partial}{\partial t}\psi = H\psi$$
$$H = c\boldsymbol{\alpha} \cdot \mathbf{p} + mc^2 \beta \tag{6.36}$$

となる。ここで、$\beta = \gamma^0$, $\alpha^i = \gamma^0 \gamma^i$, $\mathbf{p} = \dfrac{\hbar}{i}\nabla$ である。このように書くと、H は 4 成分の波動関数を持つような粒子のハミルトニアンと見なせる。実際、はじめに述べたように γ^0 はエルミート、γ^i は交代エルミートとすると、α^i と β はエルミートとなり、そのため、H はエルミートな演算子である。

このように見なしたときのエネルギー準位を求めてみよう。H は運動量 $\mathbf{p}$ と可換であり、同時対角化できる。運動量の固有値を $\mathbf{k}$ とすると、H は $h(\mathbf{k}) = c\boldsymbol{\alpha} \cdot \mathbf{k} + mc^2 \beta$ となり、4 行 4 列の行列の固有値を求める問題に帰着される。$h(\mathbf{k})$ の 2 乗を計算すると、$h(\mathbf{k})^2 = c^2 \mathbf{k}^2 + m^2 c^4$ となるが、これはスカラー行列なので、$h(\mathbf{k})$ の固有値は $\pm \varepsilon_\mathbf{k}$ であることがわかる。ここで、$\varepsilon_\mathbf{k} = \sqrt{c^2 \mathbf{k}^2 + m^2 c^4}$ であり、符号を除けば、ハミルトニアンの固有値は、質量 m の相対論的粒子のエネルギーに等しい。

さらに、Γを$\Gamma = \gamma^1\gamma^2\gamma^3$で定義すると、$\Gamma^2 = 1$であり、$\Gamma h(\mathbf{k}) = -h(\mathbf{k})\Gamma$であることがわかる。これは、$\Gamma$をかけることによって、$h(\mathbf{k})$の固有値が正の状態と負の状態が1対1に対応していることを意味している。よって、$h(\mathbf{k})$の固有値$\pm\varepsilon_k$はそれぞれ2重に縮退していることがわかる。空間回転に対する変換を調べると、この2重縮退は、スピンが1/2の場合の2つのスピン状態に対応していることがわかる。

以上のことから、ハミルトニアンHは、相対論的粒子を表しているといってよいが、エネルギーが負の状態もあらわれてしまうことがわかった。しかしながら、これは粒子が1つだけの系を考えたときの問題であり、粒子がたくさんある系を考えると事情は異なってくる。実際、粒子がフェルミオンであるとすると、全エネルギーが最小の状態は、すべての負エネルギー準位に粒子が詰まった状態である。そのような状態をディラックの海と呼んでいる。すなわち、われわれの真空はそのように負エネルギー準位に目いっぱい粒子が詰まった状態と考えるのである。

そうすると、真空のまわりの素励起は、正エネルギー準位に1つ粒子を付け加えた状態と、ディラックの海から粒子を1つ取り除いた状態ということになる。このような描像は半導体の素励起に似ている。半導体中の電子の化学ポテンシャルがエネルギーギャップの中間にあるとき、基底状態は化学ポテンシャルより下のバンドに電子を詰めた状態であり、素励起は上のバンドに電子を1つ付け加えたものと、下のバンドから電子を1つ取り除いたものとからなる。凝縮系物理では、前者を単に電子と呼び、後者をホールと呼んでいる。

素励起の持つ粒子数N、エネルギーE、運動量$\mathbf{P}$について考える。適当に定数を付け加えて再定義し、真空の粒子数、エネルギー、運動量はすべてゼロとしておく。そうすると、運動量$\mathbf{k}$の正エネルギー準位に1つ粒子を付け加えた状態は、$N=1, E=\varepsilon_k, \mathbf{P}=\mathbf{k}$を持ち、ディラックの海の運動量$\mathbf{k}$の負エネルギー準位から粒子を1つ取り除いた状態は、$N=-1, E=-(-\varepsilon_k)=\varepsilon_k, \mathbf{P}=-\mathbf{k}$を持つ。粒子数からわかるように、前者を"粒子"と見なすと、後者は"反粒子"と見なすべきものである。

実際、電磁場等のほかの場と相互作用させることによって、真空にエ

ネルギーを与え、ディラックの海から粒子を1つたたきだして、正エネルギー準位に持ってくることができる。これは真空が外部からエネルギーをもらって、粒子と反粒子が1つずつある状態へ遷移したということであり、粒子・反粒子の対生成を表している。また、この逆プロセス、すなわち、粒子と反粒子が外部にエネルギーを与えることにより、対消滅することも可能である。

6.4.3 第2量子化と粒子・反粒子

上でみたように、ディラック方程式が表す系は、必然的に多粒子系である。一方、本章のはじめの部分で、同種粒子の多体系を記述するには第2量子化が便利であることをみた。ここでは、第2量子化によって、粒子と反粒子が対等のものとして扱えるようになることを議論する。

6.1.2で行ったように、1粒子状態の完全系に対応して生成・消滅演算子を考える。いまの場合は、1粒子状態を正のエネルギーを持つものと、負のエネルギーを持つものに分けて、前者に対応する生成演算子を $\hat{a}_i^\dagger$ ($i = 1, 2, ...$) 後者に対応する生成演算子を $\hat{b}_i^\dagger$ ($i = 1, 2, ...$) とする。ここで、ディラックの海が存在するためには、粒子はフェルミオンでなければならないことに注意しよう。もし、粒子がボソンであれば、負エネルギーの準位に粒子がいくらでも詰まることができ、最小エネルギー状態（真空）が存在しないからである。よって、$\hat{a}_i$ と $\hat{b}_i$ は反交換関係を満たす。

第1量子化の意味で粒子が1つもない状態を $|0\rangle$ とすると、真空、すなわちディラックの海は次のように書ける。

$$|\Omega\rangle = \prod_i \hat{b}_i^\dagger |0\rangle \tag{6.37}$$

ディラックの海は、正エネルギーの準位は空っぽである一方、負エンルギー準位には目いっぱい粒子が詰まった状態であり、それ以上付け加えられないことに注意すると、すべての i に対して

$$\hat{a}_i |\Omega\rangle = 0$$
$$\hat{b}_i^\dagger |\Omega\rangle = 0 \tag{6.38}$$

となっていることがわかる。

ここで、負エネルギー状態に対して、生成演算子と消滅演算子の定義

を入れ替える。すなわち、演算子 $\hat{d}_i$ ($i=1, 2, ...$) を

$$\hat{d}_i = \hat{b}_i^\dagger \tag{6.39}$$

で定義する。反交換関係は、生成演算子と消滅演算子を入れ替えても不変だから、$\hat{d}_i^\dagger$ を反粒子の生成演算子、$\hat{d}_i$ を反粒子の消滅演算子と見なしても、正しい反交換関係を満たしている。そうすると、(6.38) は

$$\begin{aligned}\hat{a}_i |\Omega\rangle &= 0 \\ \hat{d}_i |\Omega\rangle &= 0\end{aligned} \tag{6.40}$$

のように書け、真空は粒子も反粒子もない状態であるという、自然な記述になっている。

　以上で、第2量子化の枠組みで議論すれば、ディラックの海という第1量子化では多少不自然であったものを考えなくてもよいことがわかった。第2量子化から出発すれば、真空は単にエネルギーが最小の状態として定義され、そのまわりの素励起として、粒子と反粒子が自然に得られるのである。

6.4.4　ディラック場

　6.1.3～6.1.5で行ったことが、ディラック方程式の場合にどうなるか具体的にみておこう。まず、第1量子化の波動関数を座標表示で表して $\psi(\mathbf{x}, i)$ とする。ここで、$i = 1, \cdots, 4$ はディラックスピノルの4成分を表す。これに対応した粒子の生成・消滅演算子として $\hat{\psi}(\mathbf{x}, i)^\dagger$、$\hat{\psi}(\mathbf{x}, i)$ を考える。これらの間の反交換関係は (6.8) と同じである。以下、$\hat{\psi}(\mathbf{x}, i)$ の4つの成分を縦ベクトル $\hat{\psi}(\mathbf{x})$ で表し、$\hat{\psi}(\mathbf{x}, i)^\dagger$ の4つの成分を横ベクトル $\hat{\psi}^\dagger(\mathbf{x})$ で表す。粒子数 N、運動量 $\mathbf{P}$、ハミルトニアン H などは (6.6) と同様に次のように書ける。

$$\begin{aligned} N &= \int d^3\mathbf{x}\, \hat{\psi}^\dagger(\mathbf{x}) \hat{\psi}(\mathbf{x}) \\ \mathbf{P} &= \int d^3\mathbf{x}\, \hat{\psi}^\dagger(\mathbf{x}) \frac{\hbar}{i} \hat{\psi}(\mathbf{x}) \\ H &= \int d^3\mathbf{x}\, \hat{\psi}^\dagger(\mathbf{x}) \left(c\boldsymbol{\alpha} \cdot \frac{\hbar}{i}\nabla + mc^2 \beta \right) \hat{\psi}(\mathbf{x}) \end{aligned} \tag{6.41}$$

非相対論的な場合に、ハミルトニアンと交換関係が (6.10) のような

作用を持つ場を量子化することによっても得られたのと同様に、いまの場合の反交換関係とハミルトニアンは、次のような作用を持つ古典場を量子化することにより得られる。

$$S = \int dt L$$
$$L = \int d^3\mathbf{x}\, \psi^*(\mathbf{x})\left(i\hbar\frac{\partial}{\partial t} - \left(c\boldsymbol{\alpha}\cdot\frac{\hbar}{i}\nabla + mc^2\beta\right)\right)\psi(\mathbf{x}) \quad (6.42)$$

ここで、$\psi(\mathbf{x})$ は4成分のグラスマン数の場 $\psi(\mathbf{x}, i)\,(i=1,...,4)$ を縦ベクトルで表したものであり、$\psi^*(\mathbf{x})$ はその複素共役 $\psi(\mathbf{x}, i)^*\,(i=1,...,4)$ を横ベクトルで表したものである。この作用はさらに、ローレンツ不変性が明白な次の形に書ける。

$$S = \int d^4x\, \mathscr{L}$$
$$\mathscr{L} = \bar{\psi}(x)\left(i\hbar\gamma^\mu\partial_\mu - mc\right)\psi(x) \quad (6.43)$$

ここで、$\bar{\psi}$ は横ベクトルであり、$\bar{\psi} = \psi^*\gamma^0$ で定義される。

結局、スピンが1/2の粒子は、必然的にフェルミオンであり、(6.43)のような作用を持つグラスマン数の場を量子化することにより得られることがわかった。このような場をディラック場と呼ぶが、自然界を構成する基本粒子であるクォークとレプトンはどちらもディラック場（あるいは、それから派生したワイル場）を量子化したときの素励起であることがわかっている。

6.5 量子電磁気学

電磁場と電子を表すディラック場が相互作用している系の作用は次のように与えられる。

$$S = \int d^4x\, \mathscr{L}$$
$$\mathscr{L} = -\frac{\varepsilon_0 c}{4}F^{\mu\nu}F_{\mu\nu} + \bar{\psi}(x)\left(i\hbar\gamma^\mu\partial_\mu - mc\right)\psi(x) - eA_\mu\bar{\psi}\gamma^\mu\psi \quad (6.44)$$

ここで、$A_\mu = (\phi/c, -\mathbf{A})$ は電磁場の4元ポテンシャルであり、$F_{\mu\nu} = \partial_\mu A_\nu - \partial_\nu A_\mu$ は場の強さである。$\mathscr{L}$ はラグランジアン密度を光速 c で割ったものであり、最後の項は、電子の作る電流 $ec\bar{\psi}\gamma^\mu\psi$ と4元ポテンシャルの標準的な結合を表している。ここで、e は電子の電荷である。

$\mathscr{L}$ の最後の項を $\mathscr{L}_\text{相互}$ と書こう。仮に $\mathscr{L}_\text{相互}$ がなければ、電磁場と電子の場は結合しておらず、作用は、自由に伝播する光子、電子、陽電子からなる系を表す。古典論的にも、この場合は場の方程式は線形であり、波の間に散乱は生じない。この意味で、$\mathscr{L}_\text{相互}$ は粒子間の相互作用を表している。実際、量子化すると、A_μ は光子の生成・消滅演算子の線形結合であり、ψ は電子の消滅演算子と陽電子の生成演算子の線形結合、$\bar{\psi}$ は陽電子の消滅演算子と電子の生成演算子の線形結合となる。よって、$\mathscr{L}_\text{相互}$ は、電子や陽電子が光子を吸収したり、光子が電子・陽電子対に転化するといったさまざまなプロセスを表している。

このように考えると、次のような描像が自然と思われる。すなわち、おおまかに言って、光子、電子、陽電子は自由運動しているが、$\mathscr{L}_\text{相互}$ によって粒子間に相互作用が働き、自由運動からずれ、粒子どうしが散乱したり、粒子の生成・消滅といったさまざまな現象が起きる。このような描像は $\mathscr{L}_\text{相互}$ の効果が比較的小さいときに有効であるが、おおまかにその大きさを評価してみよう。そのための第一歩として、経路積分によって遷移振幅を表すことを考える。それによると、ある始状態から別の終状態への遷移振幅は、それらをつなぐようなすべての場の配位について $\exp\left(\dfrac{i}{\hbar}S\right)$ を足し上げることにより得られる。つまり、作用をプランク定数で割って得られる無次元量 $S/\hbar$ が本質的に重要である。

見通しをよくするために、電磁場を $A_\mu = \sqrt{\dfrac{\hbar}{\varepsilon_0 c}} A'_\mu$ のように再定義すると、作用（6.44）を $\hbar$ で割ったものは、次のように書ける。

$$S/\hbar = \int d^4 x \, \mathscr{L}/\hbar$$

$$\mathscr{L}/\hbar = -\frac{1}{4} F'^{\mu\nu} F'_{\mu\nu} + \bar{\psi}(x)(i\gamma^\mu \partial_\mu - \kappa)\psi(x) - e' A'_\mu \bar{\psi}\gamma^\mu \psi \quad (6.45)$$

ここで、$e' = e/\sqrt{\varepsilon_0 \hbar c}$、$F'_{\mu\nu} = \partial_\mu A'_\nu - \partial_\nu A'_\mu$ であり、$\kappa = mc/\hbar$ は電子のコンプトン波数である。この式から、相互作用の強さは無次元量 e' で表されることがわかる。実際に遷移振幅を相互作用でべき展開すると、e'^2 の展開になっていることがわかる。e'^2 を 4π で割ったもの

$$\alpha = \frac{e^2}{4\pi\varepsilon_0 \hbar c} \tag{6.46}$$

は微細構造定数と呼ばれており、さまざまな物理量に対する相互作用の効果を表す式にあらわれる。

　実際の電子の電荷を入れて微細構造定数を求めてみると、大体 $\alpha \sim 1/137$ であり、1に比べて小さい。このことは、これまでに考えたような描像、すなわち、自由運動している光子、電子、陽電子が、相互作用の影響で散乱したり対生成・消滅したりするという描像が、少なくとも電磁相互作用に対しては、よく成り立っていることを示している。

7 | 凝縮系物理学の形成

岸根順一郎

　膨大な数の原子核と電子からなるマクロな物質の挙動は、これら構成要素間の相互作用で支配される。そこで基本となるのは、構成要素はごく単純であっても、これらが膨大な数集まる（凝縮する）ことで極めて多様な現象が発現するという見方である。自然界の多様性の背後に物理的普遍性を探求するのが凝縮系物理学（物性物理学）の役割である。本章ではこの分野の形成過程を述べ、そこで最も基本的で重要な役割を果たす超伝導理論について述べる。

7.1　凝縮系物理学とは

　1920年代後半に量子力学の基盤が整備され、原子の構造が解明された。その後の自然な展開として、より基本的な物質構成要素の探求へ向かう、つまり距離スケールの階層を下へ向かって降りていく素粒子・原子核物理学があらわれた。これは要素還元的アプローチ（reductionism）である。これとほぼ同時進行で、原子の集団としての物質の挙動を解明する、つまり上へ向かって登っていく量子化学や物性物理学が発展した。こちらは構成主義（constructionism）である。

　重要なことは、これら2つのアプローチが対立するものではないということだ。空間・時間・エネルギーのスケールが異なる（互いに分断された）階層に属していても、共通の概念で普遍的に捉えることができる現象が多くある。顕著な例として、素粒子物理学におけるヒッグス機構と超伝導のBCS理論の類似、あるいは量子色力学での漸近的自由性と金属中の磁性不純物が引き起こす近藤効果の類似があげられる。これらに共通するのは、「対称性とその破れ」および「繰り込みと有効理論」の

思想である。異なる階層で生起する現象の背後に共通の物理概念が潜んでいることを見抜く作業は、細分化された物理学諸分野が共同で取り組むべき問題である。

ここで「階層の分断」という表現を用いたが、説明が必要だろう。1972年に、フィリップ・アンダーソン[1]は、「すべてを基本的物理法則に還元することと、逆にこれらの法則から出発して宇宙を構成することは全く別である」ことを強調した。例えば、生命現象をシュレーディンガー方程式にさかのぼって探求することと、逆にそこから出発して生命を組み上げることは全く別である。これが階層分断の意味である。この違いを捉えるキーワードが「創発（emergence）」と「対称性の破れ（symmetry breaking）」の概念である。

例えば液体ヘリウム（^{4}He）は2.17 Kで超流動状態に、水銀は4.2 Kで超伝導状態に、鉄は770℃で強磁性状態に転移する。それぞれの現象は異なる特徴的温度スケールを持つ。そこで、着目するエネルギースケールの窓枠内で有効な理論（ハミルトニアン）をどう見極めればよいか、という問題が生じる。素朴な構成主義者は、これらの現象にはすべて電子と原子核の集団が含まれるから、例えば超流動現象を記述するためには陽子・中性子のハミルトニアンから出発すべきだと言い出しかねない。しかし、原子核における核子当たりの結合エネルギーは8MeV程度であり、温度に換算すると約10^{11} Kである。このエネルギースケールは、明らかに超流動が起きるエネルギースケールとは分断している。

創発とは、「個々の粒子は物質を構成する単純な要素にすぎないが、これらが相互作用しながら膨大な数集まることによって予想もつかない全体的性質をあらわす」という性質を意味する。物質における創発性は膨大な数の電子や原子核が統計的に示す性質であり、そのあり方には無限の多様性（可能性）がある。アンダーソンは、この見方を標語化して"More is different"と述べた。理想気体に相互作用が入ると液体相や固体相（いわゆる凝縮相）が可能となる。多粒子系の凝縮相を研究対象

---

1) P. W. Anderson, Science, Volume 177, pp.393-396（1972）

とする物理学の分野が凝縮系物理学[2]である。

本章ではまず、凝縮系物理学の形成過程を振り返り、ついで「対称性とその破れ」および「繰り込みと有効理論」の具体例について簡単に紹介する。

7.2 凝縮系物理学の形成

図7.1は、量子力学形成期以降に起きた凝縮系物理学の発展を、大ざっぱに10年区切りで整理したものである[3]。1925～35年の10年間は、量子力学と量子統計が統合され、電子集団をフェルミ粒子の多体系として扱う処方が発展した。特に結晶格子の周期性を反映して、電子の状態を実空間でなく波数空間（フーリエ空間）で捉える見方、つまりブリルアンゾーンの概念とバンド理論の枠組みが完成したことが重要である。ゾンマーフェルトとベーテによる「固体電子論」[4]はこの時期の集大成であり、今も色褪せない名著である。

1935～45年を代表するのが、1937年に提出されたランダウの相転移理論だろう。物質の対称性と機能の関係に最初に着目したのはピエール・キュリーである。彼は1894年の論文で、「原初の高い対称性が段階的に破れた結果として私たちの物質世界が出来上がっている」という見方を明確にした。ランダウ理論は、相転移に伴う秩序形成を記述するパラメータ（秩序パラメータ）が群の既約表現を使って構成できることを示したものであり、キュリーの思想を具体化したといえる。

1945～55年はバーディーン、ショックレー、ブラッテンによるトランジスターの開発（1948）で彩られる。その後半導体物理学が電子技術に革命的進歩をもたらしたことは言うまでもないが、これを支える基盤

---

[2] condensed matter physics

[3] この区切りは概念的な発展が起きた時期を把握するためのもので文献史的な正確さは求めていない。また、ほとんどすべての項目は、その後今日に至るまで切れ目なく発展し続けている。

[4] Arnold Sommerfeld and Hans Bethe Elektronentheorie der Metalle in H. Geiger and K. Scheel, editors Handbuch der Physik Volume 24, Part 2, 333-622 (Springer, 1933)

```
1925 - 1935  量子力学と量子統計の発展
             固体電子論の発展（バンド理論）
1935 - 1945  相転移物理学の発展（対称性の理論）
1945 - 1955  半導体物理学の発展（フェルミ液体論）
1955 - 1965  超伝導物理学の発展（BCS理論，対称性の破れ）
1965 - 1975  臨界現象，近藤問題を巡る発展（繰り込み群）
             位相と渦を巡る発展（トポロジーの導入）
1975 - 1985  金属絶縁体転移（局在の物理）
             重い電子系（フェルミ液体論＋近藤効果）
1985 - 1995  量子ホール効果（分数電荷）
             銅酸化物高温超伝導（磁性を母体とする超伝導）
             量子スピン系，スピン液体（スピン1重項の探求）
1995 - 2005  冷却原子系（ボース-アインシュタイン凝縮）
             強相関電子系の物理（摂動 vs. 非摂動）
             $MgB_2$ の超伝導（BCSへの回帰）
             スピントロニクス（スピン軌道相互作用）
2005 -       鉄系超伝導（多様な電子自由度の協奏）
             多重強秩序物質（対称性＋ランダウ理論）
             トポロジカル物質（時間反転対称性）
                    ⋮
             物質の多様性と普遍性の統合へ
```

図7.1 凝縮系物理学の発展を大ざっぱに10年区切りで整理したもの

理論は1956年にやはりランダウが建設したフェルミ液体論である。これは超流動ヘリウム3[5]から半導体、超伝導、金属磁性に及ぶ広範なフェルミ粒子系の挙動を記述する有効理論であり、これらの系で相互作用の存在にもかかわらず個別粒子（準粒子）の描像が成立する根拠が明らかにされた。多体問題の規範としてのフェルミ液体論の地位は今日も揺るがない。半導体分野の発展はまた、物質中の乱れを排除してクリーンな結晶を作り、ここに不純物をドープすることで電気伝導性を制御するという技術的思想を生み出した。

---

5) 陽子2個と中性子2個からなる ^4He の原子核はボース粒子であるが、陽子2個と中性子1個からなる ^3He の原子核はフェルミ粒子である。

1955〜65年のピークは、疑いもなく超伝導のBCS理論（1957）である。超伝導現象は1911年にカメルリング・オンネスが発見していたが、これを多体量子論的に解決する問題は、量子力学の建設者たちをも次々敗退させた大難問であった。バーディーン、クーパー、シュリーファーの3人（BCS）は、引力相互作用する電子系における対称性の破れを具体的に記述する有効理論を提示し、さらに進んで超伝導状態の波動関数を具体的に与えるという高みに達した。BCS理論は、その高い完成度と普遍性ゆえBasic Concept of Superconductivityの頭文字とダブらせることもある。

　続く1965〜75年は、19世紀以来の相転移と臨界現象の問題に量子論の光が本格的に当たり始めた時期である。特に、「磁性不純物を微量に含む金属で、ある温度領域以下で電気抵抗が下降から上昇に転じる現象」を近藤淳が理論的に解明した1964年の論文に端を発する「近藤問題」は、ウィルソンによるくりこみ群の理論（1975）に結実した。超伝導と近藤効果の問題は、今日まで途切れることなく発展し続けている。

　相転移現象と関連して、秩序変数が連続的（例えば回転）対称性を持つ2次元の系では長距離秩序が存在しないことが厳密に示されていた（マーミン-ワーグナーの定理、1966）。これに対し、スピンが2次元面に拘束されて自由度が1つ（回転角あるいはスピンの位相）しかない場合には、渦状欠陥（励起）の有無で区別される新しいタイプの相転移（コスタリッツ-サウレス転移）が起きることがベレジンスキー（1971）、およびコスタリッツ、サウレス（1973）によって示された。渦状欠陥は、渦の巻き方と個数というトポロジカルな自由度で特徴付けられる。これを契機とし、凝縮系物理学における位相欠陥とトポロジーの関係という新しい潮流ができた。

　1975〜85年は、結晶中の無秩序な不純物と電子の量子性の干渉効果、そしてここに電子間相互作用の効果がどう絡むかに積極的な眼が向けられた。この問題は、その後メゾスコピック系の物理学として開花し、さらにナノサイエンスの潮流につながっていく。同じ時期に始まったのが、希土類金属化合物において強い電子間相互作用のために有効質量が

自由電子の1000倍にも達する系（重い電子系）の問題である。希土類金属における電子の局在性と強い電子間相互作用の存在は、多体量子論のパラダイムとしてのランダウのフェルミ液体論への挑戦であると同時に近藤問題の"実験場"を提供した。この分野は、現在も凝縮系物理学の大きな領域のひとつである。

　1985〜95年は、いわゆる「強相関3大問題」といわれる「高温超伝導」、「量子ホール効果」、「量子スピン系」の問題が明るみに出た時期である。凝縮系物理学において、深さと広がりにおいて超伝導をしのぐ問題はないだろうが、1986年にベドノルツとミューラーが発見した銅酸化物高温超伝導のインパクトは甚大である。超伝導と磁性は犬猿の仲であるという常識を覆し、強い電子相関による磁性絶縁相（モット絶縁体相）にキャリアをドープすることで、それまでに知られていた超伝導転移温度（10K程度）をはるかに上回る30Kでの超伝導が実現された。磁性、しかも絶縁体を母体とする超伝導という驚くべき現象の機構解明が、BCS理論の根本に迫るものなのか、あるいはBCSの枠内で記述されるのか、超伝導になる前の常伝導金属相がフェルミ液体として記述できるのか。これらの問題は、高温超伝導発見後30年余を経た今日に至るまで十分な解明を見ていない。

　この時期はまた、強磁場中の2次元電子系でみられる量子ホール効果を巡る発展が著しかった時期でもある。ホール伝導度がe^2/h（eは素電荷、hはプランク定数）の整数倍に量子化される現象として（整数）量子ホール効果を示唆したのは日本の安藤恒也らであり、1975年のことである。これがフォン・クリッツィングらによって実証されたのが1980年である。$h/e^2 = 25812.8\,\Omega$はフォン・クリッツィング定数と呼ばれ、電気抵抗の標準としての役割が確立している。さらに1982年にツイ、シュテルマー、ゴサードらが発見した分数量子ホール効果は、ラフリンが1983年に書き下した変分波動関数で記述され、分数倍の電荷を持つ励起状態（粒子）の存在が明らかになった。その機構は、単純な要素還元、構成主義ではアクセスできない創発の典型である。

　高温超伝導、量子ホール効果と並んで、磁性におけるスピンの量子性

と本格的に取り組む流れもこの時期に起きた。3次元結晶における強磁性や反強磁性は、背後に量子論があるとはいえ結果的には磁気モーメントの古典的配列の問題である。スピンの量子性は、1重項（シングレット）形成にこそあるが、これらの問題にシングレット形成はあらわれない。特に、ミクロなスケールでシングレットを組む2つの電子が相手を組み替えながら遍歴する状態（スピン液体状態）の探求は今日まで続いている。

　1995年〜2005年の時期は、高温超伝導の興奮がやや落ち着いて、改めて疾風怒とうの20世紀を眺めなおそうという機運が生じた時期である。強相関系において、相互作用を摂動的に扱うアプローチと、相互作用によって変容した状態を直視しようとする非摂動的アプローチがともに進展した。また、1925年に理論的に予言されたボース-アインシュタイン凝縮が1995年になって実証されたことは印象深い。これによって、20世紀後半にはあまり取りざたされなかった多体ボース粒子系の理論が大きく発展することになった。2001年には日本の秋光純らのグループが転移温度39 Kを持つ二ホウ化マグネシウムでの超伝導を発見し、銅酸化物一辺倒だった超伝導研究の流れをBCS回帰へと転換させた。また、電子のスピン状態と軌道状態の結合（スピン軌道相互作用）という古い問題が、実は磁性体中の磁気モーメントと伝導電子のスピンの結合を通して新しいタイプの電気伝導を生み出すことが再認識され、電子が持つ属性として電荷だけでなくスピンも活用したエレクトロニクス（スピントロニクス）という新分野が誕生した。

　最後に2005年以降今日に至る流れであるが、超伝導に関しては日本の細野秀雄らによる鉄系超伝導物質の発見（2008）がピークといえる。また、ケーンらによって時間反転対称性によって保護されたトポロジー的状態として、内部（バルク）は絶縁体で表面のみ伝導性を持つトポロジカル絶縁体が提唱された（2005）。コスタリッツ・サウレス転移に源流を持つ物質中のトポロジカル自由度に、新たな光が当たったといえる。

　物質創製の進歩とともに、理論的提唱にとどまっていた現象が実証され、それを契機として新たな分野が生まれる状況も相次いだ。代表例は、

磁気転移が強誘電転移を誘発する現象である。木村剛が2003年にTbMnO$_3$において実証したこの現象は、広く多重強秩序（マルチフェロイック）相の問題として基礎・応用両面から活発な研究の対象となっている。この現象の指導原理はやはりランダウの相転移理論であり、対称性と秩序の問題である。凝縮系物理学は、より広く「物質の科学」というべき領域に包含されるが、そこでの主題は物質が示す多様な現象をいかにして物理学の法則に基づいて普遍的に記述するかということである。物質の多様性と普遍性の統合を目指す研究は、たゆまずに進められている。

以下では、「対称性とその破れ」および「くりこみと有効理論」の考え方について簡単に紹介する。

7.3 対称性とその破れ

物理学における対称性の意味

物理学における対称性の意味を、高対称と低対称の対比という観点でまとめてみよう。まず、球のように対称性が高いものは<u>機能性が低い</u>。また、どちらを向いても区別がないので<u>無秩序</u>である。

次に、対称性が高いと<u>観測困難</u>になる。つかみどころがなく、物理的に捕獲することが困難になり、観測不能に陥る。例えば、磁性の起源である電子のスピンがペアを組んでシングレットと呼ばれる球対称状態を作ると、スピンを単体で見ることができなくなって磁性が消失する。同様に、クォークとグルーオンが持つカラー自由度は必ず高対称なシングレットとして自然界にあらわれ、その結果クォークを単体で取り出すことができなくなる。

さらに高対称環境下では<u>運動の多様性</u>が制限される。これは、物理法則（ラグランジアン）が持つ対称性と保存則の関係（ネターの定理）と密接に関係する。例えば、一様な無限空間において絶対的な位置を知ることは不可能だ。このため2個の粒子の絶対的な位置ベクトルは観測不能であり、粒子間の相互作用ポテンシャルは相対的な位置ベクトルだけで決まる（並進対称性を持つ）ことになる。これより運動量保存則が導

かれたことを想起しよう。逆に対称性が低くなるとダイナミクスの多様性が増す。

以上のように、対称性が高いものは低機能・無秩序・観測困難・運動の制限といういずれも消極的に聞こえる特徴を持つ。しかし、高い対称性には美がある。この一点が物理学者の心を惹きつけるといえるだろう。これは、現代物理学の諸分野が対称性について持つ共通の価値観といえるだろう。

対称性の破れ

対称性と物理現象の関係を明確に指摘した最初の人はピエール・キュリーである。彼は1894年の論文で「物理現象の原因が持つ対称要素は必ず結果に受け継がれる」と述べた。これは対称性と「群」の関係を明示的に述べたものであり、今日「キュリーの原理」と呼ばれる。

現代物理学では、低対称の群を高対称の群の部分群として捉え、「原初の高い対称性が段階的に破れた結果として私たちの物質世界が出来上がっている」と考える。対称性の在り方とその破れ方を探求することは、美しい対称性から豊かな機能が、そして無秩序から秩序が生み出される仕組みを解明することにほかならない。これが、現代物理学のさまざまな分野を貫く主題である。ここで南部陽一郎が超伝導について述べた言葉を引用しておく[6]。

> 原子間の電磁的な力のために結晶の生成が可能になる。結晶ができるとそれは並進対称性と回転対称性を破るから、これらに付随するゴールドストーンボソンとしてフォノンが生まれる。フォノンが生まれると、それを媒介として電子がクーパー対を作り、超伝導を起こす。これは、今の見方では2回目の自発的対称性の破れです。

低対称化による多様性の確保

凝縮系物理学は、つまるところ高エネルギー・高対称の階層から低エネルギー・低対称の階層に視点を移すことで物質世界の多様性を顕在化させることを目的としている。対称性を下げて多様性を確保する最近の

---

[6] 南部陽一郎「超伝導からHiggsボソンまで」素粒子論研究82 (3)、197、(1990)、より。

試みとして、固体中のワイル粒子の探索があげられる。有効質量ゼロのフェルミ粒子であるワイル粒子は、素粒子の標準モデルで重要な役割を果たしながらも観測にかかったことはない。これは、相対論的な連続時空に棲(す)むワイル粒子が高い対称性(ローレンツ変換と時空原点の並進からなるポアンカレ群)による強い制限を受けているからである。ポアンカレ群から時間を含む変換を除くと、対称性が一段低いユークリッド群が得られる。

固体結晶中ではさらに、格子の存在(上述の南部陽一郎の言葉を借りれば第1段階の対称性の破れ)によって連続対称性が離散的な回転・並進対称性に落ち、空間群に至る。固体結晶中の電子は、ポアンカレ対称性に比べてはるかに低い空間群対称性をおう歌し、多様な運動を楽しむことができるだろう。このような発想に基づいて、固体中で(つまり実験室のテーブルトップで!)ワイル粒子を実現しようという研究が現在活発に進められている。これは、エネルギースケールが全く異なる物理現象が対称性の観点で見れば同様の表現を持つ例であり、素粒子論と物性論の交流という観点からも意義深い。

7.4 超伝導現象:くりこみと有効理論の典型例として

理論物理学のパラダイム

南部陽一郎は、1982年に開催されたソルベイ会議で、素粒子物理学における4つの基本的パラダイムとして

- モデル構築
- くりこみの概念を伴う場の理論
- 対称性とその破れ
- ゲージ原理

を挙げた。これら4つのパラダイムは、狭義の高エネルギー物理学(素粒子物理学)だけにとどまらず、理論物理学全体を貫く普遍性を持っている。好例が超伝導現象である。本節では、超伝導を例にとって有効理論の意義を述べる[7]。

マイスナー効果

　超伝導は、金属を冷やしていくとある特定の温度（超伝導転移温度）T_c で「電気抵抗率 ρ が突然ゼロになり（ゼロ抵抗）」、「電子比熱が不連続な跳び ΔC [8] を示し」、「外部からかけた磁場が試料内部に侵入できなくなる（マイスナー効果）」という3つの顕著な現象を示す。この中で、特にマイスナー効果が重要である。磁場が内部に侵入できないということは、超伝導体表面に、内部磁場を打ち消す電流（超伝導電流）が誘導されるということである。

　電流というと、私たちは通常オームの法則 $\boldsymbol{j}_{\mathrm{Ohm}} = \sigma \boldsymbol{E}$（$\boldsymbol{j}_{\mathrm{Ohm}}$ は電流密度、σ は電気伝導度、$\boldsymbol{E}$ は電場）を思い浮かべる。電気抵抗率は $\rho = 1/\sigma$ である。これは電場によって駆動される「オーム電流（Ohmic current）」であり、散逸（ジュール熱の発生）を伴う。しかし、マイスナー効果を引き起こす超伝導流は磁場によって駆動され、

$$\boldsymbol{j}_{\mathrm{Meissner}} = \kappa \boldsymbol{A} \tag{7.1}$$

と表される[9]。ここに、$\boldsymbol{A}$ は磁場のベクトルポテンシャルである。これら2種類の電流を取り入れると、アンペールの法則は

$$\nabla \times \boldsymbol{B} = \mu_0 (\boldsymbol{j}_{\mathrm{Ohm}} + \boldsymbol{j}_{\mathrm{Meissner}}) = \mu_0 (\sigma \boldsymbol{E} + \kappa \boldsymbol{A}) \tag{7.2}$$

となる。ここで長さの次元を持つ量（磁場侵入長）

$$\lambda = 1/\sqrt{\mu_0 \kappa} \tag{7.3}$$

を導入する。λ は物質により異なるが、およそ $1\,\mu\mathrm{m}$（$10^{-6}\,\mathrm{m}$）程度である。$\sigma \sim 10^9\,(\Omega\cdot\mathrm{m})^{-1}$ であるから、$\kappa \sim 10^{18}\,\mathrm{H}^{-1}\mathrm{m}^{-1}$ 程度である。さらに $(\mu_0 \sigma \lambda^2)^{-1} \simeq 10^9\,\mathrm{Hz}$ となるため、オーム電流の効果は無視してよい。(7.2)

---

[7] 超伝導についてのより立ち入った内容については第12章で解説される。本節では、超伝導理論の普遍性を強調する。

[8] BCS理論では $\Delta C / C_n \sim 1.43$ という普遍的な値を持つ。C_n は T_C 直上での比熱。

[9] 比例係数 κ は、超伝導電子密度 ρ、クーパー対の電荷 $e^* = 2e$、電子質量 m を使って $\kappa = e^{*2} \rho / m$ と書ける。

の両辺の回転をとると$\lambda^{-2}B$となる。$x<0$が真空、$x>0$に超伝導体が満ちていて磁場をz方向にかけるとき、物理的な解として

$$B(x) = B(0)\exp(-x/\lambda)$$

となって磁場がλ程度以上に侵入できないこと（マイスナー効果）が示せる。

超伝導流

(7.1) の意味を理解するには、第2章で述べた磁場中の正準運動量と電子のドリフト速度の間の関係式に戻る必要がある。さらに、量子力学への移行が正準運動量の演算子化（$\bm{p} \to -i\hbar\nabla$）で達成できることに注意すると

$$\bm{v} = \frac{\bm{p}-q\bm{A}}{m} \to \bm{v} = \frac{-i\hbar\nabla - q\bm{A}}{m} \tag{7.4}$$

さて、超伝導状態では（超伝導に参加する）電子系全体が単一の波動関数（マクロ波動関数）

$$\Psi(\bm{r},t) = \sqrt{\rho(\bm{r},t)}\,e^{i\Theta(\bm{r},t)} \tag{7.5}$$

で書ける1つの量子状態に凝縮している。そしてΨはシュレーディンガー方程式

$$i\hbar\frac{\partial\Psi}{\partial t} = \left[\frac{1}{2m}(-i\hbar\nabla - q\bm{A})^2 + q\phi\right]\Psi \tag{7.6}$$

を満たす（ϕは静電ポテンシャル）。BCS理論を踏まえ、実は電子がペア（クーパー対）を組んで超伝導を担うことを知っているとすると$m = 2m_e$、$q = -2e$（m_e、$-e$は電子の質量と電荷）である。では、なぜ電子系がこのえたいの知れないΨで書き切れるのか。その答えを与えるのが有効理論の枠組みである[10]。その内容についてはすぐ後で述べる。

一様な超伝導体中では$\rho(\bm{r},t)$が一定値ρをとるとすれば、超伝導流密度の表式として

---

[10] むしろ、「超伝導状態の有効理論はΨで書ける」ということなのである。

$$\boldsymbol{j}_{\mathrm{s}} = q\Psi^* \boldsymbol{v}\Psi = \frac{q}{m}\Psi^*(-i\hbar\nabla - q\boldsymbol{A})\Psi = \frac{\rho\hbar}{m}\left(\nabla\Theta - \frac{q}{\hbar}\boldsymbol{A}\right) \qquad (7.7)$$

が得られる。位相Θが空間的に一様、つまり「マクロスケールで位相のコヒーレンスが確定する」場合[11]、$\boldsymbol{j}_{\mathrm{s}}$ が (7.1) の形に落ち着く。そして磁場侵入長 (7.3) が

$$\lambda = 1/\sqrt{\mu_0 \kappa} = \sqrt{\frac{m}{\mu_0 \rho q^2}} \qquad (7.8)$$

これを数学的な言葉で言えば、大域的なU(1)位相回転に対する対称性が自発的に破れているということになる[12]。

(7.5) を (7.6) に代入し、ΔΘを無視すると

$$-\hbar\frac{\partial\Theta}{\partial t} = \frac{1}{2m}(\hbar\nabla\Theta - q\boldsymbol{A})^2 + q\phi = \frac{m}{2\rho^2}\boldsymbol{J}_{\mathrm{s}}^2 + q\phi \qquad (7.9)$$

が得られる。

ゲージ不変性

$\boldsymbol{j}_{\mathrm{s}}$ は物理的な電流なのでゲージ不変でなくてはならない。ベクトルポテンシャルのゲージ変換

$$\boldsymbol{A} \to \boldsymbol{A}' = \boldsymbol{A} + \nabla\chi \qquad (7.10)$$

に対応して波動関数に

$$\Psi \to \Psi' = e^{i\frac{q}{\hbar}\chi}\Psi \qquad (7.11)$$

なる変換を同時に実行することで $\boldsymbol{j}_{\mathrm{s}}$ が不変に保てる。この変換は、波動関数の位相を

$$\Theta \to \Theta' = \Theta + \frac{q}{\hbar}\chi \qquad (7.12)$$

とずらすことに対応している。これを読み替えると、波動関数に局所的なゲージ変換 (7.11) を施してもシュレーディンガー方程式 (7.6) が不

---

11) このことを「位相が剛性を獲得する」と言い表す。
12) 超伝導状態が「ゲージ対称性を破っているという言い方」は誤りである。BCS波動関数はゲージ不変である。

変であるためには、(7.10) に従って変換するゲージ場Aの導入が必要だということだ。そして、Aと結合する電荷（ゲージ電荷）が存在してこれがクーパー対の電荷$q = -2e$に対応する。ゲージ変換の局所化がゲージ場を生んだわけである。ゲージ場との結合を表す定数qはゲージ電荷と呼ばれるが、超伝導の場合、これがクーパー対の電荷$q = -2e$になっている。

超伝導の有効理論

有効理論の方法をごく簡単に説明するため、次の積分を考えよう。

$$Z(a, b) = \int_{-\infty}^{\infty} dx \int_{-\infty}^{\infty} dy\, e^{-a(x^2+y^2) - b(x^2+y^2)^2} \tag{7.13}$$

a、bは正の定数であるが、これらを結合定数と呼んでおく。指数関数の肩にあらわれた量

$$S(a, b) = a(x^2 + y^2) + b(x^2 + y^2)^2 \tag{7.14}$$

はxとyという2つの変数（自由度）を持つ。もちろんこの積分に直接的な物理的意味はないが、作用と名付けておくことにする。次に (7.13) においてyの積分だけを実行する。そして指数関数の肩でx^2、x^4を含む項を集め、

$$e^{-a'x^2 - b'x^4 + \cdots} = \int_{-\infty}^{\infty} dy\, e^{-a(x^2+y^2) - b(x^2+y^2)^2} \tag{7.15}$$

と書こう。こうして得られる新たな作用

$$S(a', b') = a'x^2 + b'x^4 \tag{7.16}$$

が有効作用である。係数a'、b'にはyの情報が「くりこまれて」いる。大ざっぱに言えば、a'が不変であるように変数xをチューンし、b'とbの関係をみる。このとき、$b'>b$ならx^4の係数は成長傾向となり、くりこみ操作を続けていくとどんどん増大していく。くりこみの言葉では、これをrelevantな係数という。$b'=b$なら係数は変化しないが、この場合をmarginalであるという。さらに$b'<b$ならこの係数は減少傾向となり、くりこみを続けると消えていく。このような係数はirrelevantであると

いう。有効理論では、relevantまたはmarginalな結合定数だけを残してirrelevantな結合定数は無視する。

実際の物理の問題では、着目する自由度（例えば運動量）を小さい（遅い）部分xと大きい（速い）部分yに分けて後者を積分する。こうして、遅い自由度だけを含む有効理論を作る。くりこみ操作を続けると、高エネルギーから低エネルギーへ向けて重要な係数の推移を追跡できる。そして、到達する先を「固定点理論」と呼ぶ。

常伝導金属を記述するランダウのフェルミ液体論は、このような固定点理論の典型である。高エネルギー領域では、明確なフェルミ面を持つ自由電子が飛び交い、さらに弱く2体相互作用しているとしてハミルトニアンHを書き下す。このとき、系の分配関数は

$$Z = \text{Tr} e^{-\beta H} = e^{-\beta F} \tag{7.17}$$

の形に書ける。Fは自由エネルギーである。次に、エネルギーの高い部分の対角和をとる（積分する）。記号的に書けば

$$Z = \text{Tr}_{低}(\text{Tr}_{高} e^{-\beta H}) = \text{Tr}_{低} e^{-\beta H_{\text{eff}}} = e^{-\beta F_{\text{eff}}} \tag{7.18}$$

となる。

さて、電子間に引力がなければH_{eff}は弱く相互作用する自由電子の系（準粒子の系）を記述する。これがフェルミ液体である。一方、引力が存在するとくりこみの過程で引力がrelevantとなり、ある特定の温度T_cで発散する。つまり、フェルミ面を持つ準粒子の描像が破たんする。そして、すべての電子がペアを組んだ状態と、ペアが破壊されて個々の電子が個別に励起される状態との間にエネルギーギャップ[13]ができる。この、「ギャップに保護された基底状態」が超伝導状態にほかならない。

超伝導状態がマクロ波動関数Ψで書ける、ということは超伝導を記述する有効理論がΨだけで書き切れることを意味する。これがギンツブルク-ランダウ（GL）理論である。ギンツブルクとランダウは、超伝

---

[13] BCS理論では、エネルギーギャップΔと超伝導転移温度T_cの間に$\Delta/k_B T_c \sim 1.76$という普遍的な関係式が成り立つ。

導の量子論(BCS理論)が完成する10年前に超伝導状態の有効作用(GL汎関数)

$$F_{\text{eff}}[\Psi, \Psi^*] = \frac{1}{2m}|(-i\hbar\nabla - q\boldsymbol{A})\Psi|^2 + a|\Psi|^2 + b|\Psi|^4 \quad (7.19)$$

($b>0$)を書き下した。Ψは超伝導秩序パラメータと呼ばれるが、これはクーパー対の束縛状態がマクロ波動関数として凝縮したものである。

Ψの内実はBCS理論によってはじめて明らかにされた。超伝導状態では、波数k、スピン↑を持つ電子と波数$-k$、スピン↓を持つ電子が束縛状態を作り、1電子が個別に振る舞うことができなくなる。このことを第2量子化の記法で書くと

$$\Psi = \langle c_{k\uparrow} c_{-k\downarrow} \rangle \quad (7.20)$$

となる。

パラメータaは

$$a \propto \log\left(\frac{T}{T_c}\right) = \log\left(1 + \frac{T-T_c}{T_c}\right) \sim \frac{T-T_c}{T_c} \quad (7.21)$$

となる(最後の近似式は$T \sim T_c$の場合に対応する)。aは$T>T_c$で正、$T<T_c$で負となり、S_{GL}を最小にするΨは、$T>T_c$ではゼロとなる。これが常伝導状態である。一方、$T<T_c$では有限のΨがあらわれる。これが超伝導状態である。

超伝導転移温度より高温側(常伝導相)で、電子系は相互作用効果を繰り込んだ自由電子ガス(準粒子ガス)の系として記述できる。常伝導相を記述する有効理論はランダウのフェルミ液体論と呼ばれる。フェルミ液体を記述する有効理論から出発して系を眺めるエネルギースケールを低エネルギー側に移行していく(相互作用をくりこんでいく)と、有効理論はΨだけで書き切れるようになり、最後に超伝導状態への相転移が起きる。このように、くりこみの操作と有効理論の構築を通して、着目するエネルギースケールで実現する物理現象を正しく言い当てることができるようになる。

磁束量子化とトポロジー

超伝導体内で、磁場侵入長より内側（つまり $J_s = 0$[14]）にとった閉ループ C に沿って (7.7) を線積分してみよう。すると

$$0 = \hbar \oint_C \nabla\Theta \cdot dr + q \oint_C A \cdot dr = \hbar \oint_C \nabla\Theta \cdot dr + q\Phi \tag{7.22}$$

が得られる。Φ は C が囲む磁束である。また、$\oint_C \nabla\Theta \cdot dr$ は C に沿って一周した際に波動関数 (7.5) が獲得する位相差である。波動関数は一価でなくてはならないから、これは 2π の整数倍でなくてはならない。つまり

$$\Phi = 2\pi n \frac{\hbar}{q} = \frac{h}{q} n \quad (n \text{ は整数}) \tag{7.23}$$

となって、超伝導体内部の磁束が

$$\Phi_0 = \frac{h}{q} = \frac{h}{2e} = 2.06783383 \times 10^{15}\,\text{Wb} \tag{7.24}$$

の整数倍に量子化されなくてはならないことがわかる。

ここで注意が必要である。穴の開いた超伝導体を考え、図7.2 (a) のように穴を避けてループ C をとろう。C は自由に伸縮できるから、この場合これを点に潰すことができる。数学的にはこの状況を単連結であるという。こうなると C が囲む磁束はゼロである。よって、単連結ループの場合 $n = 0$ しか許されない。一方、図7.2 (b) のように穴（超伝導体

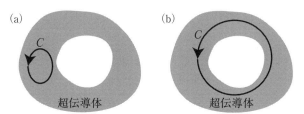

図7.2 穴の開いた超伝導体内部のループが (a) 単連結である場合と (b) 多重連結である場合。

---

14) この場合、ベクトルポテンシャルはスカラー関数である位相の勾配として $A = \frac{\hbar}{q} \nabla\Theta$ と書き切れる。これを pure gauge field と呼ぶ。

がない空間) を囲む (多重連結な) C を選ぶと有限の n が許される．ループの始点と終点が同じでも，超伝導でない空間を周回した情報が生きることになる．これはトポロジーが物性にあらわれる例である．

ゲージ不変な位相とジョセフソン効果

図7.3のように2つの一様な超伝導体1, 2を薄い常伝導金属または絶縁体膜 (障壁) を通して接合する．このとき，障壁の両側を結ぶ経路 (図7.3中の1と2を結ぶ経路) に沿ってゲージ不変な位相差を積算すると

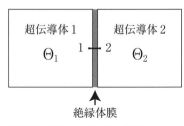

図7.3 ジョセフソン接合

$$\gamma = \int_1^2 \left(\nabla \Theta - \frac{q}{\hbar} A \right) \cdot dr = \Theta_2 - \Theta_1 - \frac{q}{\hbar} \int_1^2 A \cdot dr \quad (7.25)$$

となる．Θ_1, Θ_2 は各超伝導体のマクロな位相である．マクロな位相に勾配がついているので，自発的に j_s が生じるはずである．しかも，その j_s は γ の奇関数で，周期 2π を持つべきである．このことから，自発電流の大きさが

$$j_s(\gamma) = j_c \sin \gamma = j_c \sin \left(\Theta_2 - \Theta_1 - \frac{q}{\hbar} \int_1^2 A \cdot dr \right) \quad (7.26)$$

となるべきことがわかる．磁場がない ($A = 0$) 場合，位相差 $\Theta_2 - \Theta_1$ だけから電流が駆動される．これがDCジョセフソン効果である．

次に (7.25) の時間微分をとると

$$\frac{\partial \gamma}{\partial t} = \frac{\partial \Theta_2}{\partial t} - \frac{\partial \Theta_1}{\partial t} - \frac{q}{\hbar} \int_1^2 \frac{\partial A}{\partial t} \cdot dr \quad (7.27)$$

となる．

位相の時間微分に対して (7.9) を適用し，障壁を通して超伝導流が連続であることを考慮すると

$$\frac{\partial \gamma}{\partial t} = -\frac{q}{\hbar} \left(\phi_2 - \phi_1 + \int_1^2 \frac{\partial A}{\partial t} \cdot dr \right) \quad (7.28)$$

となる．さらに $\phi_2 - \phi_1$ を $\nabla \phi$ の線積分として書き直すと

$$\frac{\partial \gamma}{\partial t} = \frac{q}{\hbar} \int_1^2 \left(-\nabla\phi - \frac{\partial A}{\partial t} \right) \cdot dr = \frac{q}{\hbar} \int_1^2 E \cdot dr = \frac{q}{\hbar} V \tag{7.29}$$

となってクーロン電場と誘導電場を統合した電位差 V があらわれる。これより、$\gamma = \gamma_0 + \frac{q}{\hbar} V t$ つまり

$$j_s(\gamma) = j_c \sin\left(\gamma_0 + \frac{q}{\hbar} V t\right) = j_c \sin\left(\gamma_0 + \frac{2\pi}{\Phi_0} V t\right) \tag{7.30}$$

となり、電流が振動数 ω で振動することになる。ω を V で割った値は磁束量子の逆数となり

$$\omega / V = \Phi_0^{-1} = 483.5979 \, \mathrm{MHz}/\mu\mathrm{V} \tag{7.31}$$

という普遍的な値を持つ。これがジョセフソン効果である。以上の事柄は、すべて実験で実証されている。

超伝導とヒッグス機構

超伝導体と磁場からなる系のラグランジアンは、F_{eff} の内容に加えて第2章で述べた電磁場のラグランジアン密度

$$\mathcal{L}_{EM} = \frac{\epsilon_0}{2} E^2 - \frac{1}{2\mu_0} B^2 = \frac{\epsilon_0}{2} \left(\frac{\partial A}{\partial t}\right)^2 - \frac{1}{2\mu_0} (\nabla \times A)^2 \tag{7.32}$$

を加えなくてはならない。F_{eff} において A だけを含む項 $\frac{q^2}{2m}|\Psi|^2 A^2$ をこれに加えると

$$\mathcal{L}_A = \frac{\epsilon_0}{2} \left(\frac{\partial A}{\partial t}\right)^2 + \frac{q^2}{2m}|\Psi|^2 A^2 - \frac{1}{2\mu_0} (\nabla \times A)^2 \tag{7.33}$$

となる。ここで、A が平面波として伝わる場合 $A \propto e^{i(k \cdot r - \omega t)}$ を仮定してこの形を代入すると

$$\mathcal{L}_A \to -\frac{\epsilon_0}{2}\left[\omega^2 - \left(\frac{1}{\epsilon_0 \mu_0} k^2 + \frac{q^2}{m\epsilon_0}|\Psi|^2\right)\right] A^2 \tag{7.34}$$

が得られる。この形は、電磁場の分散が

$$\omega = \sqrt{\frac{1}{\epsilon_0 \mu_0} k^2 + \frac{q^2}{m\epsilon_0}|\Psi|^2} = \sqrt{c^2 k^2 + M^2} \tag{7.35}$$

となり、ギンツブルグ・ランダウ場 Ψ による質量

$$M = \sqrt{\frac{q^2}{m\epsilon_0}|\Psi|^2} = \sqrt{\frac{q^2}{m\epsilon_0}\rho} \tag{7.36}$$

を獲得することを意味している［(7.35) からわかるように、ここでの質量は振動数の次元を持つ。振動数のギャップと呼んでもよい］。これがヒグス機構である。重大なことは、磁場の侵入長 (7.8) と M が

$$\frac{1}{\lambda^2} = \frac{\mu_0 \rho q^2}{m} = \epsilon_0 \mu_0 M^2 \Rightarrow \lambda = \frac{c}{M} \tag{7.37}$$

という美しい関係で結ばれることである。巨視的スケールで凝縮したクーパー対がヒグス場となってフォトンが質量を獲得する[15]ことがマイスナー効果の本質だったのだ。

超伝導の普遍性と多様性

　上述のように、超伝導は現代物理学のパラダイムを具現する現象である。その意味で極めて普遍的な現象であり、現代物理学のテキストと呼んでよい。一方、具体的な超伝導体は多様性に満ちている。単純金属だけでなく、分子性結晶やセラミックス、鉄系化合物、ホウ化物など化学的にも多様性に満ちている。BCS理論に基づくと、超伝導転移温度の上限は40 K程度となる。この上限（BCSの壁）をいかに超えるか、という問題は物質科学の最重要課題のひとつとして活発な研究が進められている。

参考文献

[1] アンダーソン著、松原武生訳『凝縮系物理学の基本概念』（吉岡書店、1985）。本書は非常に高い視点から凝縮系物理学を見渡したものであり、30年以上前の出版ながら現在も色褪せない深みと広がりを持つ。

[2] ファインマン著、砂川重信訳『ファインマン物理学〈5〉量子力学』（岩波書店、1986）。有名な『ファインマン物理学』の中の1冊である。特に超伝導についての記述はオリジナリティと明瞭さにおいて極めて優れている。

---

15) マクロ波動関数の位相のゆらぎに対応する南部-ゴールドストーンモードをフォトンが"平らげる"ことで質量を獲得する、という。

8 核物理学の展開

松井哲男

原子核はすべての原子の中心に存在し、そのほとんどの質量と原子のサイズの1万分の1程度の大きさを持つ、陽子と中性子の強く結合した量子多体系である。通常、原子核の中の陽子の持つ正電荷は、その外に存在する電子の負電荷によって打ち消されている。α線の散乱実験の結果から原子核の存在にラザフォードが気が付くのは1911年になってからであるが、中性子が1932年に見つかるまではその構造は謎に満ちていた。この章では、原子核研究の黎明期から、中性子発見後の原子核の構造・反応の研究の発展を解説し、その素粒子物理学、宇宙物理学、宇宙論へのインパクトを概観する。

8.1 黎明期の核物理

原子核の関係した現象の研究は19世期末の放射能の発見に始まる。1896年にベクレルによって偶然発見されたウラン線は、キュリー夫妻によるラジウム、ポロニウムの発見（1898）によりそれまでに知られていた現象と質的に異なる現象であることが明らかになり、放射能（radioactivity）と呼ばれるようになった。さらに、ラザフォードやソディーによる放射能に伴う元素変換とその確率的崩壊則の発見があり、これは後に年代測定にも利用されるようになる画期的な発見であった。放射能はウランのような非常に重い原子核から3種類の放射線、α線（正の電荷を帯びた粒子線）、β線（負の電荷を帯びた粒子線）、γ線（X線と似た中性の放射線）が放出される現象で、今日では、それぞれの成分は、ヘリウム原子核、高エネルギーの電子、高エネルギーの光子であることがわかっているが、当時はまだ原子核の存在も知られておらず、全く謎の現象であった。

原子核の存在が解明されるのは1911年で、放射能に含まれるα線を金箔に照射したところ、反対方向に跳ね返ってくるものが異常にあったことを説明するために、ラザフォードによって原子の中心にそのほとんどの質量を持ち正の電荷を帯びた非常に小さい原子核が存在し、ヘリウム原子核であるα粒子が金の原子核との強いクーロン力によって散乱されたとした。ラザフォードはα粒子の古典軌道を計算して有名な彼の散乱断面積を導いたが、散乱断面積は今日でも散乱実験の結果を定量的に分析するのに使われている。ラザフォードの提案した原子描像は、古典物理学では電子軌道の安定性を説明できなかったが、この困難の解決策としてボーアの原子模型が生まれ、それが水素原子のスペクトルの規則性（バルマー列）を定量的に説明できたことから、後の量子力学の発見へとつながった。しかし、原子核の内部を記述することは量子力学をもってしてもできないという「原子核聖域論」が、長い間、支配的であった。この困難は、原子核が陽子と電子から成るという描像に起因していたが、1932年のチャドウィックによる中性子の発見によりその壁は取り除かれ、ここで原子核を陽子と中性子の結合した量子多体系として位置づける今日の原子核の描像が確立する。

8.2 原子核の構成要素と核内相互作用

8.2.1 核子と核内相互作用

　原子核の構成要素を陽子と中性子とする見方は、最初、2つの大きな問題があった。ラザフォードは中性子を陽子と電子の結合した状態であると考えていたようだが、これでは中性子はボース粒子となり原子核の統計は量子力学の原理と矛盾していた。また、陽子の間に働く強いクーロン斥力に抗して陽子と中性子を結合させる力（核力）が必要となったが、その正体についてはまだ何もわかっていなかった。

　ハイゼンベルクやイワネンコは、中性子が陽子と同じフェルミ粒子であると仮定すると、原子核の統計性の問題は解決することに気が付いた（1932）。また、それらを結合させる核力の問題に対し、ハイゼンベルクは核力が交換力となっているという仮説を出し、陽子と中性子をひっく

るめて核子（nucleon）の異なる2つの状態とし、この2つの状態変化の過程として交換力の記述を行った。その際、今日アイソスピン（isospin）と呼ばれる核子の内部自由度をパウリのスピン演算子σを真似て導入し、陽子状態$|p\rangle$と中性子状態$|n\rangle$は、τ_zの固有値±1に対応したアイソスピン固有状態として記述した。ハイゼンベルクは電子の交換による力が原子の間の凝集力を記述できることの類推を考えたようであるが、何が交換されるかという詳細には立ち入らず、現象論的に原子核の飽和性（核子当たりの核子密度と結合エネルギーが一定値に近いこと）を根拠とした。この見通しが正しかったことは、フェルミのβ崩壊の理論（1934）、湯川の核力の中間子論（1935）によって裏づけられる。

　フェルミのβ崩壊の理論は、場の量子論おける粒子生成・消滅の記述を量子電気力学（QED）以外の相互作用に拡張し、「核内電子」の問題を最終的に払拭した。β崩壊においては、放出される電子のエネルギーが連続分布するため、一見エネルギーの保存則を破っているようにみえたが、パウリは中性の粒子が同時に放出されるからであると説明した。フェルミは中性子と区別してこの中性の粒子をニュートリノと呼び、電子は中性子の陽子への変換の際にニュートリノとともに対生成されると考えれば矛盾がなくなると提案した。すなわち、

$$n \rightarrow p + e^- + \bar{\nu}_e$$

と捉えるのである。同時にその2次の過程、$n + p \rightarrow p + e^- + \bar{\nu}_e + p \rightarrow p + n$から、中性子と陽子の対に引力が働くが、この力は原子核の結合を説明するには遥かに小さいことがすぐわかった。フェルミのβ崩壊の理論では、中性子と陽子が互いに変換される過程を扱うが、これはアイソスピン演算子の昇降演算子$\tau_\pm = (\tau_1 + \tau_2)/2$を使って表される。

　湯川の中間子論ではQEDにおける場の相互作用の記述を有限到達距離を持つ核力に拡張し、2つの核子の間で交換される量子化された中間子場の量子として新粒子（中間子）の存在を仮定する。すなわち、核力の起源を、中間子の放出・吸収過程、

$$n + p \rightarrow n + n + \pi^+ \rightarrow p + n$$

または

$$n + p \to p + \pi^- + p \to p + n$$

と捉え、核力の到達距離（中間子のコンプトン波長 $\hbar/(m_M \cdot c$ 程度となる）が核内での平均核子間距離（約 2 fm）とならなければならないことから、新しい電荷を持った粒子 $\pi^\pm$ の質量が電子の200倍程度となることを予言した。これは、湯川理論によると中間子の交換による核力のポテンシャル、

$$V_{\text{Yukawa}}(r) \simeq -\frac{g^2}{r} e^{-r/r_M}$$

の到達距離

$$r_M = \frac{\hbar}{m_M c}$$

が電子の「コンプトン波長」

$$\frac{\hbar}{m_e c} = 0.38 \times 10^{-12} \text{m} = 3.9 \times 10^2 \text{fm}$$

の m_e/m_M 倍となるためである。湯川の予言した粒子は1947年に宇宙線の飛跡の中に発見される。今日、パイ中間子、あるいはパイオンと呼ばれる粒子である。

はじめ湯川の中間子論には荷電中間子（$\pi^\pm$）しか考えられていなかったが、後に核力の荷電独立性の発見により、核力にアイソスピン対称性（アイソスピン空間での回転対称性）があることがわかり、中性のパイ中間子 π^0 も加えられ、3つのパイ中間子はアイソスピンの3重項（triplet）を構成している。また、その後の加速器実験によって、パイ中間子は擬スカラー粒子でその交換によって働く力には中心力以外に強いテンソル力成分があることがわかる。さらに、核子間相互作用は近距離ではより複雑で、中間領域の引力のほかに至近距離での斥力の存在が明らかとなり、より重い中間子（ρ 中間子や ω 中間子）が導入される。

8.2.2 素粒子論の発展と核子の現代的描像

フェルミの β 崩壊の理論と湯川の核力の中間子論は、場の量子論の考え方の成功例としてQEDとともにその後の素粒子論の相互作用の記述のお手本となった。核子や中間子などの強い相互作用をする粒子はハド

ロンと呼ばれるが、その後の加速器実験による新粒子の発見とその崩壊則や分類の研究から、ハドロンはすべてクォーク内部構造を持った複合粒子であることがわかった。今日の素粒子の標準模型では、3世代のクォークとレプトンが基本的なフェルミ粒子であり、その間の相互作用はQEDを拡張した非可換ゲージ理論で記述されている。その詳細は次章で説明される。

現代的視点では、核力は量子色力学（QCD）によって記述されるクォークの強い相互作用の複合粒子（核子）に対する有効相互作用とみることができるが、原子核の構造や低エネルギーの原子核反応を扱う上では、原子核は内部状態が凍結した核子の結合した集団として核力の現象論的ポテンシャルを使って非相対論的な量子多体系として扱うことができる。また、β崩壊の相互作用もクォークとレプトンに働く弱い相互作用のクォーク内部構造を持った核子の有効相互作用と見なされ、核力のアイソスピン対称性の起源はクォーク・レプトンレベルでの相互作用の対称性と、核子を構成するアップ・クォーク、ダウン・クォークの質量の近似的な縮退に起因していると考えられている。

8.3　原子核構造と核多体問題

原子核は核子（陽子と中性子）が核力で陽子間のクーロン反発力に抗して強く束縛した系である。そのおおまかな性質は、液滴描像でよく再現できる。原子核の密度と結合エネルギーの飽和性（saturation properties）という基本的性質を持っているからである。これは原子核が強く相関した核子集団であることを示している。しかし、その低励起スペクトルは、平均場（nuclear mean field）の中を運動する核子の個別励起（individual excitations）と、平均場の変形を伴う集団励起（collective excitations）、またその結合によって理解できる。重い原子核では、平均場に取り残された2核子間の残留相互作用が基底状態に強い2粒子相関を生み、原子核の超流動状態を作ることが知られている。原子核の低励起スペクトルは対称性を使ってうまく分類することができる。

8.3.1 原子核の飽和性と液滴模型

原子核の最も基本的な性質は飽和性と呼ばれ、内部の電荷密度と核子密度がほぼ一定値をとることである。また、核子1個当たりの結合エネルギーも重い核でほぼ一定値となる。これは、われわれのまわりにある原子の集合体としての物質の性質によく似ている。液体描像で原子核の質量公式が導かれ、低エネルギーの中性子を使った核反応の記述が行われた。特に後者では、いくつかの狭いピークを持った共鳴反応がみられるが、ボーアはそれを強く相関した核子集団の特徴として、複合核反応理論（compound nuclear reaction theory）によって説明した。またウランのように非常に重い原子核では、中性子の吸収によって核分裂が起こるが、この現象も液滴模型によって記述された。ただ、液滴模型では核分裂が非対称に起こることは説明できない。

8.3.2 核子の平均場とその中の独立粒子運動

原子核は、そのまわりの電子群の場合と違って、強い外場の源は存在しないが、核子の集団が作る平均場の中を個々の核子が独立粒子運動をするという描像がよい近似で成り立つ。その際、強いスピン軌道力ポテンシャル

$$U_{ls}(r) = (\mathbf{s}\cdot\mathbf{l})\,V_{ls}(r)$$

の存在が特徴的で、核子の占有する量子軌道は核子スピンsとその軌道角運動量l、そして核子の全角運動量jによって指定され、同じlで違うjの軌道は、

$$(\mathbf{s}\cdot\mathbf{l}) = [j(j+1) - s(s+1) - l(l+1)]/2$$

によって縮退が解け[1]、そのエネルギー差はlの値が大きいほど$2l+1$に比例して大きくなっている。強いスピン軌道力を持つ原子核の1体ポテンシャル模型はマイヤー・イェンセンの殻模型（nuclear shell model）と呼ばれている。

軽い核の基底状態は、殻模型の一粒子状態の占有の仕方によって表される。例えば、^{16}Oの基底状態は、陽子と中性子がどちらも、$(1s_{1/2})^2$

---

[1] ここで角運動量は$\hbar = h/(2\pi)$を基本単位としている。

$(1p_{3/2})^4(1p_{1/2})^2$ となり3つの一粒子状態を全部占有した閉殻（closed shell）を作る。部分的に占有された不完全殻（open shell）がある場合には、それを占有する核子の間の残留相互作用（residual interaction）が必要で、その中で特にスピン0を組む対相互作用（pairing interaction）が重要であることが知られている。また、4重極相互作用（quadrupole interaction）は原子核の変形を引き起こす。奇数個の核子からなる原子核では、残留相互作用による配位混合によって、核子の磁気モーメントの単純な殻模型の値からのズレが起こる。

強い2体の核力からどのようにしてスムーズな平均場が形成されるかは、フェルミ縮退した量子多体系においてパウリの排他律で2体散乱の終状態が規制されることで説明できる。確かに近距離では相対波動関数は歪（ひず）むが、長距離では多粒子によって占有された状態を避けるためそれが次第に癒される。これが、独立自由運動の描像が成立する理由であると考えられる。そのような独立粒子描像は、核内にいる核子だけでなく、中性子散乱においても有効で、吸収の効果を現象論的に複素ポテンシャルで表した光学ポテンシャル模型でうまく記述できる。

8.3.3 原子核の変形と集団運動、分子的励起状態

通常の殻模型では球対称な平均場を考えるが、閉殻から外れた重い原子核ではその4重極モーメントが殻模型の予言から大きくずれる。これは、原子核が集団的に4重極変形することの表れと考えられている。最近では、非常に大きく変形した原子核がガンマ線スペクトル解析によって見つかっている。原子核が歪むことによって核子の平均場が歪み、それが1粒子励起スペクトルの変形をもたらす。また、変形を動力学的な自由度ととると、振動や回転の集団運動励起スペクトルがあらわれる。

軽い核では、2個の陽子と2個の中性子からできたα粒子が飽和性を有するユニットとして、整数個のα粒子からできたα共役核が、分子的な励起構造を持つことが知られている。例えば、ベリリウム核^{8}Beは0^+基底状態でもα粒子2個への崩壊に対して不安定であるが、その（不安定な）励起状態にはダンベル型の変形核の回転スペクトルがあらわれる。炭素核^{12}Cは3つのα粒子にかい離した共鳴状態を持つが、星の進

化の過程でα粒子から炭素核を作るときに重要な橋渡しをすることが知られている。

8.3.4 核構造と対称性

対称性は原子核や素粒子の研究で重要な役割を果たした。アイソスピンは核力の交換力としての特徴を記述するためにハイゼンベルクによって導入されたが、核力の荷電独立性の発見によりアイソスピン内部空間の対称性が重要な役割を果たすことが認識され、軽い核の内部状態をアイソスピンとスピンの多重項を使って分類するウィグナーのSU(4)理論が出る。アイソスピン多重項は、クーロン力によってアイソスピン対称性が大きく敗れた重い核でも、アイソバリック・アナログ共鳴状態（IAR）として発現することが知られている。アイソスピン対称性は素粒子（ハドロン）の励起状態の分類にも使われ、アイソスピン対称性をストレンジネスを含む形で拡張したSU(3)対称性によるハドロンの分類の研究から、クォーク模型が生まれている。

また原子核の低エネルギー励起スペクトルは特徴的な相互作用の対称性によってうまく分類できる。調和振動子の対称性を使ったエリオットのSU(3)模型、対相互作用を対角化する強結合理論に対応する準スピン形式、対相互作用と4重極相互作用による2粒子相関を現象論的に2つのボソンで記述した有馬-ヤケロの相互作用するボソン模型（IBM）がよく知られている。これらは相互作用の対称性に起因した動力学的な対称性と呼ばれる。

8.3.5 対相関と核子の超流動状態

対相互作用は部分的に占有された非閉殻で重要な働きをする平均場から取り残された残留相互作用（residual interaction）であるが、重い核では1粒子状態の数が増大し、固体中の電子と同じような統計的な扱いが可能になる。電子系ではフェルミ面近傍の状態を使ってクーパー対ができ、それがフェルミ縮退した電子分布の変形をもたらす。この効果は超伝導のBCS理論では、変分波動関数を使って取り入れられているが、見方を変えると平均場に粒子と空孔を混合するような成分があらわれ、それを自己無撞着に決める条件が、BCS変分波動関数の停留値条件を

置くことと一致する。新しい1粒子のハミルトニアンを対角化すると、粒子の生成演算子とその消滅演算子（空孔の生成演算子）が混合した準粒子の生成演算子が得られる。それを使って書かれた基底状態がBCSの変分波動関数に一致する。

核子超流動は中性子星物質でも発現すると考えられている。その際、低密度では通常のS波のペアリングができるが、核子密度が上がると核力の状態依存性を反映してP波のペアリングができることが玉垣と高塚により指摘されている。

対相互作用が強いとき、それをまず対角化する代数的方法は準スピン形式と呼ばれる。この方法は場の量子論では一般に強結合理論と呼ばれる。これに対しBCS理論は運動エネルギー項と相互作用項を平均場近似で近似的に対角化することに対応し、それは一般に中間結合理論と呼ばれる。弱結合理論は運動エネルギーの対角化表現を使って相互作用の効果を摂動として評価する方法を指す。

8.4 核反応と天体核現象

原子核の研究を大別すると、その構造に関する研究と、反応に関する研究に分類できる。核反応は、放射能の初期の研究のように、原子核そのものが違うものに変換される過程の研究で、加速器を用いて原子核を加速して他の原子核に衝突させる実験は、すべてこの範ちゅうに属する。原子核実験に用いられるサイクロトロン加速器は1931年にローレンス（E. Lawrence）によって作られたが、バン・デ・グラフ（Van de Graff）などの線形加速器も用いられた。核反応の研究は、恒星のエネルギー源の説明から元素の起源、核分裂の連鎖反応による核エネルギーの解放などの研究にもつながり、他分野の発展や、新分野の形成にも大きな影響を与えた。

8.4.1 原子核の結合エネルギー

原子核の結合エネルギーは飽和性を示し、1核子当たりの結合エネルギーが重い核でほぼ一定値（約8 MeV）となる。軽い核では結合エネルギーは核子の増加とともに増加し、鉄の原子核^{56}Feで最大値を示す。

さらに核子数が増加すると、陽子間のクーロン斥力の効き方が単調増加するため中性子数が相対的に増える。自然に存在する原子核としては、ウラン核が最も陽子数が多い原子核で、陽子数がさらに増えると中性子を加えても短寿命となる。

8.4.2 星のエネルギー源

鉄より軽い原子核は融合することによって結合エネルギーが増加し、その分のエネルギーが原子核の運動エネルギーや放射線のエネルギーとして放出される。星のエネルギー源は軽い原子核の核融合反応によっている。例えば、太陽の場合、その中心付近の温度は約1千万度という高温で、主に陽子や電子から成るプラズマ状態になっていると考えられている。この極限状態の環境で陽子の弱い相互作用による融合反応（例えば、$p+p+e^-\rightarrow d+\nu$）がゆっくりと進行し、太陽表面から放出される光や陽子や電子のプラズマ流のエネルギー源となっていると考えられている。このとき放出されるニュートリノはこの核反応過程が実際に起きていることの検証となるが、実際に検出されたニュートリノの量は標準的な理論計算の予測値の1/3しかなく、太陽ニュートリノパズルと呼ばれて長い間謎であった。現在では、素粒子の標準模型の枠内で予想される物質中でのニュートリノ振動による効果（MSW効果）によって説明されている。

8.4.3 核分裂と核エネルギーの解放

ウラン核のような重い原子核では陽子数が非常に大きくなっており、^{235}Uに中性子が吸収されると、対エネルギーの放出によって励起した^{236}U原子核が2つの原子核に分裂する。これは核分裂（nuclear fission）と呼ばれる。核分裂によってできる2つの原子核は自然に存在する安定な原子核よりも中性子数が多くなっておりβ崩壊をする放射性アイソトープとなる。核分裂によって非対称の核子数を持つ2つの原子核ができるが、それは単純な液滴描像では説明できない。原子核の殻構造の詳細の効果が影響している。ウラン核が分裂すると約200 MeVのエネルギーが放出される。この値は、原子核に蓄えられた静電エネルギーの減少の約半分で、原子核の表面エネルギーの増加によって少し放出される

エネルギーが抑えられている。また、核分裂によるエネルギーの放出は少し時間的な遅れがあり、7%は核分裂で生成される放射性物質からその崩壊によってゆっくり放出される。これは崩壊熱と呼ばれる。

　核エネルギーの地上での解放は、核分裂の連鎖反応が可能であることによっている。ウラン核^{235}Uやプルトニウム核^{239}Puが低エネルギーの中性子を吸収して核分裂をすると、エネルギーとともに2 MeV程度の余分となった中性子が放出される。この中性子をほかの^{235}Uや^{239}Puが吸収するとまた核分裂を起こす。1回の核分裂で放出される中性子の数が2個以上であれば、原理的にはネズミ算式に核分裂を起こすウラン核が増え、放出されるエネルギーもマクロスケールとなる。それを利用したものが、「原子力」や「原子爆弾」である。連鎖反応を暴走させる原子爆弾は第2次世界大戦中に米国で開発され、広島・長崎の大きな悲劇を生んだ。戦後には冷戦を通して核保有国が増え、核戦争は全人類共通の大きな脅威となっている。原子力は制御された核分裂の連鎖反応を使ったものであるが、これまでに起こった事故の経験から、その安全性には慎重な対応が求められている。また核分裂によって大量にできる放射性物質は、短寿命のものは医療にも使われているが、長寿命の放射性物質の管理と処理の問題は深刻な社会問題となっている。

8.4.4　元素の起源

　現在、膨張宇宙（ハッブルの法則）は観測結果からかなり詳細にわかってきている。初期の高温の膨張宇宙において原始物質から現在のわれわれのまわりに存在する物質が生成されたという「ビッグ・バン理論」もすでに広く受け入れられている。特に、現存するヘリウム原子核と陽子（水素原子核）の比は、宇宙背景輻射の存在とともに、初期宇宙の残存物としてビッグ・バン理論を強くサポートしている。ヘリウム核より重い鉄までの原子核については、星の進化の中で生成されたと考えられているが、それ以上の重い核については、超新星爆発のような大量の中性子が存在する環境が必要である。最近、重力波により観測された中性子星の合体現象は、重い原子核の起源について新しい可能性を示唆している。これからの研究の成果に期待したい。

8.5 極限状態の核物理

　加速器を用いた原子核の実験的研究は、原子核の内部構造の理解にも役立ってきたが、最近の加速器を使った研究の動向は、自然に存在しない非常に高励起の原子核や特異な原子核の生成と、宇宙初期や高密度星のような極限状態を実現することに新しいねらいがある。ここでは最近の2つの話題を取り上げる。

8.5.1 不安定核、超重元素

　原子核は陽子数Zと中性子数Nの組み合わせで、7000種類以上の原子核が存在するといわれている。そのうち、安定な原子核はβ安定線周辺の約300種類しかなく、ほかはβ安定線から離れた不安定なアイソトープ核となる。最近の重イオン加速器を用いた核反応によって、たくさんの不安定核を作ることができるようになり、これまでの安定な原子核では知られていなかった新しい現象がいくつか見つかっている。特に中性子過剰核では、通常の原子核のコアに中性子の広がった雲がまとわりついたハロー核というものが見つかっている。中性子過剰核は強い相互作用で緩く結合した量子多体系という新しいユニークな量子系の例となっており、通常の殻構造のスキームが成り立っていないこともわかっている。中性子星の表面近くの原子核はこのような中性子過剰核の結晶

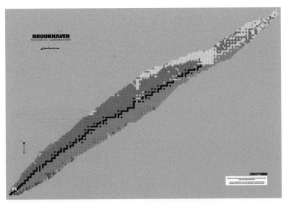

図8.1　**原子核チャート**　縦軸は陽子数、横軸は中性子数（米国ブルックヘブン国立研究所）。

からできていると考えられており、内部にいくに従って中性子数が増え、中性子のこぼれ落ちに対して不安定となり、やがて一様な自由中性子からできた中性子星物質に変わると考えられる。不安定核の研究は、そのような極限状態における原子核の振る舞いを明らかにする。

一方、陽子数の非常に大きい原子核、すなわち原子番号の大きい新しい超重元素の生成の研究も重イオン反応を用いて行われている。超重元素は一般にα粒子の放出に対して不安定となり、寿命は非常に短い。例えば、最近、理科学研究所の重イオン・サイクロトロンを用いて造られた原子番号113のニホニウム元素は、344マイクロ秒でα崩壊し、陽子数が2つ減ったレントゲニウムとなることが観測されている。現在、原子番号118の元素（オガネソン）まで生成されているが、殻模型の規則性より大きな陽子数を持った超重核の島があるのではないかと予想されており、その発見が期待されている。

8.5.2 ハドロン相からクォーク相への転移

原子核を構成する陽子や中性子や、湯川のπ中間子などの強い相互作用をする粒子はハドロンと呼ばれ、さらにクォークやその反粒子からできた複合粒子と考えられている。素粒子の標準模型では、クォークはバ

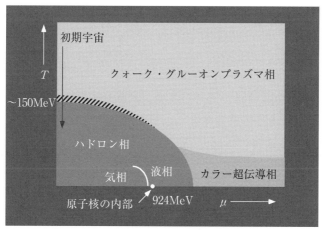

図8.2　極限状態の物質相　縦軸は温度、横軸はバリオン化学ポテンシャル［参考文献 [1]］。

リオン数1/3と陽子の2/3（uクォーク）または-1/3（dクォーク）という電荷を持ち、その組み合わせでハドロンができていると考えられるが、クォークは陽子や電子のように単体では観測されない。それはクォーク間の強い相互作用の基本的な性質であると考えられ、クォークの「閉じ込め」と呼ばれている。一方、高エネルギーの電子散乱の実験からクォーク間の相互作用は近距離では弱くなることがわかったが、量子電気力学（QED）を拡張した非可換ゲージ理論である量子色力学（QCD）がそのような「漸近的自由」の性質を持つことがわかり、電子散乱の振る舞いを定量的に説明できることがわかった。逆にクォーク間の距離が大きくなると、本質的に強結合の理論となりクォークの「閉じ込め」が説明できるのではないかと考えられている。まだその厳密な証明はないが、強結合領域のQCDの振る舞いは、格子ゲージ理論によって計算機シミュレーションで調べられ、ハドロンのスペクトルもかなり現実的に再現できるようになってきた。物質の温度や圧力が大きくなると、このクォーク内部構造が顕在化し、ハドロン相からクォーク相への転移が起こることが予想される。

　クォーク相は、中性子星の中心部のようなバリオン密度の非常に大きい状況や、初期宇宙のように温度が高い極限状態[2]での物質相として想定されており、それがどのような物理量を見ることによってわかるか、関心が持たれてきた。米国のブルックヘブン研究所では高エネルギーのRHIC（相対論的重イオン・コライダー）[3]を使って、またスイスのジュネーブ近郊にある欧州原子核研究機構（CERN）では現在最高エネルギーのLHC（大型ハドロン・コライダー）を使って重い原子核の正面衝突でそのような超高温の物質を作り、宇宙初期のクォーク相を再現し、その性質を調べる実験が行われている。これまでの実験結果には、衝突の初期にクォーク相が実現したことを示す特徴がいくつかあらわれている。中性子星の内部のような高バリオン密度の状態を実験室で作るのは難し

---

[2]　高温では、グルーオンも熱励起され、「クォーク・グルーオンプラズマ」と呼ばれている。
[3]　衝突型のシンクロトロン。

いが、エネルギーを少し下げることによって、原子核衝突で高バリオン密度の物質を作る計画も進められており、今後のプログラムの展開が期待される。

参考文献

この章の記述は、著者が以前に書いた以下の総合解説を一部参考にした。
[1] 松井哲男著（分担執筆）『物理学大事典』第9章「原子核」（朝倉書店、2005）
原子核について日本語で書かれた良書は多いが、実験家と理論家の共同作業で書かれたものを1冊だけあげると、
[2] 杉本健三、村岡光男共著『原子核物理学』（共立出版、1988）

9 素粒子の標準模型

川合 光

　自然界の4つの力のうち、重力以外の3つはゲージ理論でうまく表すことができる。実際、クォーク・レプトンを表すワイル場、3つの力に対応するゲージ場、対称性を破る役割を持つスカラー場（ヒグス場）がお互いに相互作用している系を考えると、ゲージ不変性、ローレンツ不変性、くりこみ可能性の要請から作用の形はいくつかの結合定数の不定性を除いて一意的に決まる。それが標準模型と呼ばれているものであるが、現在までのところ、標準模型の理論的計算の結果は、ほとんどすべての実験事実と一致している。しかしながら、標準模型は重力の量子論は含んでいない。重力は本質的にくりこみ可能でないため、標準模型のような場の理論の枠内で量子論を構成するのは不可能だからである。一方、弦理論を考えると、ゲージ場、ワイル場、スカラー場に加えて重力場も自然な形で入ってくる。その意味で、弦理論は真の統一理論にふさわしいものであるが、まだ完成にはいたっていない。本章では、はじめに、ゲージ理論についての理論的な準備をし、その後、それぞれの力の性質について述べ、最後にそれらを統合するものとして標準模型の作用を導入する。

9.1　4つの力

　自然界には、重力、電磁力、強い力、弱い力という、4つの基本的力があることが知られている。ここで基本的といっているのは、より微視的なものの複合的な効果に還元できないという意味である。例えば、原子や分子の間に働くファンデルワールス力は、クーロン力によって結びついた荷電粒子系の間に働く複合的な力であり、いわばクーロン力と量子力学的なパウリの排他原理の結果生じる2次的な力である。また、核子間の力である核力は、核子の間で中間子を交換することによって働く力であるが、核子も中間子もクォークや反クォークが強い力で結びつい

たものだから、その意味で核力も基本的な力ではない。

このように、さまざまな現象をより基本的なものに還元していったとき、最後に残る基本的な力が上記の4つというわけである。逆に言うと、4つの力もより基本的なものに還元されるかもしれない。しかしながら、最近の加速器実験の結果に基づいた理論解析によると、これ以上還元されない可能性が高い。実際、現在の加速器により、陽子の半径の数千分の1の解像度で素粒子を調べることができるが、少なくともその範囲では、クォーク、レプトン、ヒッグス粒子、ゲージ粒子はすべて広がりを持たない点にみえる。また、それらを記述している標準模型を理論的に解析してみると、それらが点であるという仮定が、プランク長さと呼ばれる短い距離まで矛盾なく成り立っていることがわかる。ここで、プランク長さとは、それより短距離になると重力の量子効果が重要になってくるという限界の長さであり、およそ10^{-33}メートルである。

以下でみるように、重力以外の3つの力はよく似たものであり、どれもゲージ理論でうまく表すことができる。これらの力は、電磁気が荷電粒子の間を電磁場が仲介することによって生じた力であることの拡張になっており、実際、短距離ではどの力もクーロンの法則と似た振る舞いをする。しかしながら、長距離における振る舞いは3つの力それぞれで全く違っている。電磁力が長距離でクーロンの法則、すなわち距離の逆2乗則に従うのに対し、弱い力は長距離で指数関数的に小さくなるが、強い力は距離に依存しない一定の大きさをを保つ。特に、強い力は遠方でも小さくならないため、クォークは単独で出てくることができない。この事情をクォークの閉じ込めと呼んでいる。

この3つの異なる振る舞いは、ゲージ場の量子論が示す普遍的な構造に対応している。普通の物質が、気相、液相、固相という3つの相をとり得るのと同様に、ゲージ理論の真空も、群の構造や結合する物質場によって3つの相をとり得るのである。この対応は、単なる比喩ではなく、場の量子論における経路積分が、統計力学における状態和と数学的に同じ構造であることに注目すると、かなり普遍的な類似であることがわかる。このような類似を意識して、ゲージ場の3つの振る舞いを、ゲージ

場の相という。すなわち、真空において電磁場はクーロン相に、強い力のゲージ場は閉じ込め相に、弱い力のゲージ場はヒグス相にあるというのである。具体的に、オーダーパラメータの振る舞いを比べると、物質の気相、液相、固相に、ゲージ場の閉じ込め相、ヒグス相、クーロン相がそれぞれ対応していることがわかる。標準模型の3つの力はそれぞれ別の相になっている。

9.2 非可換ゲージ理論

9.2.1 電磁場のゲージ不変性

本章を通じて、簡単のため、自然単位 $\hbar=c=1$ を用いる。そうすると、6章で考えた量子電磁気学の作用は次のように書ける。

$$S = \int d^4 x \mathscr{L}$$
$$\mathscr{L} = -\frac{1}{4} F^{\mu\nu} F_{\mu\nu} + \bar{\psi}(i\gamma^\mu \partial_\mu - m)\psi - eA_\mu \bar{\psi}\gamma^\mu \psi \tag{9.1}$$

ここで、e, m は電子の電荷、質量であり、

$$F_{\mu\nu} = \partial_\mu A_\nu - \partial_\nu A_\mu \tag{9.2}$$

は電磁場の強さである。これを次のように書くと、ゲージ不変性が見やすくなる。

$$\mathscr{L} = \mathscr{L}_{電磁場} + \mathscr{L}_{電子}$$
$$\mathscr{L}_{電磁場} = -\frac{1}{4} F^{\mu\nu} F_{\mu\nu} \tag{9.3}$$

$$\mathscr{L}_{電子} = \bar{\psi}(i\gamma^\mu D_\mu - m)\psi \tag{9.4}$$

ここで、D_μ は

$$D_\mu = \partial_\mu + ieA_\mu \tag{9.5}$$

で定義され、共変微分と呼ばれている。共変微分の特徴は以下の性質を持つことである。いま、電子の場が時空座標に依存する位相変換

$$\psi(x) \to g(x)\psi(x)$$
$$g(x) = \exp(ie\chi(x)) \tag{9.6}$$

を受けたとする。このとき、A_μ も同時にうまく変換させて、

$$D_\mu \to g(x) D_\mu g(x)^{-1} \tag{9.7}$$

が微分作用素の等式として成り立つとすると、以下の等式から明らかなように、$D_\mu \psi$ は ψ と同じように変換する。

$$D_\mu \psi(x) \to g(x) D_\mu g(x)^{-1} g(x)\psi(x) = g(x) D_\mu \psi(x) \tag{9.8}$$

これが共変微分の名前の由来である。そうすると、電子の場のラグランジアン密度 (9.4) は変換に対して不変である。

(9.7) の右辺は $\partial_\mu + ieA_\mu - ie\partial_\mu \chi$ であるから、(9.7) が満たされるためには、A_μ が次のように変換すればよいことがわかる。

$$A_\mu \to A_\mu - \partial_\mu \chi \tag{9.9}$$

これは、まさに古典電磁気学におけるゲージ変換であり、場の強さ (9.2) および電磁場のラグランジアン密度 (9.3) は変換に対して不変である。古典力学では、ゲージ変換は単に、場の強さをポテンシャルで表わすときの不定性にすぎず、重要なものではなかった。しかしこれまでにみたように、量子力学では、ゲージ変換は時空の各点ごとに異なる位相変換という積極的な意味を持っている。実際、このような大きな対称性は、場の量子論では大きな意味を持ち、場の作用の形を定めるのに役立つのみならず、ローレンツ不変性と状態空間の正定値性が両立するためには、必要不可欠なものであることがわかっている。

9.2.2 ゲージ不変性の非可換群への拡張

いままでみたように、電磁場のゲージ変換は、荷電粒子の場 $\phi(x)$ に対する局所的な位相変換

$$\phi(x) \to \exp(ie\chi(x))\phi(x) \tag{9.10}$$

であり、電磁場は共変微分を構成するために導入されたものとみることができる。位相変換は、絶対値1の複素数をかけることであり、$U(1)$ 群の作用にほかならない。その意味で、電磁場は $U(1)$ ゲージ場と呼ばれる。これを一般の群に拡張したものが非可換ゲージ理論である。これは、形式的には、任意のリー群に対して考えることができるが、量子化された場の状態空間が正定値であるためには、群がコンパクトである必要がある。

ここでは、$SU(3)$ を例にとって具体的に議論する。物理的には強い相互作用が $SU(3)$ ゲージ理論である。簡単のため1種類のクォークの場 $q(x)$ を考える。$q(x)$ は $SU(3)$ の3次元表現であるとする。すなわち、$q(x)$ は3成分の縦ベクトルとして書け、それぞれの成分はディラックスピノルである。そうすると、クォークの場に対する局所的な $SU(3)$ 変換

$$q(x) \to g(x) q(x) \tag{9.11}$$

を考えることができる。ここで、$g(x)$ は時空の各点 x で $SU(3)$ の元、すなわち、3行3列で行列式が1のユニタリ行列である。電磁場のときと同様に、共変微分

$$D_\mu = \partial_\mu + i A_\mu \tag{9.12}$$

を定義し、A_μ をうまく変換させたときに D_μ が微分作用素として

$$D_\mu \to g(x) D_\mu g(x)^{-1} \tag{9.13}$$

と変換するようにできれば、$D_\mu q$ は q と同じように変換することになる。(9.13) の右辺は $\partial_\mu + i g(x) A_\mu g(x)^{-1} + g(x) \partial_\mu g(x)^{-1}$ であるから、そのためには A_μ が

$$A_\mu \to g(x) A_\mu g(x)^{-1} - i g(x) \partial_\mu g(x)^{-1} \tag{9.14}$$

のように変換すればよいことがわかる。一般に、$g(x)$ がリー群上を動くとき、$-i g(x) \partial_\mu g(x)^{-1}$ はそのリー環上を動く。よって、$A_\mu(x)$ はリー

環に値を持つとするのが自然である。実際、$A_\mu(x)$ をそのようなものとすると、変換（9.14）の後もそうなっている。よって、いまの場合は、$A_\mu(x)$ は $SU(3)$ のリー環に値を持つ、すなわち、3行3列でトレースが0のエルミート行列としておけばよい。

場の強さも、共変微分から構成することができる。共変微分は1階の微分作用素であったが、その交換子は0回の微分作用素、すなわち関数である。実際、$F_{\mu\nu}$ を

$$iF_{\mu\nu} = [D_\mu, D_\nu] \tag{9.15}$$

で定義すると、

$$F_{\mu\nu} = \partial_\mu A_\nu - \partial_\nu A_\mu + i[A_\mu, A_\nu] \tag{9.16}$$

となる。ゲージ変換に対して、共変微分が（9.13）のように変換することより、$F_{\mu\nu}$ も同様に変換することがわかる。

$$F_{\mu\nu}(x) \to g(x) F_{\mu\nu}(x) g(x)^{-1} \tag{9.17}$$

以上をまとめると、次のような量子色力学の作用が $SU(3)$ ゲージ変換に対して不変であることがわかる。

$$\begin{aligned}
S &= \int d^4 x \mathscr{L} \\
\mathscr{L} &= \mathscr{L}_{ゲージ場} + \mathscr{L}_{クォーク} \\
\mathscr{L}_{ゲージ場} &= -\frac{1}{4g^2} \mathrm{Tr}(F^{\mu\nu} F_{\mu\nu}) \\
\mathscr{L}_{クォーク} &= \sum_i \bar{q}_i (i\gamma^\mu D_\mu - m_i) q_i
\end{aligned} \tag{9.18}$$

ここで、クォークは何種類かあるとしており、q_i は i 番目の種類のクォークの場、m_i はその質量である。g はゲージ結合定数である。

9.3 グリーン関数と経路積分

はじめにも述べたとおり、自然界の現象は標準模型により、大変うまく表されている。それは、標準模型から理論的に計算・予言されるさま

ざまな物理量や現象が、実験で観測されるものと大変よく一致しているということである。そのような一致を確認しようとしたとき、まずはじめに調べるべきことは、どのような素励起（すなわち粒子）が存在するかである。次にみるべきことは、それらの質量や寿命、そして、それらがどのように相互作用するかである。例えば、2つの粒子を衝突させたときに生じる、さまざまな終状態の発現確率や、粒子がどのように他の粒子に転化したり、崩壊していくかといった問題である。

これらの問題に答えるためには、次のように定義される、量子場のグリーン関数を考えるのが便利である。いま考えている系を記述する場を、まとめて$\phi_i(x)$と書き、それを量子化したものを$\hat{\phi}_i(x)$と書くことにする。ここではハイゼンベルク描像を使う。また、系の真空、すなわち基底状態を$|\Omega\rangle$とする。このとき、

$$G^{(n)}_{i_1\cdots i_n}(x_1,\cdots,x_n) = \langle\Omega|T(\hat{\phi}_{i_1}(x_1)\cdots\hat{\phi}_{i_n}(x_n))|\Omega\rangle \tag{9.19}$$

をn体のグリーン関数と呼ぶ。ここで、記号$T(\ )$は時間順序積であり、括弧内の場を並び替えて、時間が後のものほど前にいるようにしたものである。ただし、並び替えの際にはフェルミオンの入れ替えごとに因子(-1)を付与する。

真空に場の演算子$\hat{\phi}_i(x)$を作用させるということは、時空の点xで何か変化を与えるということであり、その結果、粒子がいくつかあるようなさまざまな状態の重ね合わせが生み出される。n体のグリーン関数は、時空のn箇所でそのような操作をしたときにあらわれる状態の中に、真空がどれくらい残っているかを表す量である。

例えば2体のグリーン関数$G^{(2)}_{ij}(x,y)$は、真空にxとyで変化を与えたときに真空に戻る確率振幅である。それはいろいろな過程の確率振幅の重ね合わせであるが、その中には、xで粒子（素励起）を作り、それをyで消して状態を真空に戻す、すなわち、粒子がxからyまで伝播するという過程も含まれている。そのような過程は、xとyが大きく離れたところでは、グリーン関数に対する主要な寄与となる。それは、xで2個以上の粒子を作った場合、それらの粒子は散らばってゆくため、離

れた点 y で一挙に消せる確率は小さいからである。具体的には、2体のグリーン関数を座標についてフーリエ変換したときの特異性（極）が1粒子の伝播に対応している。このように、2体のグリーン関数を調べることにより、真空に場の演算子を作用させたときにあらわれる粒子の質量がわかる。同様に、3体以上のグリーン関数を調べることにより、各点で作られた粒子がどのように相互作用しているか、すなわち、多粒子状態間の遷移振幅が求められる。

グリーン関数は、経路積分により、次のような見通しのよい形で表すことができる。

$$G^{(n)}_{i_1\cdots i_n}(x_1, \ldots, x_n) = \frac{\int \mathcal{D}\phi\, \phi_{i_1}(x_1)\cdots \phi_{i_n}(x_n) e^{iS[\phi]}}{\int \mathcal{D}\phi\, e^{iS[\phi]}} \tag{9.20}$$

ここで、S は場の作用であり、経路積分 $\int \mathcal{D}\phi$ は時空全体にわたる場の配位について、すべて足し上げることを意味する。

結局、場の理論を解くという問題は、作用が与えられたときに、経路積分 (9.20) をどのように計算するかという問題に帰着される。1つの系統的な方法は摂動論であり、以下のように計算を行う。まず、作用を $S = S_\text{自由} + S_\text{相互作用}$ のように2つの部分に分解する。ここで、$S_\text{自由}$ は場について2次の部分、$S_\text{相互作用}$ は場について3次以上の部分である。その上で、(9.20) の指数関数を $S_\text{相互作用}$ についてテーラー展開する。

$$e^{iS} = \sum_{k=0}^{\infty} \frac{i^k}{k!}(S_\text{相互作用})^k e^{iS_\text{自由}} \tag{9.21}$$

そうすると、各 k については経路積分はガウス積分となり、比較的簡単に計算することができる。このように、相互作用についてべき展開することを摂動展開と呼んでいる。結合定数が小さいときは、摂動展開により、よい精度で物理量を計算することができる。その典型的な例が量子電磁気学であり、さまざまな量が摂動論で計算されており、実験と高い精度で一致している。しかしながら、摂動級数は一般に収束しておらず、漸近級数に過ぎないことがわかっている。よって、結合定数が1に比べて十分小さければ、摂動論はよい近似を与えるが、結合定数が1程度よ

り大きいと摂動論は無力である。

標準模型の3つの相互作用についてみると、電磁力と弱い相互作用に関しては、結合定数は小さく、摂動論により、よい精度で物理量が求められる。しかしながら、強い力は、数GeV以下の低いエネルギーでの有効結合定数が大きいため、摂動論は使えない。そのため、粒子の質量や、低エネルギーでの散乱振幅を求めるためには、摂動論に頼らずに経路積分を計算する必要がある。その有力な方法が格子ゲージ理論であり、次節で議論する。一方で、エネルギーが数GeV以上の領域では、強い力の有効結合定数は1に比べて十分小さく、摂動論が使える。実際の現象は、クォークや反クォークが低エネルギーで束縛されてできているハドロンの間の相互作用によるものである。よって、例えば、ハドロン間の高エネルギー衝突反応を考えると、一般には、低エネルギーの現象と高エネルギーの現象が混ざっている。しかしながら、大角度散乱などの特別な状況では、低エネルギー現象と高エネルギー現象が分離でき、摂動論の計算と比較することができる。そのような状況を考察することを、摂動論的量子色力学と呼んでいる。

9.4 強い相互作用とハドロン

9.4.1 ハドロンとは

いくつかのクォークや反クォークが強い力で結びついたものをハドロンと呼んでいる。ハドロンの典型的なものは、メソン（中間子）とバリオン（重粒子）である。メソンは1つのクォークと1つの反クォークが結びついたものであり、バリオンは3つのクォークあるいは3つの反クォークが結びついたものである。クォークは全部で6種類あり、軽いものから順に、u（アップ）、d（ダウン）、s（ストレンジ）、c（チャーム）、b（ボトム）、t（トップ）と名付けられている。このうちのはじめの2つ、u-クォークとd-クォーク、以外は弱い相互作用のせいで、より軽いクォークに崩壊する。そのため、自然界に安定に存在している物質はu-クォークとd-クォークから成っている。

実際、バリオンの一種である陽子は2つのu-クォークと1つのd-クォー

クから成っており、中性子は2つのd-クォークと1つのu-クォークから成っている。陽子と中性子はまとめて核子と呼ばれる。それは、陽子と中性子が結びついたものが原子核だからである。中性子は単独では、弱い相互作用によって、陽子と電子と反ニュートリノに崩壊するため、安定ではない。しかし、いくつかの核子が原子核を構成すると、弱い相互作用による崩壊がエネルギー的に禁止され、原子核内の中性子は安定になることができる。

メソンとバリオン以外のハドロンが存在するかどうかは、現在も決着のついていない問題である。

9.4.2　カラーの自由度

核子は3つのクォークからなる状態のうちで、エネルギーが最小ものである。核子内では、3つのクォークは軌道角運動量が0の同じ軌道に入っており、3つのクォークの合成スピンは1/2である。同様に3つのクォークからなる系で、3つのクォークは軌道角運動量が0の同じ軌道に入っているが、核子と異なり、合成スピンが3/2である粒子も存在する。それらはデルタ粒子と呼ばれており、3つのu-クォークからなるΔ^{++}、2つのu-クォークと1つのd-クォークから成るΔ^{+}、1つのu-クォークと2つのd-クォークから成るΔ^{0}、3つのd-クォークから成るΔ^{-}の4種類が存在する。

核子が2種類であるのに対して、デルタが4種類あるのは、強い力が$SU(3)$ゲージ場であることの帰結である。核子の中の3つのクォークはどれも同じ軌道にいるとし、その軌道にあるu-クォークおよびd-クォークの生成演算子を$\hat{u}_\alpha^{i\dagger}$、$\hat{d}_\alpha^{i\dagger}$とする。ここで、$\alpha = \pm 1/2$はスピンの自由度を表し、$i = 1, 2, 3$は$SU(3)$の3次元表現の自由度を表す。強い相互作用の$SU(3)$ゲージ変換に対する多重項、特に、3重項の自由度のことを色の3原色になぞらえて、色の自由度、あるいは、カラーの自由度ということが多い。以下、それに従ってクォークの場の3次元表現を表すiをカラーの足と呼ぶことにする。

クォークが3つある状態は真空$|0\rangle$に、これらの演算子を3つ作用させた状態である。ここで、カラーの閉じ込め、すなわち、有限のエネル

ギーを持つ状態は $SU(3)$ で不変でなければならないことを仮定する。そのためには3つのクォークのカラーの足は完全反対称な ϵ_{ijk} と縮約されていなければならない。例えば、3つのu-クォークからなる系は

$$\sum_{ijk} \epsilon_{ijk} \hat{u}_\alpha^{i\dagger} \hat{u}_\beta^{j\dagger} \hat{u}_\gamma^{k\dagger} |0\rangle \tag{9.22}$$

の形をしていなければならない。クォークはフェルミオンだから、生成演算子はお互いに反可換であり、結局、(9.22) は α, β, γ の入れ替えに対して完全対称である。3つのスピン1/2を完全対称に組み合わせたものは合成スピン3/2となる。このようにして、3つのu-クォーク、あるいは、3つのd-クォークからなる系は、3つのクォークが同じ軌道にあるときは、スピン3/2しかとりえないことがわかる。同様の議論を2つのu-クォークと1つのd-クォーク、あるいは1つのu-クォークと2つのd-クォークからなる系に対して行うと、今度は、全スピンは1/2と3/2の両方をとれることがわかる。

ここで、ハドロンのアイソスピンを導入しておくと便利である。これは、弱い相互作用にとって本質的な、ウィークアイソスピンと混同しない方がよい。ハドロンのアイソスピンは基本的な対称性ではなく、たまたま作用にあらわれるu-クォークとd-クォークの質量（current quark mass）が量子色力学の持つ質量スケールに比べて小さく、その結果、ハドロン内での質量（constituent quark mass）があまり違わなかったことから生じる偶然の対称性である。ハドロンのアイソスピンはu-クォークの場とd-クォークの場を $SU(2)$ 行列で混ぜる変換であり、u-クォークとd-クォークの質量および電荷の差を無視すれば、厳密な対称性となる。このような変換に対して、u-クォークとd-クォークは、通常の空間回転に対して、スピン2重項が受けるのと同様の変換を受ける。これが、アイソスピンの言葉の由来である。また、u-クォークとd-クォークの名前も、通常のスピンのアップとダウンからきている。そうすると、uかdの2つの可能性をとりうるクォークが3つあるときのアイソスピンは3つのスピン1/2の合成と同じであり、全アイソスピンは3/2か1/2であることがわかる。結局、核子のアイソスピンは1/2、デルタ粒子の

アイソスピンは3/2であることがわかる。

9.4.3 メソンの例

　軽いクォーク（u-クォークとd-クォーク）からなる中間子を考える。u-クォークとd-クォークはアイソスピン2重項であり、反u-クォークと反d-クォークもアイソスピン2重項だから、1つの軽いクォークと1つの軽い反クォークからなる系はアイソスピン3重項と1重項に分けられる。アイソスピン3重項の中間子は、u-クォークと反d-クォークからなる電荷1のもの、u-クォークと反u-クォークの状態とd-クォークと反d-クォークの状態が重ね合わさった電荷0のもの、d-クォークと反u-クォークからなる電荷−1のものの3組である。一方、アイソスピン1重項の中間子は、上とは直交する形で、u-クォークと反u-クォークの状態とd-クォークと反d-クォークの状態が重ね合わさった電荷0のものだけからなる。

　中間子はクォークや反クォークの軌道運動の仕方に応じて無数にありうるが、一番軽いものはπ（パイ）中間子と呼ばれるアイソスピン3重項である。π中間子は、ほかのハドロンに比べて異常に軽く、質量はおよそ140 MeV/c^2である。そのため、π中間子の交換により、核子間には核子の大きさに比べて比較的遠方まで働く核力が生じる。π中間子では、クォークと反クォークの軌道角運動量は0であり、スピンは反平行であり合成スピンは0である。粒子と反粒子の相対パリティが（−1）であることより、全体のパリティは負である。よって、π中間子の有効作用を書くと、場は擬スカラーである。π中間子が破格に軽いのは、実は、カイラル対称性の自発的破れに伴う南部-ゴールドストーン粒子でもあるからである。実際、アイソスピン1重項のη（イータ）中間子と呼ばれる擬スカラー中間子は、上のような解析ではπ中間子とほとんど違いがないように見えるが、π中間子よりかなり重く質量はおよそ550 MeV/c^2である。

　擬スカラー中間子と異なり、ベクトル中間子では、事情はもっと単純である。π中間子と同様にクォークと反クォークの軌道角運動量は0であるが、今度はスピンは平行であり合成スピンが1の場合を考える。こ

の場合もパリティは負なので、有効作用の場はベクトル場であり、このような中間子はベクトル中間子と呼ばれる。ベクトル中間子に対してはアイソスピンによる違いはあまりなく、アイソスピン3重項であるρ（ロー）中間子も、アイソスピン1重項であるω（オメガ）中間子も大体780 MeV/c^2という同程度の質量を持つ。しかしながら、アイソスピンの違いによって崩壊過程は全く異なるため、2つの中間子の寿命は大きく異なっている。

9.4.4 量子色力学と格子ゲージ理論

電磁力と弱い力を無視し強い力だけを考えると、ハドロンは量子色力学、すなわち、$SU(3)$ ゲージ場とクォークの場のみからなる作用（9.18）によって記述できる。

$SU(3)$ ゲージ場を量子化したときに、素励起として表れる粒子をグルーオンと呼ぶ。これは電磁場の場合の光子に対応するものであり、素朴には質量がゼロでスピンが1の粒子と思われる。しかしながら、これはあくまで摂動論的な直感であり、実はグルーオンはクォークと同様に閉じ込められており、単独で出てくることはない。すなわち、グルーオンは、ハドロンの典型的な大きさである1 fm（10^{-15} m）に比べて短い距離の範囲では、質量がゼロでスピンが1の粒子のように振舞うが、それ以上の距離では粒子として存在することはない。

9.3節でも述べたとおり、摂動論は便利なものであるが、そもそも摂動級数は漸近級数にすぎず、仮に摂動級数のすべての次数を与えても、理論を完全に定義したことにならない。また、量子色力学では、低エネルギーの現象に対しては有効結合定数が1より大きくなっており、摂動論は近似にすらなっていない。それゆえ、経路積分を摂動論に頼らずにきちんと定義するということは、理論をきちんと定義するという基本的な問題の解決に加え、実際に物理量を計算する上でも重要である。

経路積分は一般に（9.20）のような形をしており、形式的には、時空の各点で定義された場の値に対する無限多重積分である。そのようなものをきちんと定義するための、最も素朴な試みは時空を離散化することである。具体的には、時空を格子に分割し、場は各格子点上で定義され

ているものとする。すなわち、各時空点xで定義された場$\phi(x)$の代わりに、各格子点nで定義された場ϕ_nを考えるのである。そうすると、作用はϕ_nたちの関数として近似でき、経路積分はϕ_nたちについての多重積分となる。このように経路積分を格子によって近似したのち、格子間隔がゼロになる極限をとって経路積分を定義するのである。これを連続極限という[1]。

ここで重要なことは、連続極限をとるときには、格子間隔に連動して、作用にあらわれる結合定数や質量などのパラメータも動かす必要があるということである。単純に作用を格子上で差分化すると、当然、格子間隔をゼロにする極限をとれば、もとの連続理論の作用を再現する。つまり、理論のパラメータを固定して連続極限をとると作用は有限になるが、グリーン関数は一般に有限にならないのである。場の量子論で有限値として求めたいのは、作用自身の値ではなく、グリーン関数である。よって、問題となるのは、作用にあらわれるパラメータを格子間隔に連動してうまく動かし、すべてのグリーン関数が連続極限で有限になるようにできるかということである[2]。これが可能な場合、理論はくりこみ可能であるといわれる。

摂動論の範囲では、どのような理論が摂動のすべての次数でくりこみ可能であるか簡単に判定できる。そのためには、作用を自然単位で表したときの結合定数の次元を調べればよい。具体的には作用が無次元であることから、運動項をみれば、場の次元が決まる。そうすると、各々の相互作用項をみることにより、結合定数の次元が決まるわけである。自

---

[1] 時空の体積が無限大のときはこのようにしてもまだ無限個の格子点があり、ϕ_nたちについての多重積分は無限重積分である。これを、有限重積分にするためには、はじめは時空の体積を有限にしておき、最後に体積を無限大にする極限をとればよい。この操作自身は、統計力学でも状態和の計算で常に行われているものであり、熱力学的極限と呼ばれている。以下では、このような操作は、特に何かいわなくても常に前提としているとする。

[2] このとき、動かすパラメータは結合定数や質量のみならず、場の規格化も格子間隔に連動して変えてよいとする。これは、波動関数の再規格化、あるいは、波動関数くりこみと呼ばれている。

然単位では次元はすべて質量の何乗かで表される。与えられた理論が、次元が質量の負べきであるような結合定数を1つも持たなければ、それはくりこみ可能である。例えば、量子色力学（9.18）では、ゲージ結合定数gは無次元量、クォークの質量m_iは質量の1乗の次元を持つから、質量の負べきの次元の結合定数はなく、理論はくりこみ可能である。

　ゲージ場に対して上記のように時空を格子化したものを格子ゲージ理論と呼んでいる。格子ゲージ理論の目的の1つがハドロンの質量を求めることであるが、そのためには、時間x^0を純虚数の方向に解析接続、すなわち、ユークリッド化しておいたほうが便利である。

$$x^0 = -ix^4 \tag{9.23}$$

とおく。ここで、x^4は虚時間、あるいはユークリッド時間と呼ばれる。上式の符号は勝手に決めることはできず、$e^{-iHx^0} = e^{-Hx^4}$となり、$x^4 > 0$のときにきちんと定義できていることが大切である。次に、ユークリッド化された作用を$S_E = -iS$で定義すると、経路積分の被積分関数は$e^{iS} = e^{-S_E}$となる。

　上の定義に従って、量子色力学の作用（9.18）をユークリッド化すると、次のような4次元ユークリッド空間の対称性を持った作用となる。

$$\begin{aligned} S_E &= \int d^4 x \mathscr{L}_E \\ \mathscr{L}_E &= \mathscr{L}_{E\text{ゲージ場}} + \mathscr{L}_{E\text{クォーク}} \\ \mathscr{L}_{E\text{ゲージ場}} &= \frac{1}{4g^2}\text{Tr}(F_{\mu\nu})^2 \\ \mathscr{L}_{E\text{クォーク}} &= \sum_i \bar{q}_i (\gamma_\mu^E D_\mu + m_i) q_i \end{aligned} \tag{9.24}$$

ここで、μ, νは1から4を動き、γ_μ^Eは$\{\gamma_\mu^E, \gamma_\nu^E\} = 2\delta_{\mu\nu}$を満たすエルミート行列である。

　以上の準備のもとで、格子ゲージ理論は次のように書ける。まず、4次元ユークリッド空間の離散化として、格子間隔aの正方格子を考える。クォークの場は格子の各頂点で定義されているとする。一方、ゲージ場は格子の隣り合った頂点を結ぶ各辺の上で定義されているとする。

ゲージ変換は離散化された空間上では、頂点ごとで異なる $SU(3)$ の作用と見なされる。すなわち、各頂点で定義されたクォークの場 q_n に対し、頂点ごとに異なる $SU(3)$ の元 g_n が

$$q_n \to g_n q_n \tag{9.25}$$

$$\bar{q}_n \to \bar{q}_n g_n^{-1} \tag{9.26}$$

のように作用する。一方、離散化された空間における作用の運動項は $\bar{q}_m q_n$ のような形をしており、$m \neq n$ ならば、このままでは上のような変換に対して不変ではない、しかしながら、各辺上で定義されたゲージ場が

$$U_{mn} \to g_m U_{mn} g_n^{-1} \tag{9.27}$$

のように変換するとすると、運動項を $\bar{q}_m U_{mn} q_n$ のように変更したものは不変となる。

ここでみたことは、連続理論の場合に、微分を共変微分に置き換えることにより、作用をゲージ不変にしたのと同じである。離散化された空間上では、辺上の変数を挟むことによって、異なる場所の場の積をゲージ不変にできるのである。

ゲージ場の作用も、この枠組みでうまく表すことができる。隣り合った頂点を結ぶ4つの辺からなる正方形Pを考える。その頂点をPに沿って、k、l、m、n とする。そうするとゲージ場をPに沿ってかけ合わせたもの

$$U_P = U_{kn} U_{nm} U_{ml} U_{lk} \tag{9.28}$$

はゲージ変換 (9.27) に対して $U_P \to g_k U_P g_k^{-1}$ のように変換する。よって、$\mathrm{Tr}(U_P)$ はゲージ不変であり、その実部を、離散化された空間におけるゲージ場のラグランジアン密度と見なせる。

以上のようにして、量子色力学の作用 (9.24) を格子上で離散化したものが得られる。上にも述べたとおり、体積を有限にとっておくと、こ

の系の経路積分は有限重の積分であり、完全に定義されている。この多重積分を解析的に行うのはほとんど不可能であるが、この種の積分を効率よく数値計算する方法が知られている。その基本となるアイデアは、経路積分と統計力学の状態和の数学的類似性である。特に、(9.24) からもわかるように、場の量子論をユークリッド化すると、経路積分から虚数単位が消えてしまい、完全に状態和と同じ形になる。そのため、熱浴と接している統計系が熱平衡に近づいていく様子を数値的にまねた、モンテカルロシミュレーションの方法が効率よく使える。実際、格子ゲージ理論に対して、モンテカルロシミュレーションを行うことにより、カラーの閉じ込めが実際に起きていることが示され、また、ハドロンの質量も、量子色力学だけを仮定した第1原理から1パーセント程度の誤差の範囲で計算できるようになってきている。

9.5 ヒグス機構と弱電磁相互作用

電磁力はクーロン力のように遠くまで伝わる力であるのに対し、弱い力は100分の1 fm 程度の距離を超えると指数関数的に小さくなる力である。このように、電磁力と弱い力は遠距離でみる限り、全く異なった力であるが、短い距離でみると、2つの力は同程度の大きさであり、$SU(2) \times U(1)$ というゲージ群を持つゲージ理論で記述される、不可分なものであることがわかる。そのため、電磁力と弱い力を合わせて、弱電磁相互作用と呼ばれる。遠距離における2つの力の違いは、電磁場はクーロン相であるのに対し、弱い力はヒグス相であることに由来している。本節では、ヒグス相が生じる機構を議論し、それによって、電弱相互作用がどのように電磁力と弱い力に分かれるかを調べる。

9.5.1 南部-ゴールドストンボソン

連続なパラメータを持つ対称性が自発的に破れると、質量ゼロのボソンが必ずあらわれる。それを南部-ゴールドストンボソンと呼んでいる。最も簡単な例として、$U(1)$ 対称性を考える。ϕ を複素スカラー場として次のようなラグランジアン密度を考える。

$$\mathscr{L} = \partial_\mu \phi^* \partial^\mu \phi - \lambda (\phi^* \phi - v^2)^2 \tag{9.29}$$

この作用は大域的な $U(1)$ 変換 $\phi(x) \to e^{i\chi}\phi(x)$ に対して不変である。ここで、パラメータ χ は時空に依存しない定数である。$v^2 > 0$ のときは、この $U(1)$ 対称性は自発的に破れている。実際、基底状態は

$$\phi(x) = v e^{i\alpha} \tag{9.30}$$

であり、α でパラメトライズされる無限個の真空が縮退している。それぞれの真空の上で、どのような素励起があるか調べる。上記の真空はすべて等価であるから、$\alpha = 0$ ととった場合 $\phi = v$ を考え、そのまわりの励起を考える。場を大きさと位相に分けて

$$\phi(x) = R(x) e^{i\theta(x)} \tag{9.31}$$

と表し、(9.29) に代入すると、

$$\mathscr{L} = \partial_\mu R \partial^\mu R + R^2 \partial_\mu \theta \partial^\mu \theta - \lambda (R^2 - v^2)^2 \tag{9.32}$$

となる。もとの理論が $U(1)$ 不変であったことに対応して、この作用は明らかに θ の定数シフト $\theta(x) \to \theta(x) + \chi$ に対して不変である。これは、場 $\theta(x)$ が微分を伴わない生の $\theta(x)$ としてはあらわれず、特に、質量項を持ちえないことを意味している。

　この例から次のことが、極めて一般に成り立つことがわかる。一般に、対称性が自発的に破れるということは、その変換を真空に施すと、別の真空に移ってしまうということである。対称性が連続なパラメータを持っているときは、そのパラメータを定数に限らず、波長 l 程度で変動しているものに拡張した変換を考えることができる。そのような変換を真空に作用させたときの状態は、何らかの励起状態になっているはずである。一方、もとの対称性の仮定から、すべての真空のエネルギーは等しいから、波長 l が無限大の極限では、エネルギーの変化はゼロである。これは、これまで考えた励起の質量がゼロであることを示す。このように、連続なパラメータを持つ対称性が自発的に破れると、破れた対称性

の個数分の質量ゼロの粒子があらわれる。特に、対称性のパラメータがスカラーであるときは、あらわれる質量ゼロの粒子はスピンゼロのボソンである。これを南部-ゴールドストンボソンと呼ぶ。

9.5.2 ヒグス機構

以上の議論は、大域的な対称性の自発的破れに関するものであったが、自発的に破れる対称性がゲージ対称性の場合は、異なる様相を示す。この場合は、ゲージ場と南部-ゴールドストンボソンが1体となり、ゼロでない質量を持つベクトル粒子（スピン1粒子）があらわれる。これをヒグス機構と呼んでいる。最も簡単な例として、複素スカラー場（9.29）が、$U(1)$ ゲージ場に結合している系を考える。

$$\mathscr{L} = -\frac{1}{4}F_{\mu\nu}F^{\mu\nu} + (D_\mu\phi)^* D^\mu\phi - \lambda(\phi^*\phi - v^2)^2 \tag{9.33}$$

ここで、$F_{\mu\nu} = \partial_\mu A_\nu - \partial_\nu A_\mu$, $D_\mu = \partial_\mu + ieA_\mu$ である。

（9.29）の場合と同様に、

$$\phi(x) = R(x)e^{i\theta(x)} \tag{9.34}$$

と表し、（9.33）に代入すると、

$$\mathscr{L} = -\frac{1}{4}F_{\mu\nu}F^{\mu\nu} + \partial_\mu R \partial^\mu R + R^2(\partial_\mu\theta + eA_\mu)(\partial^\mu\theta + eA^\mu) - \lambda(R^2 - v^2)^2 \tag{9.35}$$

となる。ここで、

$$B_\mu = A_\mu + \frac{1}{e}\partial_\mu\theta \tag{9.36}$$

とすると、B_μ はあたかも、A_μ に対し θ によるゲージ変換をしたような形をしているから、$F_{\mu\nu}$ は B_μ だけで書けてしまう。さらに、$R(x) = v + \varphi(x)$ として、場について2次までの部分を残すと、次の形となる。

$$\mathscr{L}_{\text{自由}} = -\frac{1}{4}F_{\mu\nu}F^{\mu\nu} + e^2v^2 B_\mu B^\mu + \partial_\mu\varphi\partial^\mu\varphi - 4\lambda v^2\varphi^2$$
$$F_{\mu\nu} = \partial_\mu B_\nu - \partial_\mu B_\nu \tag{9.37}$$

はじめの2項は、プロカ場といわれているものであり、B_μ が質量 $2e^2v^2$ のベクトル粒子であることを示している。

ここで、起きていることの本質は (9.36) にあらわれている。もし、ゲージ場がなければ θ は質量ゼロの南部ゴールドストン粒子であったが、それがゲージ場 A_μ と合体して B_μ になることにより、θ の運動項が B_μ の質量項になったのである。一般に、ゲージ対称性が自発的に破れた場合、破れた対称性の個数分だけ、ゲージ場と南部ゴールドストンボソンが合体して、質量のあるベクトルボソンがあらわれる。

9.5.3 弱電磁相互作用

標準模型では、$SU(2) \times U(1)$ ゲージ対称性がヒッグス場によって自発的に破れ、$U(1)$ ゲージ対称性だけが残る。残った $U(1)$ が電磁場であり、光子の質量はゼロである。破れた対称性は3つなので、ヒッグス機構により、3つの質量を持つベクトル場があらわれる。そのうち、Zボソンは電荷を持たないが、Wボソンは $+1$ の電荷を持つものと、-1 の電荷を持つものがあり、合計3つとなっている。この状況をみるために、$SU(2)$ のゲージ場と $U(1)$ のゲージ場とヒッグス場からなる系を考える。その系のラグランジアン密度は次式で与えられる。

$$\mathcal{L} = \mathcal{L}_{\text{ゲージ}} + \mathcal{L}_{\text{ヒッグス}}$$

$$\mathcal{L}_{\text{ゲージ}} = -\frac{1}{4g} H_{\mu\nu} H^{\mu\nu} - \frac{1}{4} \sum_{a=1}^{3} \left(G^a_{\mu\nu} G^{a\mu\nu} \right) \tag{9.38}$$

$$\mathcal{L}_{\text{ヒッグス}} = (D_\mu \phi)^\dagger D^\mu \phi - \lambda (\phi^\dagger \phi - v^2)$$

ここで、

$$H_{\mu\nu} = \partial_\mu C_\nu - \partial_\nu C_\mu$$

$$G^a_{\mu\nu} = \partial_\mu B^a_\nu - \partial_\nu B^a_\mu - g_2 \sum_{bc} \epsilon_{abc} B^b_\mu B^c_\nu$$

はそれぞれ、$U(1)$ ゲージ場 C_μ および $SU(2)$ ゲージ場 B^a_μ の場の強さである。また、それぞれの結合定数を g_1 と g_2 とする。

D_μ は共変微分であるが、いろいろな場に対する変換を見やすくするために、以下のような統一的な形に書く。

$$D_\mu = \partial_\mu + ig_2 \sum_{a=1}^{3} I^a B^a_\mu + ig_1 Y C_\mu \tag{9.39}$$

ここで、$I^a (a=1, 2, 3)$、Yは$SU(2)$ および$U(1)$ の抽象的な生成子である。このように書いておくと、どのような表現に属する場に対しても共通な表式となっている。例えば、ヒグス場ϕは$SU(2)$ の2次元表現であり、$U(1)$ の電荷は $-\frac{1}{2}$ であるとすると、共変微分のϕへの作用は、(9.39)のI^aを2次元表現の表現行列に、Yを $-\frac{1}{2}$ に置き換えたものである[3]。

$$D_\mu \phi = \left(\partial_\mu + ig_2 \sum_{a=1}^{3} \frac{1}{2} \sigma^a B_\mu^a - ig_1 \frac{1}{2} C_\mu \right) \phi \tag{9.40}$$

真空はすべて対等なので、次のものとして議論を進めてよい。

$$\phi_0 = \begin{pmatrix} v \\ 0 \end{pmatrix} \tag{9.41}$$

そうすると、4つの生成子の線形結合で真空を不変に保つものは、$Q = I^3 + Y$だけであることがわかる。実際、

$$Q\phi_0 = (I^3 + Y)\phi_0 = \left(\frac{1}{2}\sigma^3 - \frac{1}{2} \right)\phi_0 = \begin{pmatrix} 0 & 0 \\ 0 & -1 \end{pmatrix}\begin{pmatrix} v \\ 0 \end{pmatrix} = 0 \tag{9.42}$$

となっている。よって、ヒグス場により、$SU(2) \times U(1)$ 対称性は自発的に破れ、$Q = I^3 + Y$によって生成される$U(1)$ のみが残る。

この真空のまわりで、ゲージ場の質量は、(9.38)の$\mathscr{L}_{\text{ヒグス}}$の運動項でヒグス場を (9.41) と置いたものから出る。

$$D_\mu \phi_0 = i\frac{v}{2} \begin{pmatrix} g_2 B_\mu^3 - g_1 C_\mu \\ g_2 (B_\mu^1 + i B_\mu^2) \end{pmatrix} \tag{9.43}$$

ここで、次のように場を再定義する。

$$W_\mu^\pm = B_\mu^1 \pm i B_\mu^2$$

$$Z_\mu = \frac{1}{\sqrt{g_2^2 + g_1^2}} (g_2 B_\mu^3 - g_1 C_\mu) \tag{9.44}$$

$$A_\mu = \frac{1}{\sqrt{g_2^2 + g_1^2}} (g_1 B_\mu^3 + g_2 C_\mu) \tag{9.45}$$

---

[3] I^aはウィークアイソスピン、Yはハイパーチャージと呼ばれる。

そうすると、

$$D_\mu \phi_0 = i\frac{v}{2}\begin{pmatrix} \sqrt{g_2^2+g_1^2}\,Z_\mu \\ g_2 W^+ \end{pmatrix} \quad (9.46)$$

となり、質量項

$$(D_\mu\phi_0)^\dagger (D_\mu\phi_0) = \frac{v^2}{4}\left((g_2^2+g_1^2)Z_\mu Z^\mu + g_2^2 W^+ W^-\right) \quad (9.47)$$

が得られ、Wボソンの質量が $\frac{v}{\sqrt{2}}g_2$、Zボソンの質量が $\frac{v}{\sqrt{2}}\sqrt{g_2^2+g_1^2}$ であることがわかる。電磁場 A_μ はもちろん質量を持たない。

9.6 標準模型

　以上で、標準模型のゲージ場はすべて出そろったので、クォーク・レプトンとの結合を導入することによって標準模型の作用を書き下すことができる。そのために必要なことは、クォーク・レプトンがゲージ群のどのような表現に属するかを指定することである。クォークとレプトンのうち、強い相互作用をするのはクォークだけだから、カラーのゲージ群（$SU(3)$）に対しては、クォークだけが自明でない表現に属し、3つの自由度を持っている。すなわち、クォークの場は $SU(3)$ の3次元表現に属し、レプトンやヒグス場は自明な1次元表現である。弱い相互作用に関しては、クォークもレプトンも同様の振る舞いをするが、左巻きの成分のみがWボソンと結合する。よって、クォーク・レプトンは本来、右巻きのワイル場と左巻きのワイル場が別々に存在していたと考えるのが自然である。よって、ウィークアイソスピンの群（$SU(2)$）に対しては、左巻きのクォーク・レプトンは $SU(2)$ の2次元表現に属し、右巻きのものは自明な1次元表現である。$U(1)$ のハイパーチャージに関しては、$Q=I^3+Y$ が電荷であるように決めればよい。このように、クォークとレプトンがゲージ群のどのような表現になっているかを、不定性なく決めることができる。このように、場が完全に決まるので、後は、くりこみ可能な範囲で許される結合をすべて導入すればよい。

9.6.1 標準模型の作用とくりこみ可能性

結局、標準模型の作用は以下のようになる。

$$\mathscr{L} = \mathscr{L}_{\text{ゲージ}} + \mathscr{L}_{\text{クォーク}} + \mathscr{L}_{\text{レプトン}} + \mathscr{L}_{\text{ヒッグス}} + \mathscr{L}_{\text{湯川結合}} + \mathscr{L}_{\text{マヨラナ質量}}$$

$$\mathscr{L}_{\text{ゲージ}} = -\frac{1}{4}\sum_{a=1}^{8} F^a_{\mu\nu} F^{a\mu\nu} - \frac{1}{4}\sum_{a=1}^{3} G^a_{\mu\nu} G^{a\mu\nu} - \frac{1}{4} H_{\mu\nu} H^{\mu\nu}$$

$$\mathscr{L}_{\text{クォーク}} = \sum_{i=1}^{3} i(\bar{q}^i_L \gamma^\mu D_\mu q^i_L + \bar{u}^i_R \gamma^\mu D_\mu u^i_R + \bar{d}^i_R \gamma^\mu D_\mu d^i_R)$$

$$\mathscr{L}_{\text{レプトン}} = \sum_{i=1}^{3} i(\bar{l}^i_L \gamma^\mu D_\mu l^i_L + \bar{\nu}^i_R \gamma^\mu D_\mu \nu^i_R + \bar{e}^i_R \gamma^\mu D_\mu e^i_R)$$

$$\mathscr{L}_{\text{ヒッグス}} = (D_\mu \phi)^\dagger (D^\mu \phi) - \lambda(\phi^\dagger \phi - v^2)^2$$

$$\mathscr{L}_{\text{湯川結合}} = -\sum_{i,j=1}^{3} \lambda^u_{ij} \bar{u}^i_R (\phi^\dagger q^j_L) - \sum_{i,j=1}^{3} \lambda^d_{ij} \bar{d}^i_R (\tilde{\phi}^\dagger q^j_L) + c.c$$

$$\mathscr{L}_{\text{マヨラナ質量}} = -\sum_{i,j=1}^{3} \mu_{ij} \overline{\nu^{iC}_R} \nu^j_R + c.c \tag{9.48}$$

ここで、場の右下に書かれたL、Rは、左手および右手のワイル場であることを示す。場の右上に書かれたi、jは世代を表している（普通は3世代）。3つ組 q_L, u_R, d_R は1世代分のクォークを表す。3つとも$SU(3)$の3表現に属するが、$SU(2)$については、q_Lは2次元表現だが、u_R, d_Rはどちらも自明な1次元表現である。3つ組 l_L, ν_R, e_R は1世代分のレプトンを表す。3つとも$SU(3)$の1次元表現である点がクォークと異なるが、$SU(2)$については、クォークと同様に、l_Lは2次元表現、ν_R, e_Rは1次元表現である。

一般に、スカラー場に2つのフェルミオン場をかけたものは次元4となり、くりこみ可能な結合であり、湯川結合と呼ばれている。標準模型の場合も、ゲージ対称性と矛盾しない範囲で、クォークとヒッグスあるいはレプトンとヒッグスの結合が存在する。$\mathscr{L}_{\text{湯川結合}}$の形からわかるように、ヒッグス場が真空期待値を持たなければ、クォークやレプトンは質量を持たない。しかし、ヒッグス場が真空期待値を持てば、結合定数に比例した質量があらわれる。すなわち、標準模型では、ヒッグス場はゲージ場に質量を与えると同時に、クォーク・レプトンにも質量を与えている。湯川

結合の大きさは世代によって大きく異なっているため、アップクォークやダウンクォークの質量がたかだか $10\,\mathrm{MeV}/c^2$ であるのに対して、最も重いトップクォークの質量は $170\,\mathrm{GeV}/c^2$ である。また、上記の $\mathscr{L}_{湯川結合}$ の表式にもあらわれているように、湯川結合はクォーク・レプトンの世代間の混合を引き起こす。有名な小林-益川理論は、素粒子のCP対称性の破れが、この混合に由来することを指摘し、そのためには世代が3以上なければならないことを予言したのである。

　クォークの湯川結合が比較的わかっているのに対し、レプトン、特にニュートリノに関しては、不明なところが多い。ニュートリノの質量を最も簡単に記述するには、右巻きニュートリノの存在を仮定すればよい。それが上記の ν_R である。しかしながら、右巻きニュートリノはどのゲージ場とも結合しないので実際に観測するのは困難である。また、上記の $\mathscr{L}_{マヨラナ質量}$ のように、右巻きニュートリノはレプトン数を破るような質量を持ちうる。この質量がどれくらいのエネルギースケールにあるのかなど、右巻きニュートリノに関しては、不明な点が多い。

10 宇宙論

小玉英雄

宇宙の標準モデルである熱いビッグバン宇宙モデルについて、その歴史的背景、モデルの内容と成果を概観する。さらに、その問題点を解消するために導入されたインフレーション宇宙モデル、および近年の観測で明らかとなった現在の宇宙膨張の再加速について概説する。

10.1 膨張する宇宙

10.1.1 宇宙膨張の発見

宇宙全体の構造や進化を自然の基本法則に基づいて解明し、さらに宇宙の未来を予測する学問が宇宙論である。この壮大な学問が生まれるきっかけとなったのは、リーヴィット（H. S. Leavitt）、スライファー（V. Slipher）、ハッブル（E. Hubble）らによる20世紀初頭における系外銀河の距離と運動の観測的研究である。まず、リーヴィット女史はセファイドと呼ばれるタイプの非常に明るい変光星の光度と周期の間に一定の関係があることを発見し（1908、1912）、このタイプの変光星を用いると周期の観測から光度、したがって距離を決定できることを明らかにした（**セファイド法**）。ハッブルは、この方法を利用して、渦巻き星雲のM31（アンドロメダ星雲）並びにM33までの距離を決定し、それらがわれわれの銀河系のはるかかなたにある独立した銀河であることを発見した。これを契機に、同じ方法で多くの系外銀河が発見され、その結果、100億個ほどの膨大な星の集団である銀河が基本単位となってわれわれの宇宙を構成しているという宇宙観（銀河宇宙）が確立した。

これと並行して、1910年代にスライファーは、ドップラー効果による銀河光スペクトルの赤方偏移観測により、われわれの銀河系に近いい

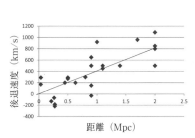
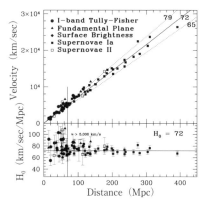

図10.1 銀河に対する距離と赤方偏移（後退速度）の観測　左はハッブルの論文（1929）のデータをプロットしたもの。右は現在の観測データ［出典：W. Freedman et al, Astrophys. J. 553, 47（2001）］。

くつかの銀河がわれわれから遠ざかる運動をしていることを発見していた。1920年代に、ハッブルと助手のヒューメイソン（M. Humason）は、まだ出来上がったばかりのウィルソン山天文台（アメリカ）の2.5 m反射望遠鏡を用いて、スライファーと同様の観測をより遠くの24個の銀河に対して組織的に行った。その結果、ほとんどの銀河がわれわれから遠ざかる運動をしており、その後退速度vは銀河までの距離rにほぼ比例しているということを発見した[1]（図10.1）。この関係は現在、**ハッブルの法則**と呼ばれ、

$$v = H_0 r \tag{10.1}$$

と表される。比例係数H_0は**ハッブル定数**と呼ばれる。

ハッブルの法則は、一見、われわれの銀河が特殊な位置にあるかの印象を与えるが、実は、われわれの銀河を基準にしてこの法則が成り立てば、どの銀河を基準にしても全く同じ法則が成り立つことが容易に示される。したがって、この法則は、平均的には、すべての銀河が、一様・

---

[1] この比例関係を最初に指摘したのは、ルメートル（G. Lemaître、1927）である。現在、IAU（国際天文連合）では、ハッブルの法則を「ハッブル-ルメートルの法則」と改名する方向で検討を進めている。

等方的に互いに遠ざかる運動をしていること、すなわち宇宙が一様等方に膨張していることを意味する。

ハッブルの法則に登場するハッブル定数は、時間の逆数の次元を持つ。銀河の運動が等速度とすると、時間 $r/v = 1/H_0$ だけ過去にさかのぼると全銀河が一点に集まることになる。したがって、宇宙の膨張は、宇宙が有限な過去の時刻に生まれたことを示唆し、$1/H_0$ は宇宙が生まれてからの時間、すなわち宇宙年齢の目安となる。このため、その値は宇宙論では非常に重要な意味を持つ。実は、ハッブルが1929年の論文で得たハッブル定数の値は、$H_0 = 558 \text{ km/s/Mpc}$ であった。これだと、宇宙年齢は地球の年齢よりずっと短い20億年程度となってしまい、深刻な問題となっていた。後ほど、ハッブルがいくつかの要因で距離の推定を間違えていたことが判明した。現在では、ハッブルの時代の20倍以上遠い銀河までの距離が測定され、誤差±10%で $H_0 \simeq 70 \text{ km/s/Mpc}$ という値が得られている。

10.1.2 相対論的宇宙モデル

先ほど、過去に銀河が現在と同じ速度で膨張運動をしていたと仮定して宇宙年齢を推定したが、実際に過去の宇宙がどのように振る舞ったかを知るには、物理法則に従って、銀河の運動を追うことが必要となる。現実の銀河は、固有運動と呼ばれるそれぞれ独自の運動をするため、その速度は厳密にはハッブルの法則には従わない。しかし、平均的な宇宙の振る舞いを知るには、まず、第ゼロ近似で銀河が厳密に一様に分布し、その運動は厳密にハッブル則に従うと仮定するのが便利である。この単純化をして得られる宇宙の物理モデルを**宇宙モデル**と呼ぶ。

宇宙モデルは、ニュートン理論の枠組みでも作ることができる。例えば、銀河間の衝突が無視できるときには、各銀河を分子と見なし、宇宙に分布する銀河の全体を一様なガス雲で置き換えることができる。このとき、現時点でガス雲が一様で、その運動がハッブルの法則 $v = H_0 r$ に従うなら、どの時刻でもガス雲は一様で、その運動速度はハッブルの法則と同様の法則 $v = Hr$ に従うことが示される。ただし、**ハッブルパラメータ**と呼ばれる比例係数 H は時間とともに変化する。現在の時刻を t_0

として、$H(t_0) = H_0$である。したがって、このモデルでは、宇宙の状態は、ガス雲の密度$\mu(t)$とハッブルパラメータ$H(t)$により記述される。

　これらの従う方程式は、次のようにして得られる。まず、銀河同士の衝突が無視できるので、各銀河の単位質量当たりのエネルギーϵは保存される。注目する銀河の距離を$R(t)$とすると、われわれの銀河系に対する速度は$v = HR$なので、エネルギー保存則は$H^2R^2/2 - GM(R)/R = \epsilon$となる。ここで、$M(r)$は半径$r$の球に含まれるガス雲の質量$M(r) = 4\pi\mu r^3/3$、$G$はニュートン重力定数である。$v = dR/dt$なので、これより、

$$H = \frac{1}{a}\frac{da}{dt}, \qquad H^2 = \frac{8\pi G}{3}\mu - \frac{k}{a^2} \qquad (10.2)$$

が得られる。ここで、$a(t) = R(t)/R(t_0)$、$k = -2\epsilon/R(t_0)^2$である。Hとμが距離rによらないので、この式より、kはRにも時間にもよらない定数でなければならないことが結論される。次に、ニュートン理論では、質量が保存されるので、$M(R) = $一定より、$\mu \propto 1/R^3$が得られる。微分方程式で表すと、これは

$$\frac{d\mu}{dt} = -3H\mu \qquad (10.3)$$

と同等になる。以上より、このニュートンモデルでは、宇宙の振る舞いは（10.2）において$\mu \propto 1/a^3$を代入して得られる$a(t)$についての1階常微分方程式を解くことにより決定される。

　以上で求めた宇宙モデルに対する基礎方程式は、宇宙物質が圧力が無視できる粒子ガスからなる場合には、一般相対性理論でもそのまま成立する。しかし、電磁放射や重力波、質量の無視できるニュートリノ、宇宙定数などのニュートン理論の枠外の物質やエネルギーが重要となる現実の宇宙を記述するには、一般相対性理論に基づいた宇宙モデルを用いることが必要となる。一般相対論的宇宙モデルを作るには、まず、空間的に一様等方な宇宙を記述する時空計量を与える。宇宙の時間一定面に相当する空間は、一様等方な空間となるので、局所的には3次元ユークリッド空間、3次元球面、3次元双曲空間のいずれかと一致する。ここ

で、3次元双曲空間は、4次元ミンコフスキー時空 (T, X, Y, Z) の超曲面 $T^2 - X^2 - Y^2 - Z^2 = A^2 (T>0)$ と同じ計量を持つ空間で、負の断面曲率 $K = -1/A^2$ を持つ。半径 A の球面の断面曲率 $K = 1/A^2$ は正、ユークリッド空間の曲率はゼロなので、一様等方な空間は、局所的には断面曲率 K で分類される。これらの空間はいずれも全体としてのサイズの自由度を持つので、宇宙時間を t、現在の宇宙 $t = t_0$ での空間断面曲率を K、時刻 t での空間サイズと現在の空間サイズの比を $a(t)$ とすると、結局、空間的に一様等方な宇宙の時空計量は

$$ds^2 = -c^2 dt^2 + a(t)^2 d\sigma_K^2 \tag{10.4}$$

と表される。$a(t)$ は**宇宙のスケール因子**と呼ばれる。ここで、$d\sigma_K^2$ は断面曲率 K の一様等方3次元空間の計量である [1]。その表式は以下必要としないので省略する。

宇宙モデルを確定するには、物質のエネルギー運動量テンソル $T_{\mu\nu}$ を指定する必要がある。この情報も一様等方性により強く制限され、時間のみに依存するエネルギー密度 $\rho(t)$ と圧力 $P(t)$ により完全に定まることが示される。具体的な表式は、$T^0_0 = -\rho$, $T^0_i = 0$, $T^i_j = P \delta^i_j$ ($i, j = 1, 2, 3$) となる。以上の情報をアインシュタイン方程式に代入すると、宇宙定数を Λ として、次の2つの方程式が得られる。

$$H^2 = \frac{8\pi G}{3c^2} \rho - \frac{c^2 K}{a^2} + \frac{c^2 \Lambda}{3} \ ; \quad H = \frac{\dot{a}}{a} \tag{10.5a}$$

$$\frac{\ddot{a}}{a} = -\frac{4\pi G}{3c^2}(\rho + 3P) + \frac{c^2 \Lambda}{3} \tag{10.5b}$$

これらより、エネルギー局所保存則 $\nabla_\nu T^{\mu\nu} = 0$ と同等な式

$$\dot{\rho} = -3H(\rho + P) \tag{10.6}$$

が得られる。(10.5a) は**フリードマン方程式**と呼ばれ、宇宙項がゼロで、エネルギー密度が静止質量のエネルギーのみとなる非相対論的極限 $\rho = c^2 \mu$ では、ニュートン理論での方程式 (10.2) と一致する。また、(10.6) は**エネルギー方程式**と呼ばれ、$P = 0$ ならニュートン理論の質量保存則

に帰着する。これら2つの方程式が相対論的一様等方宇宙モデルの基礎方程式で、圧力とエネルギー密度の関係が与えられると、これらを連立して解くことにより宇宙モデルの時間発展が定まる。

ここで興味深い点は、フリードマン方程式において、ニュートン理論モデルでは単位質量当たりの力学エネルギーと結びついていた定数kが、一般相対論では空間曲率$K=k/c^2$という幾何学的意味を持つ点である。この対応に着目すると、微分方程式を解かなくても、空間曲率が宇宙モデルの振る舞いにどのような影響を与えるかを予測できる。例えば、空間曲率がゼロで$\Lambda=0$, $P=0$となるモデルの解は容易に求まり、$\rho \propto 1/a^3$, $a \propto t^{2/3}$となる。これは、ニュートンモデルではガス雲がちょうど脱出速度に相当する膨張速度で広がる場合に対応し、ガス雲は無限に広がり、速度がゼロに近づく。一方、$K<0$のモデルは、ニュートンモデルでは全エネルギーが正の場合に対応するので、ガス雲は無限に広がるが、速度は正の一定値に近づく。すなわち、$a \propto t$となる。最後に、$K>0$のモデルは、ニュートン理論では全エネルギーが負で、ガス雲の速度が脱出速度を下回る場合に対応する。この場合、ガス雲の各球殻はある最大半径に達したのち、収縮に転じる。これに対応して、宇宙はある時点で膨張から収縮に転じることが示される。

10.2 熱いビッグバン宇宙

10.2.1 元素の起源と宇宙背景放射

膨張するガス雲は過去にさかのぼると、収縮し密度が上昇する。通常の原子・分子からならガス雲の場合、この密度上昇とともに圧力が大きくなり、収縮が止まる可能性がある。しかし、一般相対性理論的宇宙モデルでは状況が異なる。これをみるために、(10.5b)に着目しよう。この方程式の右辺において、aが減少しρとPが増大すると、宇宙項の効果は無視できるようになる。このとき、物質の圧力が負にならないとすると、右辺は負となるので、宇宙膨張の加速度d^2a/dt^2は負となる。すなわち、過去向きに時間を反転してみると、これは宇宙の収縮速度が時間とともに増大することを意味するので、必ず有限な時間で$a=0$とな

る。これは空間サイズがゼロとなることを意味するので、この時刻は宇宙が誕生した時刻となる。ただし、この宇宙誕生時点は、物質の密度や時空の曲率が無限大となるので、**宇宙の初期特異点**と呼ばれる。

いずれにしても、一般相対性理論では、宇宙物質の圧力が $\rho+3P>0$ を満たす限り、一様等方宇宙は急速に膨張する超高密度のガス雲として誕生し、その後このガス雲が膨張し現在の宇宙が生まれたと考えられる。そこで、この宇宙モデルは**ビッグバン宇宙モデル**と呼ばれる。ビッグバン宇宙モデルでは、物質の密度変化が断熱的であるとすると、時間をさかのぼるにつれて物質の温度も上昇し、宇宙物質は原子・分子から完全電離したプラズマへと分解し、最終的には生成消滅を繰り返す最も基本的な素粒子の火の玉へと変化してゆく。これを時間の進む向きにみると、まず、宇宙は超高温・高密度の素粒子の火の玉として生まれ、宇宙膨張とともにその密度・温度が低下して、現在の宇宙が出来上がったことになる。そこで、この宇宙が最初熱かったとする宇宙モデルは**熱いビッグバン宇宙モデル**と呼ばれる。

以上の考察は、宇宙の物質がわれわれのよく知る原子、原子核、電子やそれらを構成する素粒子からなるとすると自然なものである。しかし、われわれがまだ知らない何か未知の実体が宇宙を満たしているとすると、ほかの可能性も存在する。実際、物理的な宇宙モデルの研究が盛んになった第2次世界大戦以降では、長い間、ボンディ（H. Bondi）、ゴールド（T. Gold）、ホイル（F. Hoyle）らの提案した定常宇宙モデル（1948、1949）が優勢であった。このモデルでは特殊な場を介して、宇宙膨張とともに新たな物質が連続的に生成され、宇宙は一定の密度を保ち、宇宙の姿は宇宙膨張にもかかわらず平均的には変化しないと考える。定常宇宙モデルと熱いビッグバンモデルのいずれが正しいかという問題に決着を付けたのは、現在の宇宙を満たすマイクロ波背景放射の発見である。

第2次世界大戦後、原子核物理学の進展とともに、自然界のさまざまな元素がどのようにしてできたかが活発に研究されるようになった。その結果、多くの元素は、星の中心部で起きる熱核融合反応により生成され、星の爆発などにより宇宙に拡散されたとして説明できることが明ら

かとなったが、どうしても説明できない元素があった。それがヘリウムである。実は、地上の物質と異なり、宇宙全体でみると、原子物質の約74％は水素、約25％はヘリウムからなり、その他の元素は約1％ほどしか存在しない。もちろん、水素は素粒子である陽子と電子の系なのでその起源の説明は不要であるが、星の中でヘリウムを水素から作ろうとしても、ほかの元素と同程度しかできず、到底25％もの量を説明できない。この難問を解決する道を提示したのはガモフ（G. Gamov）とその弟子たちである。彼らは、熱いビッグバン宇宙モデルに基づいて、高温の宇宙初期における元素合成により現在のさまざまな元素が合成される可能性を研究した（1946、1948）。彼らは宇宙初期に最初中性子のみが存在するとして、ベータ崩壊と中性子捕獲により順次重い原子核が作られる過程を計算し、現在の宇宙の元素組成が生み出される可能性を指摘した。現代からみると、これら初期の研究は、出発点の仮定も計算に用いた反応率も妥当でなく、その結論は間違っていた。しかし、その後、ガモフの学生だったアルファー（R. Alpher）とハーマン（R. Herman）は、より正確な計算を行い、最終的に現在のヘリウム量がこの**宇宙初期の元素合成**（BBN）により生成されたとすると、現在の宇宙には約5度に相当する熱的背景放射が存在することを予言した。

　このアルファーとハーマンの予言は、ペンジアス（A. A. Penzias）とウィルソン（R. W. Wilson）により1964年に観測により確認された。数度の温度の熱的背景放射は数百ギガヘルツにピークを持つ雑音電波となるが、彼らは、宇宙から等方的にやってくる数度の温度の雑音電波を偶然発見したのである。彼らには、その起源がわからず、プリンストン大学のディッケに相談したところ、アルファーとハーマンがその存在を予言していたことを知ったのである。現在では、この背景放射は**宇宙マイクロ波背景放射**（CMB）と呼ばれている。1990年代には、CMB観測専用衛星COBEによりCMBのエネルギースペクトルが詳しく測定され、それまでの気球による観測結果と合わせると、CMBのエネルギースペクトルが1 GHzから1000 GHzにわたる広い振動数でほぼ厳密にプランク分布に従うことが確認された。その温度は、2.725 ± 0.002 Kである。

この結果は、宇宙が初期に熱平衡にあったことを意味し、これにより熱いビッグバン宇宙モデルが標準宇宙モデルの地位を獲得した。

10.2.2 銀河の起源

BBNの成功、CMBの発見により熱いビッグバンモデルが、ゼロ次近似としての一様等方宇宙に対する標準宇宙モデルとして受け入れられると、次に、宇宙の一様性からのずれである、星や銀河の起源を説明することが大きな課題となった。素粒子の火の玉から始まる熱いビッグバンモデルでは、初期に天体は存在できず、宇宙はほぼ一様な状態から始まったとするのが自然である。実際、CMBはこの予想を強く支持している。

熱いビッグバン宇宙では温度が9億度のころに起きるBBNの後、宇宙の物質は完全に電離した水素とヘリウムのイオンと電子から成るプラズマとなる。この完全電離プラズマは温度が $T_{\rm rec} \simeq 3800\,{\rm K}$ 以下になると急速に中性化し、水素原子とヘリウム原子から成るガスへと変化する（**水素再結合**）。それまで電子による散乱により物質と強く結合していた電磁放射は、この中性化により物質との結合から解放され、自由に宇宙空間を直進するようになる。これは、宇宙が電磁放射に関して透明になることを意味するので**宇宙の晴れ上がり**と呼ばれる。正確には、宇宙の晴れ上がりは水素再結合の少し後で、$T = T_{\rm ls} \simeq 3100\,{\rm K}$ のころとなる。BBNの十分あとでは、宇宙を満たす熱的電磁放射の温度 T はスケール因子 a に逆比例して減少するので、宇宙晴れ上がり時点での宇宙のサイズは、現在の1,100分の1程度で、時間は宇宙誕生後約35万年となる。

CMBはまさに、この宇宙晴れ上がり後自由に伝搬してきた放射を見ているので、CMBを観測することにより、宇宙晴れ上がり時点での宇宙の状態を知ることができる。特に、観測されたCMBの温度の異方性は、CMB光子が最後に散乱を受けた時刻での宇宙の温度の空間変動（ゆらぎ）を反映する。COBE衛星はこのCMB温度の異方性も観測し、そのコントラスト $\delta T/T$ が 10^{-5} 程度であることを発見した。これは、宇宙晴れ上がり時点での宇宙が非常に高い精度で一様であったことを示している。

したがって、宇宙誕生後約35万年、空間サイズが現在の千分の1程度の時点で、わずか 10^{-5} 程度の密度ゆらぎしかないほぼ一様な水素とヘ

リウムのガスから、現在の輝く星々、それらが群れ集まる銀河、そしてさらには、複雑なボイド・フィラメント構造を持つ銀河分布が生み出されたことになる。熱いビッグバンモデルが確立した1970年代以降、この銀河形成を説明するさまざまな理論が提案されたが、それらの中で現在まで生き残ったのが**重力不安定説**である。

　その基本的なアイデアは単純である。膨張する一様なガス雲を考える。このガス雲に空間サイズ λ のわずかな密度のゆらぎが存在したとする。圧力が無視できるときには、この領域は、そこに含まれる質量の増加に伴う重力の増加により、膨張が平均より減速し、次第に周りより密度が高くなる。一方、圧力が無視できない場合には、密度の増減は音波として拡散し、ゆらぎの増大は起こらない。ただし、音速 c_s がこの領域の膨張速度 v より小さいと、音波による拡散は領域の膨張に追いつかないため、ゆらぎの増大を止めることができない。以上より、$c_s < v \simeq H\lambda$、すなわち $\lambda > L_\mathrm{J} \simeq c_s/H \simeq c_s c/\sqrt{G\rho}$ のとき、ゆらぎは重力により増大する。L_J は**ジーンズ長**と呼ばれる。

　ジーンズ長の振る舞いは、宇宙の構造形成に大きな影響を及ぼす。まず、水素再結合後の宇宙では、後に述べる現在に近い時期を除いて、圧力が無視できる原子物質（非相対論的物質）が宇宙のエネルギー密度の主要部を占める（**物質優勢宇宙**）。この時期では音速は小さく、ジーンズ長サイズの領域に含まれる質量（ジーンズ質量）は $10^6 M_\odot$ となる。これは、標準的な銀河の質量よりずっと小さく、宇宙晴れ上がりの後、銀河サイズのゆらぎは時間とともに増大する。ただし大きな問題がある。この時期のゆらぎは宇宙のスケール因子 $a(t)$ に比例して増大することが示されるが、これだと宇宙晴れ上がりのころ 10^{-5} 程度しかないゆらぎは、現在までに千倍程度にしか成長せず、到底、銀河などの非線形な非一様性を生み出すことができない。

　この困難を解決する鍵は、宇宙の物質構成にあった。1933年に、ツヴィッキー（F. Zwicky）は、かみのけ座銀河団には電磁放射を発しない暗黒物質（ダークマター）が輝く物質の10倍以上存在しないと、10,000 km/s 以上の速度で運動する銀河を重力でつなぎ止めることはで

きないことを指摘した。この指摘以降、渦巻き銀河や銀河団のほとんどに原子物質の数倍以上のダークマターが存在していることがさまざまな観測で明らかとなった。このダークマターは、電磁相互作用をしないため、非相対論的なら、宇宙晴れ上がり以前でも音速c_s、したがってジーンズ長$L_J \simeq c_s/H$は小さく、そのエネルギー密度が支配的なら、ゆらぎは重力不安定で成長できる。一方、この時期、電磁放射の音速は$c_s \simeq c/\sqrt{3}$となり、宇宙膨張率は$H = 2/(3t)$に従って減少する。したがって、ジーンズ長L_Jは時間に比例して増大し、宇宙晴れ上がりの時点で、現在のサイズに換算して100 Mpc程度に達する。これは現在の銀河間平均距離や銀河団スケールをはるかに超えるサイズとなるので、電磁放射およびそれと強く結合する原子物質のゆらぎは、銀河・銀河団のスケールでは、宇宙晴れ上がりまでは成長できない。このため、ダークマターのゆらぎの成長はCMBの温度非等方性にはほとんど影響を及ぼさない。しがたって、ダークマターが宇宙晴れ上がり時に10^{-3}程度のゆらぎを持っていたとすると、CMB観測と矛盾せずに銀河形成を説明できる。ただし、この場合、まずダークマターが現在の銀河ハローに相当する高密度の塊を作り、そこに原子物質が後から重力により引き寄せられて集まり、活発な星形成の結果輝く銀河が生まれることになる。

　ダークマターの実体はいまだに不明で、これまでにさまざまな候補が提案されてきたが、現在では、冷たいダークマター（CDM）と呼ばれるクラスの候補が最も有力である。これらは文字通り、BBN以降の時期では運動エネルギーが質量エネルギーと比べて十分小さい非相対論的粒子ガスで、いま述べた銀河形成のシナリオと適合する。また、N体数値計算と呼ばれる数値シミュレーションでは、重力不安定シナリオに基づいてCDMのゆらぎの時間発展が計算され、銀河分布のボイド・フィラメント構造がよく再現されることも示されている。ただし、依然として理論計算と観測結果にずれもいくつか残されている。また、輝く銀河や星々が実際にいつどのようにして誕生したかという点も不明である。この誕生は濃いガスの中で起きるため直接観測は難しく、その時期はダークエイジと呼ばれている。このダークエイジの観測的および理論的

解明は、今後の重要な課題となっている。

10.2.3 物質の起源

　天体の起源が明らかになると、次に問題になるのは物質の起源である。現在の宇宙物質はわれわれになじみのある原子物質と実体の未知なダークマターから成っている。これらのうち、原子物質については、元素の起源は解明されたので、後は、その材料となる陽子、中性子、電子の起源が問題となる。時間をさかのぼり、宇宙の温度が 100 MeV を超えると、陽子と中性子などの核子はその構成要素であるクォークに分解する。同時に、宇宙を満たす光子などからクォークとその反粒子が大量に生成され、光子とほぼ同数存在するようになる。現在の核子数と CMB の光子数の比（バリオン／光子比）は $\eta = 6 \times 10^{-10}$ なので、これは、宇宙初期にクォークと反クォークの数にほんのわずかの違いがあったことを意味する。したがって、現在の原子物質の起源を明らかにすることは、クォークと反クォークの数のこの微小な差を説明することと同等である。

　低エネルギーの世界では、核子数、より正確には、各クォークに $1/3$、反クォークに $-1/3$ を付与して得られる量子数であるバリオン数が保存される。この保存則が常に厳密に成り立つとすると、宇宙のわずかなバリオン-反バリオン非対称性は宇宙誕生時の偶然的な特性として説明するしかない。しかし、現在の素粒子理論では、この保存則の破れが許される。このバリオン数を破る素粒子反応の時間反転対称性が破れていて、かつこの反応に関する非平衡が実現すれば、バリオン-反バリオン対称な初期状態から、小さなバリオン-反バリオン非対称性を生み出すことができる（**バリオン数生成**）。例えば、大統一理論と呼ばれる重力を除く相互作用の統一理論では、バリオンと電子などのレプトンが相互変換することが可能となる。また、ニュートリノの質量を説明するには粒子数の保存しないマヨラナ型と呼ばれるタイプのニュートリノが必要となるが、そのようなニュートリノが存在すると、類似のメカニズムでレプトン-反レプトン非対称性を生み出すことができる（**レプトン数生成**）。このレプトン非対称性は、量子異常効果によりバリオン非対称性に転化されることが示される。現時点では、いずれのメカニズムが

われわれの宇宙のバリオン非対称性を生み出したかは不明である。

ダークマターの起源については、その実体が確定してないため、原子物質の起源よりさらに不定性が大きい。冷たいダークマターの候補は標準素粒子モデルの中には存在しないことが確定しているので、ダークマターを説明するには標準素粒子モデルの拡張が必要となる。現在有力と考えられている候補のひとつは、超対称性を持つ拡張理論に登場する中性の重い素粒子（ニュートラリーノ）、もうひとつはアクシオンと呼ばれる小さな質量を持つボーズ粒子である。現在、超高エネルギー加速器実験やダークマター粒子の直接検出などさまざまな方法で実体を解明する努力が行われているが、その結果はわれわれの自然についての知識を大きく前進させることになる。

10.3 加速膨張する宇宙

10.3.1 インフレーション宇宙

熱いビッグバン宇宙モデルは、元素の起源、CMBの起源と特性、銀河の起源を説明し、さらにはダークマターを含めた物質の起源にも道を開いた。しかし、このモデルにはその枠内では説明できない大きな問題がいくつかある。

そのひとつが**ホライズン問題**である。10.2節で述べたように、われわれはCMBにより宇宙晴れ上がり時点の宇宙の構造を観測できるが、その際に見ることができる領域の半径は、現在のスケールに換算して、宇宙年齢の間に光が進む距離に相当する14,000 Mpc（460億光年）となる。この半径は、**現在のホライズン半径**と呼ばれる（図10.2参照）。CMBの観測は、この領域が温度に関して10^{-5}程度の不均一性しか持たないことを示している。一方、ビッグバン宇宙モデルでは宇宙には始まりがあり、宇宙誕生時から宇宙晴れ上がり時（$t=35$億年）までに光の伝播する距離は、現在のスケールに換算して、現在のホライズン半径の50分の1の約270 Mpc（9億光年）しかない。この距離は、宇宙が誕生してからこの時期までに互いに影響を及ぼすことができる最大距離となる。したがって、宇宙晴れ上がり時点での宇宙では、互いに因果的に無関係

な領域の温度がなぜか高い精度で一致していることになる。この問題は、ホライズン問題と呼ばれる。

この問題と密接に関連する困難として**平坦性問題**がある。一般相対性理論に従うと、ビッグバン宇宙は初期特異点から始まるが、実際にはミクロの世界を支配する法則である量子論の効果を考慮すると、このような特異性は回避できると考えられている。この場合、アインシュタイン方程式より、古典理論での記述が適用できるのは、宇宙誕生後 $t_{\rm pl} \simeq 10^{-43}$ 秒程度たってからとなる。ここで、$t_{\rm pl} = \sqrt{G\hbar/c^5}$ は、基本定数である重力定数、プランク定数、光速から作られる時間の次元を持った量で、**プランク時間**と呼ばれる。また、$L_{\rm pl} = ct_{\rm pl} \simeq 1.6 \times 10^{-33}$ cm は、**プランク長**と呼ばれる。そこで、$t \sim t_{\rm pl}$ を実質的なビッグバン宇宙の始まりだとして、その時点での空間曲率を現在の曲率から計算してみる。曲率の大きさを宇宙膨張率 H の2乗との比

$$\Omega_K \equiv (-c^2 K/a^2)/H^2 \simeq (-K/a^2)/(8\pi G\rho/3/c^4)$$

で表すと、そのプランク時での値と現在の値の関係は $\Omega_K(t_{\rm pl}) \sim 10^{-60}\Omega_K(t_0)$ となる。観測より、現在の宇宙空間は平坦で $|\Omega_K(t_0)| < 0.01$ という制限が得られているので、プランク時での $|\Omega_K|$ の値に対して、10^{-62} 以下という非常に厳しい条件が得られる。これに対し、プランク時での $L_{\rm pl}$ サイズの領域では、不確定性原理により、$\hbar/t_{\rm pl}$ 程度のエネルギーのゆらぎがあることを考慮すると、現在の観測領域と対応するプランク時での領域に対する $|\Omega_K|$ の自然な値は、4×10^{-44} となる。これは、現在の曲率から要求される平坦性 $|\Omega_K| < 10^{-62}$ をはるかに超えている。

最後に、より深刻な問題がある。それは、銀河の種となるゆらぎの起源である。前節で触れたように、現在最も有力な銀河形成理論では、現在の銀河やその分布は、宇宙初期のわずかな物質密度のゆらぎが重力不安定で成長することにより作られる。したがって、現在の宇宙の構造を説明するためには、この初期ゆらぎの振幅やパワースペクトルの形状がどのようにして決まったかを解明しないといけない。

宇宙が誕生してからの因果相関距離（ホライズン半径）$l_H(t)$ はほぼ時間 t に比例して増大する。一方、銀河の平均距離や銀河分布のパター

ンを特徴付けるスケールは、宇宙のスケール因子aに比例して変化する。宇宙が減速膨張するビッグバン宇宙モデルでは、$\ddot{a}<0$より、過去にさかのぼると$a(t)$はtより緩やかに減少する。すなわち、$a(t)/l_H(t) \equiv 1/L_H(t)$は宇宙初期に向かって限りなく増大する(図10.2)。したがって、現在の構造の起源となるゆらぎの波長$\propto a(t)$は、過去にさかのぼると必ず、因果相関距離$l_H(t)$より大きくなる。これより、初期ゆらぎの振幅やスペクトルは、宇宙誕生時の初期条件によって決まるという結論が得られる。ところが、これだと観測と合わない答えが得られる。まず、プランク時でサイズlの領域は、互いに因果相関を持たないプランク長サイズの小領域の$N=(l/L_{pl})^3$個の集まりである。この各小領域では、エネルギーに$\hbar/t_{pl}$程度のゆらぎがある。各小領域のゆらぎは相関を持たないので、このゆらぎは、サイズlの領域に$\Delta E \sim \sqrt{N}\hbar/t_{pl}$程度のゆらぎを生み出す。このゆらぎに伴う重力ポテンシャルのゆらぎは$\Delta\phi \sim G\Delta E/(c^2 l) \sim \sqrt{l/L_{pl}}$となり、$\sqrt{l}$に比例する。これに対して、観測から理論的に得られる初期ゆらぎのスペクトルは$\Delta\phi$がスケールlに依存しない**ハリソン-ゼルドヴィッチスペクトル**となっている。

　以上のビッグバン宇宙モデルの困難は、初期に宇宙が適当な期間、加速膨張(インフレーション)すると解消される。まず、現在から観測可能な宇宙晴れ上がり時での領域の半径は、過去にさかのぼるとスケール因子$a(t)$に比例して縮小する。ビッグバン宇宙では、因果相関距離$\sim ct \sim c/H$がこのスケールより早くゼロに行くことが、ホライズン問題が起きる原因であった。宇宙が加速膨張する時期があると、この関係が大きく変わる。まず、t_sをインフレーションの開始時刻、$H(t)$を各時刻での宇宙膨張率として、ホライズン半径は、$l_H \approx H(t_s)^{-1} a(t)/a(t_s)$となることが示される。インフレーション終了時刻を$t=t_l$、インフレーションの期間での宇宙膨張比率を$e^N \equiv a(t_l)/a(t_s)$とおくと、インフレーション終了時でのホライズン半径l_Hとハッブルホライズン半径c/Hの比は、$l_H(t_l) H(t_l)/c \approx e^N H(t_l)/H(t_s)$となる。インフレーション終了後、宇宙は熱いビッグバン宇宙に移行するとすると、$l_H/(cH^{-1})$は時間とともに減少するが、その宇宙晴れ上がり時での値は、インフレーションが十

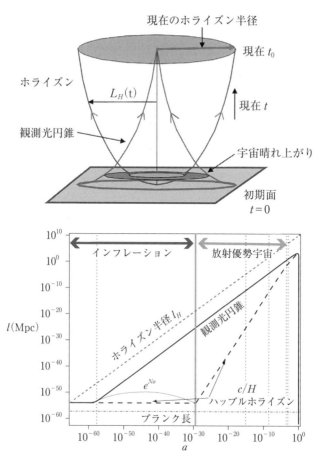

図10.2　観測光円錐とホライズン　上：ビッグバン宇宙、下：インフレーション宇宙

分長く続き、N_tがある臨界値N_oより大きくなれば1を超えることができる（図10.2参照）。すなわち、宇宙晴れ上がり時での因果相関距離が、観測領域のサイズを超えることになり、観測領域の均一性を物理過程の結果として説明する道が開かれる。詳しい計算によると、$N_o \approx 60$となる。

次に、平坦性問題は、そもそも、$H^2 \simeq 8\pi G/(3c^2)\rho$が曲率$K/a^2$より早く減少すること、すなわち$|\Omega_K|$が時間の増大関数であることが原因であった。宇宙が加速膨張すれば、$|\Omega_K| \propto 1/(aH)^2 = 1/\dot{a}^2$は時間の減少関数となるので、加速膨張が十分長い時間起きれば、宇宙の曲率の初期

値を実質的にいくらでも減少させることができる。

　最後のゆらぎの問題は、スタロビンスキー（A. Starobinsky）やリンデ（A. Linde）らの提案した大胆なアイデアにより解決された。場の量子論によると、真空でもすべての場にはゼロ点振動と呼ばれる量子ゆらぎが存在する。以下、簡単のため質量が無視できる場に限定すると、ミンコフスキー時空では、このゆらぎのパワースペクトルは、長波長の領域で、波数kの2乗に比例して減少する。このため、量子ゆらぎが宇宙スケールの現象に直接影響を及ぼすことはない。しかし、インフレーションの時期では、状況が異なる。まず、各ゆらぎの波長$\lambda = 2\pi/k$は、宇宙膨張とともに、$\lambda \propto a(t)$ に従って引き延ばされる。λがハッブルホライズン半径c/Hより小さい時期には、ミンコフスキー時空での振る舞いと同様、ゆらぎの振幅は$k \propto 1/a(t)$ に従って減少するが、波長がハッブルホライズン半径を超えると、急速に一定値〜Hに近づくことが示される。すなわち、ゼロ点振動が凍結されるのである。インフレーションがインフラトンと呼ばれるスカラー場により引き起こされる場合には、このようにして生成されたインフラトンのゆらぎはインフレーション終了後、重力ポテンシャルΦのゆらぎとして残り、熱いビッグバン宇宙での銀河形成の種となる。このシナリオでは、ビッグバン宇宙でのゆらぎの振幅は、インフレーション時にゆらぎの波長がハッブルホライズン半径と一致する時刻でのHに比例する。ところが、インフレーション時期ではHの変化は緩やかであるため、生成されたゆらぎの振幅は波数にほとんど依存しなくなる。すなわち、ゆらぎのパワースペクトルとしてハリソン―ゼロウドビッチスペクトルが自然に予言される。

　このように、宇宙は誕生後まず加速膨張を起こし、その後熱いビッグバン宇宙へ移行したとするインフレーション宇宙モデルは、ビッグバン宇宙モデルでは説明できない多くの疑問に明快な解答を与えている。特に、このモデルは、宇宙構造の種となるゆらぎの大きさと特性を完全に決定する能力を持っており、これまでに、そのいくつかはCMB温度非等方性観測などで確認されている。ただし、理論面からみると、インフレーションモデルは依然としてシナリオのレベルにあり、インフレー

ションを引き起こす場の実体とその背後にある理論、再加熱と呼ばれる熱いビッグバン宇宙の生成機構とその初期温度などは全く不明である。また、インフレーション理論は、時空の量子ゆらぎを起源とする原始重力波が現在の宇宙を満たしていることを予言しており、その検出はインフレーション理論の検証におけるスモーキングガンと見なされているが、まだ実現していない。

10.3.2 ダークエネルギー

10.1節で触れたように、宇宙年齢はおおまかには、ハッブル定数の逆数$1/H_0$程度となる。ハッブル定数に対する現在の観測値を代入すると、この値は約140億年となり、地球の年齢〜47億年、球状星団の星の年齢>130億年などの観測結果と矛盾しない。しかし、宇宙モデルを具体的に指定してきちんと計算すると、問題があることがわかる。まず、実体の不明な宇宙項をゼロとおく。さらに、簡単のため、空間曲率をゼロとおくと、現在の宇宙は非相対論的物質が宇宙膨張を支配する物質優勢時代にあることになる。この場合、t_0を宇宙年齢として、宇宙のスケール因子は$a=(t/t_0)^{2/3}$と変化するので、$H_0=2/(3t_0)$を得る。これは、$t_0=2/(3H_0)\simeq 93$億年を意味し、宇宙年齢は宇宙に存在する古い星の年齢より短くなってしまう。これは**宇宙年齢問題**と呼ばれ、かつては、現在の空間曲率が負で絶対値が大きいとすることでこの問題を解消しようとする試みもあったが、現在ではこの可能性は観測的に否定されている。また、圧力が非負の未知の物質を加えても事態は改善しないことが示される。したがって、宇宙項がゼロでないとするか、圧力が負の未知の物質が存在すると仮定する以外に、宇宙年齢問題を解決する手だてはない。

この結論は一見エグゾチックにみえるが、20世紀末ごろからこの結論を支持する観測が次々と出されるようになった。最初の観測は、パールマター（S. Perlmutter）らのチームとリース（A. G. Riess）らのチームにより独立に行われた。彼らは、Ia型超新星の光度変化と絶対光度の間に相関があることを用いて、それまで100 Mpcスケールで行われていた銀河の速度-距離相関の観測を、一挙に宇宙の最大観測領域に匹敵する4,000 Mpc以上に拡大した。近距離と異なり、このような長距離の観

測は、過去の宇宙膨張速度を測定することになる。結果は、現在の宇宙が加速膨張しているという驚くべきものであった（1998）。

（10.5b）より、宇宙項がゼロで、宇宙物質が既知の場や粒子のみで構成されている限り、$\rho+3P>0$ となるため、宇宙膨張は必ず減速する。したがって、宇宙が加速膨張しているということは、正の宇宙項か圧力が負で $\rho+3P<0$ となる物質が現在の宇宙膨張を支配していることになる。宇宙項は、$P=-\rho$ という関係式を満たす物質と同等なので、両者を含めて、現在の宇宙膨張を加速させている未知の実体は**ダークエネルギー**と呼ばれる。ダークエネルギーを考慮した宇宙モデルでは、宇宙年齢がほぼ $1/H_0$ に等しくなるので、宇宙年齢問題は解消される。

2つのチームによる観測は、さらに多くの銀河の観測へと拡大され、その結果はより確実なものとなっている。また、CMB温度非等方性観測も、宇宙モデルのパラメータを高精度で決定する能力を持ち、Ia型超新星を用いた観測と整合的な結果を与えている。例えば、2015年に発表されたPlanck衛星によるCMB観測結果によると、空間曲率がゼロ、ダークエネルギーが宇宙項であるとする**平坦ΛCDM宇宙モデル**に基づく解析では、現在の宇宙においてフリードマン方程式（10.5a）の右辺で各項が占める割合は、原子物質が約4.4％、ダークマターが約26.5％、曲率がゼロ、ダークエネルギーが約69.1％となる。

このように、現在の宇宙膨張を支配し、宇宙の未来に決定的な影響を及ぼすにもかかわらず、ダークエネルギーの正体は全く不明である。これまでの観測では、正の宇宙項

$$\Lambda \sim H_0^2/c^2 \sim 10^{-121} L_{\mathrm{pl}}^{-2} \sim 8\pi G(\hbar c)^{-3}(3\cdot 10^{-3}\mathrm{eV}/c)^4$$

と整合的であるという結果が報告されているが、例え宇宙項だとしても、素粒子理論の標準的なエネルギースケールと比べて異常に小さなその値を説明することは、現代物理学では不可能である。

参考文献

[1] 小玉英雄、井岡邦仁、郡和範著『宇宙物理学』（共立出版、2014）
[2] 小玉英雄著『相対論的宇宙論』（丸善、2015）

11 | 物質科学の発展（1）
── 結晶の中の電子

家　泰弘

　11章と12章では物性物理学を扱う。はじめに物質科学の歴史的発展や現代社会との関わりを概観する。多数の原子が規則的に並んだ結晶の中での電子の状態は、個別原子の電子軌道に由来するエネルギーバンドとして表されること、電子によるバンドの占有の仕方によって絶縁体と金属の違いが生ずること、半導体の電子構造および半導体デバイスの動作原理の基礎、および、金属非金属転移のいくつかの例について学ぶ。

11.1　物質科学の位置づけ

　現代社会に生きるわれわれの身のまわりには便利な機器や製品があふれている。それらを構成する要素素材となる物質・材料がその機能を発揮する基本原理は物性物理学の研究成果に負っている。情報化社会の象徴であるパーソナルコンピュータを例にとってみよう。コンピュータの中核をなすCPU（Central Processing Unit）やメモリは超大規模集積回路（VLSI）で出来ているが、それらの動作原理は量子力学を基本とする半導体物理学に基礎を置いている。また、デジタル情報の記録に使われるハードディスクには磁性体、DVDには半導体レーザーがそれぞれ用いられている。さらに、情報を表示するディスプレーには液晶が使われている。そのほかにも、テニスラケットや釣り竿に使われる高強度炭素繊維、紙おむつに使われる高分子ゲル、衣類やメガネフレームや医療矯正具に使われる形状記憶合金など、身近なところでもさまざまな高機能材料が活躍している。

　物質科学は、物性物理学、固体化学、材料工学、電子工学、応用物理学など、物理学、化学、工学の各分野にまたがる学問である。新しい物

質を発見・合成する化学、それらの物性を解明する物性物理学、その中で役に立つ性質を持つ物質を実用材料として洗練していく工学、が互いにキャッチボールをしながら発展する総合学問という特徴を持つ。物理学の一分野としての物性物理学の営みは、マクロな数の原子・分子で構成されるさまざまな物質が示す多様な性質(物性)を物理学の原理にのっとって解明し、それらを体系化することにある。具体的な課題の例として、

- ともに炭素原子のみからなるダイヤモンドと黒鉛の性質が大きく異なるのはなぜか？
- 電気をよく通す物質（導体）と通さない物質（絶縁体）の違いは何か？
- 鉄が磁石になり、アルミニウムが磁石にならないのはなぜか？
- ルビーの赤い色はどこからきているのか？
- 超伝導現象のミクロな機構は何か？

などをあげることができる。

物理学の各分野の中でも、素粒子物理学や宇宙物理学が自然界の究極の構成原理を追及する学問であるのに対して、物性物理学は多種多様な物質系を対象とするという意味で研究のスタイルを異にする。しかしながら物性物理学は決して物質の分類学や博物学にとどまるものではなく、それら多様な物質や物性の背景にある基本的統一原理を明らかにすることを目指している。「物質観の構築」が究極の目標といえるだろう。また、物性物理学研究の中から生まれた概念やモデルが素粒子物理学など他の分野において有効性を発揮したケース、あるいはその逆のケース、も少なくない。

ちなみに、日本語では「物性物理学」というぴったりの名称があるが、英語にはそれに相当する適切な言葉がない。かつてはSolid State Physics（固体物理学）という名称が一般的であったが、最近では液体やソフトマターなど固体の範ちゅうに入らないものにまで研究対象が広がったこともあってCondensed Matter Physics（凝縮系物理学）という言い方が一般的になっている。

自然界は階層構造を成している。長さのスケールでは10^{-35} mのプランクスケールから138億光年（10^{25} m）の宇宙スケールまでを扱うのが物理学である。その中で、ナノメートル・スケールの原子・分子から、それらの集合体としてのセンチメートルといったマクロスケールの物質が物性物理学の対象となる。物性物理学における「素」粒子は、原子の構成要素としての原子核と電子、そして電磁場（光）である。原子核が陽子と中性子で構成され、さらにそれらがクォークやグルーオンからできているという事実は、物性物理学ではとりあえず忘れてよい。また、素粒子物理学で議論される4つの力のうち、物性物理学に登場するのは電磁気力のみである。原子を構成するのは原子核とそのまわりの電子であるが、物性に関して最重要となる最外殻の電子を特別扱いして、それ以外の電子と原子核とをひとくくりにしたイオンを「素」粒子とする見方もしばしば有用である。物性物理学の典型的なエネルギースケールは電子ボルト（eV）のオーダーである。

11.2 物質科学の発展史

万物の根源（アルケー（$αρχη$）原質）が何であるかに関して古代ギリシャの自然哲学者たちは思弁をめぐらせた。哲学の祖と称せられるタレスは「水」、アナクシメネスは「気」、ヘラクレイトスは「火」を、それぞれ根源と考えた。ちなみに、ピュタゴラス教団は「数」を根源としていた。エンペドクレスは「地」「水」「気」「火」の四元素がリゾーマタ（根）であってそれらが「愛」（引力）と「憎」（斥力）の作用で離合集散する、という自然観を唱えた。ここでいう「地」「水」「気」「火」は文字通りの土・水・空気・火というよりは、「固体的なもの」「液体的なもの」「気体的なもの」「熱的ないしはエネルギー的なもの」という様相を表している。エンペドクレスの説は、プラトンやアリストテレスによって洗練され、四元素論として中世に受け継がれた。なお、四元素が構成するのは地上界の諸物であって、天上界はそれらとは異なる第五元素でできている、とされた。プラトンは5つの正多面体と四元素＋第五元素との対応関係を唱えた。アリストテレスの体系では四元素のそれぞれに、

「熱／冷」および「乾／湿」という対立する2つの属性を組み合わせた4つの性質が付与され、それらによって万物のふるまいが説明される。これらの4つの性質は、ヒポクラテスやガレノスによる四体液説にもつながっている。ちなみに古代中国においても「木火土金水」という五行思想があることから、このような描像は思弁的自然観に共通する考え方といえるかもしれない。

　四元素論も含むギリシャ科学はビザンツを経てイスラム社会に伝わり、中世ローマ世界が停滞する間アラビア科学として発達した。それらは12世紀ルネッサンスと呼ばれるアラビア語文献の翻訳事業によって西欧社会に還流し、新たな発展の基礎となった。その中には錬金術の哲学体系とともに溶解・蒸留・焼成など、実践的な化学反応手法も含まれていた。錬金術では、四元素とともに「アラビアの三原質」と呼ばれる水銀・硫黄・塩の役割が重視された。アラビア科学をもとにロジャー・ベーコン、パラケルススなどによって実践された錬金術は今日の目から見れば怪しげなものであるが、16世紀から17世紀にかけての科学革命の下地を作ったものと位置づけることができる。

　四元素論が与える物質のイメージは連続体のそれである。これとは別の流れとしてレウキッポスとデモクリトスによる素朴原子論があった。彼らは、根源を求めて物体を次々に分割していく過程（思考実験）において、「（それ以上は）分割できない（$\alpha\tau o\mu o\varsigma$）」という最小単位があるものと考え、それを原子（アトム）と呼んだ。原子という最小構成要素を考えれば必然的に、それらが運動する空間すなわち原子と原子の間の何もない空虚（ケノン）をも想定しなければならない。アリストテレスは「自然は真空を嫌う」という言葉に残っているように、空虚すなわち「何もない」が存在することはありえない、として原子論を退けた。原子論を採るかそれを排斥するかは、無限分割という厄介な概念と真空という厄介概念のどちらをより受け入れ難いと考えるか、によって判断が分かれたのであろう。

　エピクロスは原子論の思弁を推し進め、真空中の原子たちの運動と偶然の衝突に支配される唯物論的自然観を提示した。エピクロスの自然観

はローマ時代のルクレティウスの『事物の本質について』という書物に残されたが、これはアリストテレス流の目的論的自然観やキリスト教が説く神の摂理とは相いれないものであったため、中世には長らく忘れられていた。15〜16世紀イタリアルネッサンスの人文主義者たちによって、修道院に眠っているギリシャ・ローマ原典の写本探索が行われ、上述のルクレティウスの書物が再発見され、17世紀前半のガッサンディらによる研究を通じて原子論に新たな生命が与えられた。

　トリチェリやゲーリケによる「真空」の実験に刺激を受けたボイルは助手のフックとともに空気ポンプを製作して一連の実験を行った。空気ポンプは当時の最先端の実験装置であった。一方、デカルトやホッブス[1]などアリストテレスの流れをくむ「空間充満」論者（plenists）[2]たちの考えも根強く、ガッサンディやボイルに代表される「真空＋原子」論者（vacuists）たちとの論争になった。創設まもない王立科学協会（Royal Society）はその議論の場となった。両陣営の論争はまた、思弁自然哲学と実験自然哲学の正統性をめぐる論争という側面もあった。

　ボイルはまた『懐疑的化学者』という書を著し、四元素論や錬金術を否定して元素の新たな定義を試みた点で、錬金術から近代化学への転換を象徴する人物でもあった。18世紀のラヴォアジェによる化学変化における質量保存則の発見、19世紀に入ってドルトンによる倍数比例の法則の発見、アボガドロによる気体反応の法則の発見などを通じて、近代的な元素概念ならびに化学的原子論が確立していった。このようにして蓄積された元素知識の集大成が19世紀のメンデレーエフによる元素周期律の提唱であった。メンデレーエフは、当時知られていた元素を原子量の順に並べた際に化学的性質が似通ったものが周期的にあらわれることを示すとともに、未発見の元素の存在も予言した。周期表の空欄にあたる元素（現在の名称ではガリウム、スカンジウム、ゲルマニウム）が次々と見つかることによって元素周期律の正しさが立証されるところ

---

1) 『リヴァイアサン』を著したホッブスは一般には政治哲学者というイメージが強いが、真空をめぐる論争においてはボイルの最強の論敵であった。
2) 「真空（vacuum）」に対峙する概念として「充満した空間」をplenumという。

となった。

　化学的知識の発達と並行して、ニュートン力学の成功を基盤とする古典物理学体系の構築が17〜18世紀に進んだ。18世紀後半からの産業革命を駆動した蒸気機関に関連して熱エネルギーに関する学問が進展し、カルノー、クラウジウス、ギブズ、ヘルムホルツらによって熱力学が体系化された。電気および磁気現象に関しては、17世紀から18世紀のギルバート、デュ・フェ、フランクリン、ガルヴァーニ、といった電磁気学前史を経て、18世紀末から19世紀にかけて、クーロン、ヴォルタ、オーム、エールステッド、アンペールといった電磁気学の単位に名を残す人々による重要な発見が蓄積されていった。19世紀後半にはファラデーによる電磁誘導の発見を契機として電磁気学として統一され、マックスウェル方程式による体系化がなされた。マックスウェル方程式の波動解から電磁波の存在が予想され、実際にヘルツによって実証されたこと、さらに、光も電磁波であることが認識されたことは電磁気学の完成を宣言するものであった。ケルヴィン卿は19世紀末における古典物理学体系の完成を象徴する存在であった。

　原子論的世界観は、19世紀のマックスウェルやボルツマンによる気体分子運動論の成功によってその基礎が揺るぎないものとなったが、一方ではエルンスト・マッハやオスドワルドなど実証主義的立場から原子の実在性を否定する論も根強くあった。それを払拭したのは、アイシュタインによるブラウン運動の理論と、それを用いてアボガドロ数を求めてみせたペランの実験であった。20世紀に差しかかる頃、電子の発見（J. J. トムソン）、X線の発見（レントゲン）、放射能の発見（ベクレル、キュリー）原子核の発見（ラザフォード）など画期的な展開が相次いだ。黒体輻射スペクトルをめぐる謎に関してプランクが仮説として導入した量子は、光電効果に関するアインシュタインの理論によって実体であることが認識された。水素原子のスペクトル系列に関して、バルマー、リュードベリといった人々によって示された経験則が、前期量子論に基づくボーアの原子模型によって見事に説明された。それに続く、ボーア、ハイゼンベルク、ド・ブロイ、シュレーディンガー、ボルンなど

20世紀の物理学者たちによる量子力学の建設過程については、多くの書物で語られているのでここでは繰り返さない。

11.3　元素周期律と原子構造

　物質は100種類余りの元素のさまざまな組み合わせでできている。物質を理解するにはまず、それらの構成要素である原子を理解しなければならない。最も単純な水素原子では、中心に置かれた陽子の正電荷が作るクーロンポテンシャル中の1個の電子の運動という量子力学の演習問題になる。電子の軌道は動径方向の運動状態に関する主量子数 $n = 1, 2, 3, \cdots$、回転運動の状態に関する方位量子数 $l = 0, 1, \cdots, (n-1)$、と磁気量子数 $m = -l, \cdots, (l-1), l$、および、スピン状態に課する量子数 $\sigma = \pm 1$ によって指定される。水素原子では各状態のエネルギーは主量子数のみによって決まり、

$$E_n = \frac{m_e e^4}{(4\pi\epsilon_0)^2 2\hbar^2}\frac{1}{n^2} = \frac{1}{n^2}Ry \quad \left(Ry \equiv \frac{m_e e^4}{(4\pi\epsilon_0)^2 2\hbar^2} = 13.6\,\text{eV}\right) \quad (11.1)$$

となる。基底状態における原子の大きさ（電子の平均軌道半径）はボーア半径

$$a_B = \frac{4\pi\epsilon_0 \hbar^2}{m_e e^2} = 0.053\,\text{nm} \quad (11.2)$$

で与えられる。方位量子数 $l = 0, 1, 2, 3, \cdots$ の軌道状態を（歴史的経緯から）s, p, d, f, $\cdots$ という記号で表すことになっているので、電子軌道は1s, 2s, 2p, 3s, 3p, 3d, $\cdots$ のように表示される。磁気量子数 m は $-l$ から $+l$ までの $2l+1$ 通りの値をとり得るので、方位量子数 l の状態の縮重度は $2l+1$ である。

　原子番号 Z の原子では、原子核の $+Ze$ の電荷によるクーロンポテンシャルに Z 個の電子が束縛されている。多電子原子の例として、原子番号11番のナトリウム原子の場合を図11.1に示す。$+11e$ の電荷を持つ原子核のまわりに11個の電子がある。それらはエネルギーの低いほうから各電子状態に1個ずつ、すなわち、各電子軌道当たり異なるスピン状態の2つの電子が入る。電子配置は $(1s)^2(2s)^2(2p)^6(3s)^1$ となるが、ナ

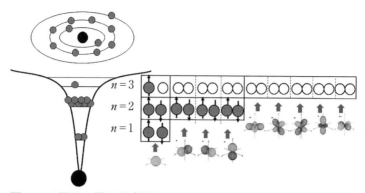

図11.1 原子の電子軌道準位と、ナトリウム原子（$Z=11$）の場合の電子の詰まり方

トリウムのようなアルカリ金属の場合はこのように最外殻に1個の電子が存在する。最外殻の電子状態は最も弱い束縛なので電子の着脱が比較的容易に起こる。隣接原子との結合など化学的性質を支配するのは最外殻の電子であり、それらは価電子と呼ばれる。最外殻の電子配置が同じになるような元素は互いに似たような化学的性質を持つ。そのことを反映したのが元素周期表である。元素周期表では、価電子配置が同じ元素が同じ縦の列に並ぶようになっている。

原子核の電荷は原子番号とともに増加するので、それに従ってクーロンポテンシャルは強くなり、内殻の電子準位の束縛エネルギーはZ^2に比例して増大する（より大きな負のエネルギー値になる）。Zの2乗に比例するのは、中心電荷がZ倍になることと、軌道半径がZ分の1になることによっている。一方、最外殻の電子準位は多くの場合、真空準位から数eVの付近にある。

11.4 原子から固体結晶へ

次のステップは多数の原子を並べた固体結晶の性質を調べることである。その手始めとして水素原子2個の系を考える。両者が遠くに離れて相互作用がない状況では、単に2つの孤立原子があるだけなので、電子準位は孤立原子のそれである。電子雲が互いに重なり合う程度に原子間

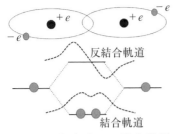

図11.2 水素分子の結合軌道と反結合軌道

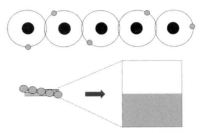

図11.3 水素原子を並べた仮想的な「結晶」中のエネルギー準位（バンド）

距離を縮めると、電子の飛び移りによって軌道混成が生じることにより新たな電子準位が形成される。それらは、2つの原子の電子軌道を同位相で重ねた「結合性の分子軌道」と逆位相で重ねた「反結合性の分子軌道」である（図11.2）。水素分子の場合には、エネルギーが低い方の「結合軌道」に互いにスピンが逆向きの2個の電子が収容される。これにより全体のエネルギーが下がることが、水素分子が形成される理由にほかならず、結合軌道という名称もそこから来ている。

次に、多数の水素原子を等間隔に並べた図11.3のような系（仮想的一次元結晶）を考えよう。隣り合う原子の電子雲が互いに重なる程度に原子間隔を縮めていくと、水素分子の場合と同じように軌道混成が起こって新たなエネルギー準位が形成される。この場合、マクロな数の原子の軌道が混成することを反映して、あるエネルギー範囲にわたって実質的に連続スペクトルと見なしてよいほど稠密にエネルギー準位が分布する。これをエネルギーバンドという。幅を持ったエネルギーバンドは、結晶中の電子の運動量（波数）とエネルギーの関係式（バンド分散関係）、すなわち逆格子空間のブリルアン・ゾーンの各点に対応するエネルギーの分枝を反映している。

仮想的モデルとして考えた水素原子の結晶の場合、原子1個当たり電子1個が供給されるので、図11.3のように、1s軌道由来のバンドがちょうど半分だけ詰まった状態となる。1s軌道に電子を2個ずつ持つヘリウム原子からなる仮想的結晶の場合、1s軌道由来のバンドが完全に埋ま

ることになる。

一般の多電子原子からなる結晶の場合、図11.4に示すように、構成原子の原子軌道（1s, 2s, 2p, 3s, …など）から、それぞれのエネルギーバンドが形成される。一般に、外殻の軌道ほど

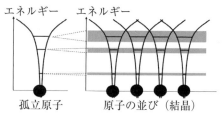

図11.4 エネルギーバンドとギャップの形成

隣接原子との重なりが大きいので、対応するバンドのバンド幅は大きくなる。バンドとバンドはエネルギーギャップで隔てられる。固体結晶中の電子状態はこのようにバンドとギャップで特徴付けられる「バンド構造」をとる。バンド構造は、結晶を構成する原子の種類および結晶格子の対称性によって決まるものである。エネルギーの低いバンドから順に、総電子数で決まる化学ポテンシャルμまで電子で埋まる。固体中の電子のふるまい、は、このバンド構造、特に化学ポテンシャル近傍のバンド構造が支配する。

11.5 バンド構造と電気伝導

固体の諸性質の中でも電気伝導は、物質の種類や物理環境によって極めて大きく変化する物性である。全く電気を通さない絶縁体と良導体である金属との違いはどこからくるのだろうか。前節でみたように、固体結晶中の電子の運動はバンド構造で支配される。その中でも電気伝導は化学ポテンシャル近傍のバンド構造の詳細に強く依存する。総電子数によってバンドがどこまで埋まるかが違ってくるが、電子によって占有されている最も高いエネルギーのバンド、つまり原子の最外殻電子（価電子）の準位からなるバンドを価電子帯と呼ぶ。図11.5のように、総電子数しだいで、価電子帯が中途半端に埋まる場合と、価電子帯が完全に埋

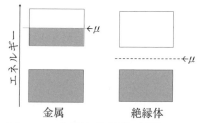

図11.5 金属と絶縁体　バンドの詰まり方の違い。

まってその上のバンドは完全に空いている場合とがある。前者の状態では電子は電場に応答して容易に動くので良導体つまり金属であり、後者では電場をかけてもぎっしり詰まった電子は身動きがとれないので絶縁体である。図11.5を、水を入れた水槽とイメージするなら、電場をかけるということは水槽を傾けることに対応する。部分的に満たされた水槽では水が流れるが、完全に満たされた水槽は傾けても水は流れない、ということに相当する。

以上は、ごく簡略化した定性的な説明である。金属状態についてもう少し詳細にみていこう。金属電子状態を記述する最も単純なモデルとして自由電子モデルというものがある。価電子帯[3]にある電子（伝導電子）の集団を電子の気体と見なすモデルである。ただし、電子気体はフェルミ分布に従う縮退系であるという点が通常の気体とは異なる。電子のエネルギーと運動量 $\bm{p} = \hbar \bm{k}$（$\bm{k}$ は波数ベクトル）との関係は、自由電子と同じ形の

$$\varepsilon(\bm{k}) = \frac{\hbar^2 \bm{k}^2}{2m^*} = \frac{\hbar^2}{2m^*}(k_x^2 + k_y^2 + k_z^2) \tag{11.3}$$

である。ここで、電子の質量はバンド構造を反映した有効質量 m^* としている。系が一辺 L の立方体であるとすると、波数ベクトルは

$$\bm{k} \equiv (k_x, k_y, k_z) = \left(\frac{2\pi}{L}n_x, \frac{2\pi}{L}n_y, \frac{2\pi}{L}n_z\right) \quad (n_x, n_y, n_z = 0, \pm 1, \pm 2, \cdots) \tag{11.4}$$

という量子化された値をとる。ただし L はマクロな大きさなので $2\pi/L$ は極めて小さい量であり、$\bm{k}$ がとり得る値は波数空間（逆格子空間）内でほぼ連続と見なせるほど稠密に並んでいる。図11.6は、(k_x, k_y) の2次元について (11.3) 式の分散関係を描いたものである。

密度 $n = N/L^3$ の伝導電子（価電子帯にある電子）は、バンドの底（$\bm{k} = 0$）から順に状態を埋めていく。$\bm{k}$-空間の中で電子によって占められる状態は図中●で示したものである。3次元の場合、これは半径 k_F の球

---

[3] 金属の場合、化学ポテンシャルが位置するバンドは価電子帯とも伝導帯とも呼ばれる。

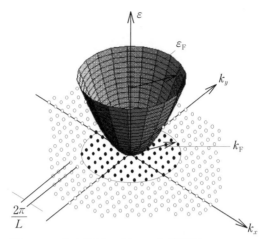

図11.6　自由電子モデルの分散関係　$k < k_F$ の範囲が電子によって占められている。

（フェルミ球）の内側ということになる。伝導電子密度 n と k_F の関係は、k-空間のフェルミ球の体積を考えることにより、

$$n = 2 \frac{1}{(2\pi)^3} \frac{4\pi}{3} k_F^3 \tag{11.5}$$

すなわち

$$k_F = (3\pi^2 n)^{1/3} \tag{11.6}$$

で与えられることがわかる。(11.5) 式の右辺の因子2はスピンの自由度に対応している。

　電気伝導を自由電子モデルで考えよう。電荷 $-e$、有効質量 m^* を持つ電子が単位体積当たり n 個あって、それらが速度 v で走るときの電流は $J = n|e|v$ である。電子は電場によって加速される一方、ある確率で散乱されてその運動状態をランダムに変える。ある時刻における電子の速度を考えると、それはその電子が直近に受けた散乱の結果として得た速度 v_0 にその後 t 秒間の自由加速によって獲得した速度 $v_1 = |e|Et/m^*$ を加えた $v = v_0 + v_1$ で表されるであろう。散乱が等方的であるとすれば、散乱直後の速度の平均はゼロである（$\langle v_0 \rangle = 0$）。自由加速される平均時間は

散乱確率の逆数すなわち平均自由時間τであるから、電子の平均速度は$\langle v \rangle = \langle v_1 \rangle = |e|E\tau/m^*$となる。したがって電気伝導度$\sigma \equiv J/E$は

$$\sigma = \frac{ne^2\tau}{m^*} \tag{11.7}$$

と表される。これはドゥルーデ（Drude）の式と呼ばれる。ドゥルーデの式は歴史的には電子系を古典理想気体と考えて導かれたものであるが、フェルミ縮退している金属電子系の電気伝導度に対しても有効であることが示されている。

金属に電流を流したときの電子の平均ドリフト速度が実際にどの程度の値になるかを計算してみよう。仮に断面積$1\,\text{mm}^2$の銅線に$100\,\text{A}$の電流を流したとすると、電流密度は$J = 10^8\,\text{A}/\text{m}^2$となる。金属銅の電子密度は$n \simeq 10^{29}\,\text{m}^{-3}$程度であるから、$J = n|e|\langle v \rangle$から計算される平均ドリフト速度は$\langle v \rangle \simeq 10^{-3}\,\text{m}/\text{s}$である。一方、金属の伝導電子のフェルミ速度は$v_F \simeq 10^6\,\text{m}/\text{s}$程度の大きさである。つまり伝導電子のそれぞれは光速度の$1/300$というような猛スピードでさまざまな方向に飛び交っているのだが、平衡状態では互いに逆向きに走る電子がちょうど同数だけあって相殺しているために全体として電流がゼロになっている。電場がかかってその相殺がほんの$1/10^9$程度崩れただけで、かなりの電流になることがわかる。

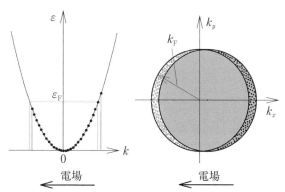

図11.7　電場印加下での定常状態での電子分布
平衡分布からのずれは誇張されている。

(11.7) 式は

$$\sigma = \frac{ne^2\tau}{m^*} = \frac{e^2 k_F^2 \tau}{3\pi^2 m^*} = \frac{e^2 (4\pi k_F^2)}{12\pi^3 \hbar}\left(\frac{\hbar k_F}{m^*}\right)\tau = \frac{e^2 S_F}{12\pi^3 \hbar} v_F \tau = \frac{e^2 S_F}{12\pi^3 \hbar} l \quad (11.8)$$

と書き直すこともできる。ここで $S_F = 4\pi k_F^2$ はフェルミ球の表面積、$l = v_F \tau$ は平均自由行程である。ザイマン（Ziman）によるこの表式は、v_F という速度を持つフェルミ面上の電子が伝導を担っているという見方を表現するのに適している。さらに、(11.7) 式は

$$\sigma = \frac{ne^2\tau}{m^*} = e^2 \left(\frac{2}{(2\pi)^3} \frac{4}{3}\pi k_F^3\right)\frac{\tau}{m^*}$$

$$= e^2 \left(\frac{2}{(2\pi)^3} \frac{(4\pi k_F^2)}{\hbar v_F}\right)\frac{1}{3} v_F \left(\frac{\hbar k_F}{m^*}\right)\tau = e^2 N(\varepsilon_F) D \quad (11.9)$$

と書き直すこともできる。ここで $N(\varepsilon_F)$ はフェルミ面の状態密度、$D \equiv \frac{1}{3} v_F^2 \tau$ は拡散係数である。

自由電子モデルでは (11.3) 式という等方的な分散関係を仮定しているので、k-空間のうち電子で占められる部分は単純な球（フェルミ球）になる。現実の金属物質では、バンド構造も複雑になることが多く、それを反映してフェルミ面も複雑な様相を呈する。金属の個性がフェルミ面にあらわれるともいえる。

11.6 半導体

電気伝導の観点から金属と絶縁体の中間に位置するのが半導体と呼ばれる一連の物質である。半導体の伝導度はさまざまな外的条件によって大きく変化する。それを利用しているのがトランジスタなどの半導体デバイスである。代表的な半導体物質としてゲルマニウム（Ge）、シリコン（Si）、ヒ化ガリウム（GaAs）がある。これらのバンド構造はおおまかにいえば、図 11.5 に示した絶縁体のそれと類似のものである。ただし典型的な絶縁体に比べれば、エネルギーギャップは比較的小さく、$E_G \sim 1\,\mathrm{eV}$ 程度である。そのため、高温ではある程度の数の電子が価電子帯から伝導帯に熱的に励起される。この場合、伝導帯の電子のみならず、価電子帯に生じた電子の空孔も電気伝導に寄与する。後者は正の電荷を

持つ粒子のようにふるまうことから正孔(ホール)と呼ばれる。電子と正孔を併せてキャリア(担体)と呼ぶ。価電子帯から伝導帯への電子の励起は、バンドギャップよりもエネルギーの高い(短波長の)光子の吸収によっても起こる。これは光のエネルギーによる電子と正孔の対生成[4]とみることもできる。

半導体のエネルギーギャップは比較的小さいとはいえ、1 eVは温度に換算すれば12000 Kであるから、室温程度の温度では熱励起によって生成されるキャリアはごく少数である。実用の半導体デバイスでは不純物添加(ドーピング)によってキャリアを生成している。図11.8はSi半導体にPをごくわずか添加した系の模式図である。周期表でSiの右隣にあるPはSiよりも価電子を1つ余分に持っており、その電子が不純物原子に弱く束縛されている様子は真空中の孤立水素原子と似ている。ただしこの場合、不純物原子が置かれている環境が真空ではなく半導体の母結晶中であるという事情を反映して、クーロン相互作用の強さが母結晶の誘電率によって変化するという点と、電子の質量が母結晶中の有効質量になるという点が違っている。有効ボーア半径は

$$a_B^* = \frac{4\pi\epsilon\hbar^2}{m^* e^2} = a_B\left(\frac{m_e}{m^*}\right)\left(\frac{\epsilon}{\epsilon_0}\right) = 0.053 \times \left(\frac{m_e}{m^*}\right)\left(\frac{\epsilon}{\epsilon_0}\right) \text{nm} \quad (11.10)$$

束縛エネルギーは

$$E_1 = \frac{m^* e^4}{(4\pi\epsilon)^2 2\hbar^2} = Ry\left(\frac{m^*}{m_e}\right)\left(\frac{\epsilon_0}{\epsilon}\right)^2 = 13.6 \times \left(\frac{m^*}{m_e}\right)\left(\frac{\epsilon_0}{\epsilon}\right)^2 \text{eV} \quad (11.11)$$

となる。半導体物質の典型的な値として、$m^*/m_e \simeq 0.2$、$\epsilon/\epsilon_0 \simeq 10$を用いると$a_B^* \simeq 3$ nm程度の値になる。有効ボーア半径は母結晶の格子定数よりもかなり大きいので母結晶を誘電率ϵの連続媒質と見なす近似が成り立つ。束縛エネルギーは母結晶のエネルギーギャップに比べてずっと小さく、不純物準位は図11.8の右図に示したように伝導帯の底から$E_1 \simeq 30$ meV程度の位置にある。束縛準位がこのように浅いところにあるので、電子は容易に伝導帯に熱励起される。このような不純物は伝導帯に電子

---

[4] 素粒子物理学における、エネルギー$h\nu > 2m_e c^2$のγ線による電子と陽電子の対生成と似た現象である。

を供給するという意味でドナー(donor)と呼ばれ、ドナー不純物を添加した半導体は（キャリアが伝導帯の電子なのでnegativeの頭文字をとって）n型半導体と呼ばれる。逆に、母結晶の構成原子よりも1つ少ない価電子を持つ不純物を添加した場合は、電子を受容することにより価電子帯の正孔を生成す

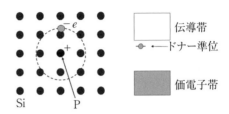

図11.8 SiにPを添加（ドープ）した系
PはSiよりも1個余分の価電子を持ち、その電子はP^+イオンに緩く束縛されている。エネルギー軸上でその束縛準位（ドナー準位）は伝導体の底から数十meV程度の位置にある。

る。そのような不純物はアクセプター（acceptor）と呼ばれ、アクセプター不純物を添加した半導体は（キャリアが価電子帯の正孔なのでpositiveの頭文字をとって）p型半導体と呼ばれる。

　発光ダイオードは、図11.9の左上図のようにp型とn型の半導体を接合したpn接合からなる。外部電源をつないで電流を流すと、接合部においてp領域の正孔とn領域の電子の結合（対消滅）が起こり、光子が放出される。左下図はpn接合のバンド図式である。電子と正孔の対消滅は、見方を変えれば伝導帯から価電子帯への電子の遷移である。この図から、放出される光子のエネルギーは、使われている半導体のバンドギャップによって決まっていることが見て取れる。したがって、青色など波長の短い光を出すには窒化ガリウム（GaN）や酸化亜鉛(ZnO)といった広いバンドギャップを有する半導体を用いなければならない。現実には、それらの半導体材料でn型、p型を作製する技術、ならびに、光放出を伴わない電子遷移の原因とな

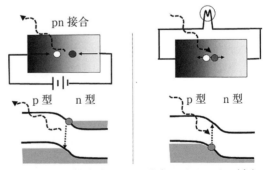

図11.9 pn接合を用いた発光ダイオード（左）と太陽光発電素子（右）の構造およびバンド構造。

る欠陥の少ない結晶を作製する技術、が課題となる。青色発光ダイオードの開発[5]においてはこれらの技術的課題の克服が鍵であった。

発光ダイオードにおける過程と逆の過程を利用するのが光発電素子である。図11.9の右上図に示したようなpn接合構造に、バンドギャップよりもエネルギーの高い光を照射することにより価電子帯から伝導帯への電子励起が起こる。これによって生成された伝導電子と正孔が、pn接合のところに形成される内部電位差によって、それぞれn型領域およびp型領域に移動して起電力（光起電力）が発生する。太陽光発電の場合、太陽光スペクトルのうち、用いられている半導体のバンドギャップよりも高エネルギーの部分のみが有効となる。

11.7 金属非金属転移

金属非金属転移（金属絶縁体転移）とは、温度、圧力、磁場などの外部パラメータによって、電気伝導すなわち電子の遍歴性／局在性が劇的に変化する現象である。そこには結晶周期ポテンシャルの乱れや電子間相互作用（電子相関）の強さが重要な役割を演じる。金属絶縁体転移のいくつかの類型をみてみよう。

11.7.1 ブロッホ–ウィルソン転移

圧力は固体結晶の格子定数（原子間距離）を変化させる。一般に原子間距離が縮まることにより隣接原子間の電子の跳び移りが多くなりバンド幅が広がる。図11.10に示したように常圧ではバンド絶縁体である物質に圧力を印加するとバンド幅が広がり、価電子帯と伝導帯が一部重なるようになると「半金属」に転移する。このようなバンド交差に伴う絶縁体／半金属転移はブロッホ–ウィルソン転移と呼ばれる。

なお、圧力印加によって結晶構造そのものが変化する場合（構造相転移）もあり、その場合にはバンド構造自体が大きく変わってしまう。このようなケースはむしろ、異なる物質の出現と捉えるべきであろう。

---

[5] 赤崎勇、天野浩、中村修二らによる青色発光ダイオード開発の業績に対して2014年のノーベル物理学賞が授けられた。

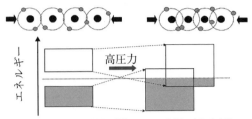

図 11.10 圧力印加によるバンド交差に伴う金属非金属転移（ブロッホ-ウィルソン転移）

11.7.2 アンダーソン局在

完全な結晶格子、つまり理想的な周期ポテンシャル中の伝導電子は、波数（運動量）がよい（well defined）量子数であるような固有状態にある。完全性からのずれとしては、結晶格子の熱振動（フォノン）による動的な乱れ、および、格子欠陥・不純物などによる静的な乱れがある。それらによって電子の散乱（運動量固有状態の遷移）が起こり、電気抵抗の原因となる。電子散乱の頻度（散乱確率）、あるいは、その逆数である緩和時間は系の乱れの大きさを反映する。乱れが比較的小さくて散乱頻度が低い場合には個々の散乱過程を独立事象として扱うことができるが、乱れが大きくなると多重散乱の効果が重要となる。乱れの大きさがある程度以上になると、散乱波どうしの干渉によって定在波が形成される傾向が強まり、電子の局在が起こる。ランダムポテンシャルによる電子局在効果はアンダーソン局在、系の乱れの大きさを主要なパラメータとする金属非金属転移はアンダーソン転移と呼ばれる。

11.7.3 モット-ハバード絶縁体

バンド形成の説明に使用した図11.3の仮想的水素原子結晶では、原子当たり1個ずつの価電子があるので価電子帯がちょうど半分まで詰まった状況（half-filled band）になっている。各格子点の原子軌道には互いに異なるスピンの電子が2個まで収容できることから、各格子点には空き状態があり、電子は格子点を自由に跳び移ることができる。外部電場による励起がエネルギーゼロから存在するので、単純なバンド描像では

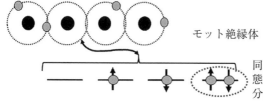

モット絶縁体

同じ軌道に電子が2個入った状態は電子間クーロン斥力 U の分だけエネルギーが高くなる。

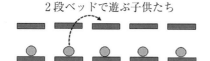

2段ベッドで遊ぶ子供たち

モット絶縁体へのドーピングでhalf-filled の条件から離れることにより金属的な伝導が生ずる。

ベッドの数より子供の数が少ない場合

ベッドの数より子供の数が多い場合

ベッドの数と子供の数がちょうど同じ場合（half-filled band）→動くには隣のベッドの上段によじ登らなくてはならないため、身動きがとれない（モット絶縁体）。

図11.11 ちょうど半分詰まったバンド（half-filled band）で電子間相互作用が強い場合に実現するモット–ハバード絶縁体状態の説明。電子数がhalf-filledからずれると電子は動きやすくなる。

この系は金属のはずである。しかしながら、電子間相互作用が強い場合には事情が異なる。同一の格子点上に2個の電子が来ると電子間の斥力相互作用エネルギーが余分にかかることになる。このような状況を図11.11の比喩で説明することにしよう。

各格子点の原子軌道には電子が2個まで入れるのだが、2個目の電子が入るにはクーロン斥力の分だけ余分のエネルギーがかかる。このことを二段ベッドに例えることができる。図11.11の左下図のようにベッドの数と子供の数が同じ場合（バンドがちょうど半分だけ詰まったhalf-filledの状態）、各々のベッドに一人ずつ収まった子供が隣に移動するには二段ベッドの上段に上らなければならず、身動きのできない状態になっている。これは、電子が隣の格子点に移動するのに励起エネルギーを必要とすることに相当する。すなわちhalf-filled bandの電子系は強いクーロン斥力（電子相関）のゆえに各格子点に局在する。このような状況がモット–ハバード絶縁体である。

図11.11の右下図のように、ベッドの数と子供の数が同じでなければ動き回る余地が生ずる。モット–ハバード絶縁体にドーピングを施して、電子数をhalf-filledからずらすことにより、伝導が生じる。そのようにして生じた金属状態（doped Mott-Hubbard insulator）は、強い電子相関が支配する系であり、通常のバンド描像に基づく金属状態とは全く異なる特性を持っていることがわかってきた。銅酸化物系など一連の物質における高温超伝導の発現の背景に、このようなモット–ハバード絶縁体近傍の強相関電子系があるという考え方が有力視されている。

12 物質科学の発展（2）
── 磁性と超伝導

家　泰弘

　磁性および超伝導は、マクロな数の電子の相互作用によって生じる多体効果の代表例であり、かつ、応用上も重要であることから、物性物理学における中心的なテーマとなっている。それらの科学史を俯瞰した後、磁気モーメント、交換相互作用、相転移、分子場近似、などの磁性研究の基本的概念や手法を学ぶ。超伝導に関しては、その基本的性質を踏まえて、GL現象論、および、クーパー対の形成とBCS理論について学ぶ。

12.1　磁性と超伝導の科学史

　子どものころ、磁石や砂鉄で遊んだ経験を持つ人は多いだろう。磁気は身近であるとともに不思議な現象である。鉄を引き付ける不思議な石（天然磁石）の存在は古代ギリシャの時代から知られ、マグネスの石[1]、ヘラクレスの石などと呼ばれていた。天然の磁石は磁鉄鉱（マグネタイト Fe_3O_4）や磁赤鉄鉱（マグヘマタイト $\gamma\text{-}Fe_2O_3$）である。古代中国では「慈母が子を招くが如し」ということで「慈石（じせき）」と呼ばれていた。秦の始皇帝の時代の『呂氏春秋』という書に「慈石召鉄或引之也」という記述がある。本邦では、『続日本紀』に「和同六年、近江の国より慈石を献ず」とあるのが最古の記録のようである。
　磁力は、琥珀現象（静電気）と並んでオカルト的[2]な遠隔作用と見な

---

[1]　「マグネスの石（lapis magnes）」の語源としては、「マグネスという羊飼いが発見したことから」（プリニウス『博物誌』の記述）、「マグネシア地方で採れたことから」（エウリピデス）（プラトン『イオン』の記述）、の両説がある。

[2]　「オカルト（occult）」の元来の語義は「隠れた」というものであり、直接見たり触ったりできない自然界の現象の探求（自然魔術）の対象を表す言葉であった。

された。古代ギリシャの哲学者タレスにとっては、磁気現象や琥珀現象は物質に内在する生命的な霊力（生気論）の紛れもない証拠であった。プリニウスの『自然誌』に書かれた磁石・磁力をめぐる珍説——ダイヤモンドを傍に置く、あるいはニンニクの汁を塗り付けることによって磁石が無力化される、貞淑な婦人とそうでない婦人を選別できる、など——はルネサンス期に至るまで無批判に受け売りされた。磁石に薬効があるという迷説は、中世やルネサンス期から18世紀のメスメールによる動物磁気説や磁気治療を経て今日に至るまで根強く残っている。

磁石の著しい特性はその「指北性」である。中国では11世紀宋代の沈括による『夢渓筆談』に羅針儀の記述がある[3]。西欧では12世紀末頃にアレキサンダー・ネッカム『事物の本性について』に最古の記述がみられる。15世紀頃までは指北性はその起源が天の北にあると考えられており、天界が地上界に影響を及ぼすことの紛れもない証拠のひとつであり[4]、占星術の根拠となるものであった。大航海時代に入る頃、方位磁針が差す方向が真北から数度ずれる偏角の存在が認識され、しかもその偏角が地球上の場所によって変化することが知られるに及んで、指北性の起源が天の北極ではなくて地球そのものにあることが解ってきた。このことを明確に述べたのは地図の図法に名を残すメルカトルである。

ルネッサンス後期までに蓄積された磁気現象に関する知識の集大成ともいうべきものが17世紀のギルバートによる『磁石論』である。ギルバートは自ら実験を行い、磁気現象と琥珀現象（静電気）が異なるものであること、磁石と鉄の間の引力が相互的であること、などを明確に示した。また、地球自体が巨大な磁石であることや磁力が遠隔作用であることを明らかにしたが、これらのことを基にケプラーは月の公転が地球

---

[3] 中国では「天子は南面す」との言葉があるように、南という方角が重視されるため、「指南」である。ちなみに宋代よりもずっと古く春秋戦国時代に「指南車」というものが用いられたとの記録がある。車が方向転換しても、搭載した人形の指が常に同じ方向を指すような仕掛けだったとのことであるが、これは差動ギアの原理を用いたもので方位磁石とは無関係だったようである。

[4] 地上界が天界に感応することの証拠としては、ほかに月と潮の干満の関係や向日葵の向日性などがあげられた。

の磁力によるものと考え、さらには太陽も巨大磁石と想定して惑星運動を磁力で説明しようとした。このアイデアそのものは的外れであったが、遠隔作用による惑星運動という考え方は、後のニュートンの万有引力につながるものであった。

　18世紀後半から19世紀には、クーロン、ボルタ、アンペール、エールステッド、ウェーバー、オーム、ヘンリーなど電磁気の単位に名を残す科学者らによる重要な発見を経て、ファラデー、マックスウェルによって電磁気学が体系化された。磁性の研究は20世紀に入って、量子力学の構築とともに、電子スピンや交換相互作用の概念が確立され、キュリー、ランジュバン、ワイス、ネール、ハイゼンベルクなどによって磁性の本質が解明されていった。日本では明治期にスコットランド人物理学者ユーイングが御雇い外国人として東京帝国大学で物理学を講ずるとともに地震学と磁気学[5]の研究も行った。このため、長岡半太郎、本多光太郎、三島徳七、茅誠司など磁性分野で国際的な研究成果を挙げる科学者が輩出して、日本の物理学を牽引することとなった。

　以上みてきたように、磁気・磁性の科学史はその源流から現代まで脈々とつながっている。それと対照的に、超伝導の歴史は浅くたかだか100年程度に過ぎない。超伝導現象の発見に至る過程には、その前哨として極低温の生成という課題があった。19世紀末頃には、酸素（90 K）、窒素（77 K）、水素（20.4 K）と、より沸点の低い気体の液化が次々と進み、最後に残ったのがヘリウムであった。ヘリウムの液化は当時のビッグプロジェクトとなり、1908年にライデン大学のカメリン＝オネスによって液体ヘリウム（4.2 K）が実現された。生成された液体ヘリウムを寒剤として極低温における金属の電気抵抗測定が進められたが、水銀の電気抵抗が4.2 K付近で急激に消失するという予想外の現象が発見された。1911年のことである。超伝導を現象論的に記述するロンドン理論、ギンツブルク–ランダウ（GL）理論を経て、そのミクロな機構を明らかにするバーディーン–クーパー–シュリーファー（BCS）理論が構築

5）「磁気履歴（ヒステリシス）」という用語はユーイングによるものである。

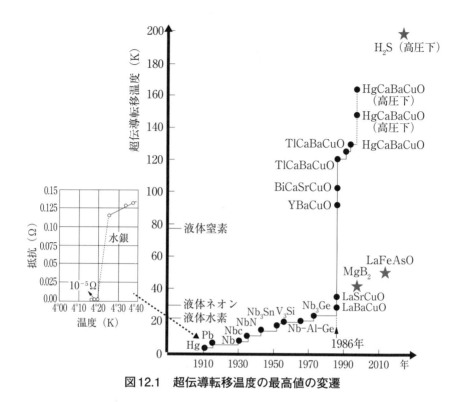

図12.1　超伝導転移温度の最高値の変遷

されたのは1957年である。また、1962年にはジョセフソン効果が理論的に予言され、ほどなく実証された。

多くの超伝導物質が発見されるにつれて超伝導転移温度 T_c の最高値が更新されていったが、ニオブ系合金の $T_c \approx 25\,\mathrm{K}$ を超えるものは長らく見つからなかった。その状況を一変させたのが、1986年の銅酸化物系高温超伝導物質の発見である。液体窒素温度を超える超伝導転移温度はそれまでの常識を覆すものであった。これを機に新たな超伝導物質の探索研究が盛んに行われ、フラーレン系、二硼化マグネシウム、鉄プニクタイド系、高圧下の硫化水素など、高い T_c の超伝導物質が数多く発見されている。新超伝導物質の発見における日本の研究者の貢献は特筆すべきである。現時点での最高の T_c としては、銅酸化物系では高圧下の水銀系銅酸化物で〜160 K という報告があり、また、高圧下の硫化水素が〜200 K で超伝導になるという報告がある。はたして室温を超える

超伝導物質が存在するのかどうか、は重大な関心事である。

12.2 原子の磁性

11章でみたように、原子はそれぞれ固有の電子配置を持つ。個々の電子はその軌道角運動量に由来する磁気モーメント $\boldsymbol{\mu}_{\mathrm{orb}} = -\dfrac{e}{2m_e}(\boldsymbol{r}\times\boldsymbol{p}) = -\dfrac{e}{2m_e}\hbar\boldsymbol{\ell} = -\mu_B\boldsymbol{\ell}$、およびスピン角運動量に由来する磁気モーメント $\boldsymbol{\mu}_{\mathrm{spin}} = -g\dfrac{e}{2m_e}\boldsymbol{s} = -g\mu_B\boldsymbol{s}$ を持つ。ここで $\mu_{\mathrm{B}} \equiv e\hbar/2m_e = 0.927\times 10^{-23}$ J/T はボーア磁子、$g=2.0023$ は g 因子である（以下では $g=2$ として扱う）。原子に含まれる全電子の寄与の合計である全軌道角運動量 $\boldsymbol{L}\equiv\sum_{i=1}^{n}\boldsymbol{\ell}_i = \sum_{i=1}^{n}(\boldsymbol{r}_i\times\boldsymbol{p}_i)$、および全スピン角運動量 $\boldsymbol{S}\equiv\sum_{i=1}^{n}\boldsymbol{s}_i$ を用いて、原子の磁気モーメントは $\boldsymbol{\mu}=\mu_{\mathrm{B}}(\boldsymbol{L}+2\boldsymbol{S})$ と表される。全角運動量ベクトル $\boldsymbol{J}\equiv \boldsymbol{L}+\boldsymbol{S}$ は保存量であるが、$\boldsymbol{L}$ および $\boldsymbol{S}$ に従って $\boldsymbol{\mu}$ は $\boldsymbol{J}$ のまわりに歳差運動する。$\boldsymbol{\mu}$ の $\boldsymbol{J}$ に平行な成分は

$$\boldsymbol{\mu}\cdot\boldsymbol{J} = g_J\mu_{\mathrm{B}}\boldsymbol{J}^2 = g_J\mu_{\mathrm{B}}J(J+1), \qquad g_J = \frac{3J(J+1)-L(L+1)+S(S+1)}{2J(J+1)} \tag{12.1}$$

で与えられる。g_J はランデ（Lande）の g 因子と呼ばれる。

軌道角運動量 ℓ で指定される各軌道は $(2\ell+1)\times 2$ 重の縮重度を持つ。縮重している軌道への電子の詰まり方は、パウリ排他律と電子間のクーロン相互作用エネルギー最小という要請から、①合成スピン S が最大になるようにスピンをできるだけ互いに平行にする、②その条件のもとで合成軌道角運動量 L が最大になるように軌道を占有する、という「フント則（Hund's rule）」に従う。d 軌道や f 軌道が部分的に詰まっている遷移金属や希土類の原子やイオンは、フント則に従って大きな磁気モーメントを持つ傾向が強い。

ベクトルポテンシャル $\boldsymbol{A}(\boldsymbol{r}) = (\boldsymbol{H}\times\boldsymbol{r})/2$ が加わった状況での原子のハミルトニアンは

$$
\begin{aligned}
\widehat{H} &= \sum_{i=1}^{n}\left\{\frac{1}{2m}(\boldsymbol{p}_i+e\boldsymbol{A}(\boldsymbol{r}_i))^2+V(\boldsymbol{r}_i)\right\}+\sum_{i=1}^{n}2\mu_{\mathrm{B}}\boldsymbol{s}_i\cdot\boldsymbol{H} \\
&= \sum_{i=1}^{n}\left\{\frac{1}{2m}\boldsymbol{p}_i^2+V(\boldsymbol{r}_i)\right\}+\mu_{\mathrm{B}}(\boldsymbol{L}+2\boldsymbol{S})\cdot\boldsymbol{H}+\frac{e^2}{8m}\sum_{i=1}^{n}(\boldsymbol{H}\times\boldsymbol{r}_i)^2
\end{aligned}
\tag{12.2}
$$

となる。第2項は磁気モーメントと磁場の相互作用を表す常磁性項、第3項は反磁性項である。第2項の $|\boldsymbol{L}+2\boldsymbol{S}|$ がゼロでない値を持って原子（あるいはイオン）が磁気モーメントを有する場合、それらが磁場に対して常磁性の応答を示す。第2項がゼロであるような系は磁場に対して弱い反磁性を示す。

磁気モーメント間の相互作用によって磁気秩序が生ずる。局在磁気モーメント間の相互作用としてまず思い浮かぶのは、（2本の棒磁石の間に想定されるような）古典電磁気学的双極子相互作用であるが、距離 ~ 0.1 nm、モーメントの大きさ $\mu_{\mathrm{B}}\simeq 10^{-23}$ J/T とすると磁気双極子相互作用エネルギーは $E\sim 10^{-23}$ J $\simeq 1$ K の程度であって、磁気秩序をもたらす相互作用としては弱すぎる。

磁気秩序をもたらす相互作用は交換相互作用（exchange interaction）と呼ばれる量子力学的効果である。2つの電子間のクーロン相互作用エネルギーは、パウリの原理により、両者のスピンが平行の場合（スピン三重項）と反平行の場合（スピン一重項）とで異なる。クーロン相互作用のうち、スピンの相対的な向きに依存する部分を交換相互作用と呼ぶわけである。

$$
\boldsymbol{s}_1\cdot\boldsymbol{s}_2 = \begin{cases} 1/4 & (S=1) \\ -3/4 & (S=0) \end{cases}
\tag{12.3}
$$

を用いると、

$$
E_{\mathrm{spin}} = \begin{cases} E_{\mathrm{triplet}} & (S=1) \\ E_{\mathrm{singlet}} & (S=0) \end{cases} = \frac{1}{4}(E_{\mathrm{singlet}}+3E_{\mathrm{triplet}})-(E_{\mathrm{singlet}}-E_{\mathrm{triplet}})\boldsymbol{s}_1\cdot\boldsymbol{s}_2
\tag{12.4}
$$

と表すことができる。スピンに依存する部分だけを取り出すと、

$$
\hat{H}_{\mathrm{spin}} = -J_{\mathrm{ex}}\boldsymbol{s}_1\cdot\boldsymbol{s}_2, \qquad J_{\mathrm{ex}}\equiv E_{\mathrm{singlet}}-E_{\mathrm{triplet}}
\tag{12.5}
$$

となるので、2電子のスピン間にこのような形の相互作用[6]があるものとして扱うことができる。原子やイオンの磁気モーメント（スピン）間の相互作用は、それらを構成する多電子の間の相互作用の総体であるが、(12.5) 式と同じような形で書ける場合が多く、広義の「交換相互作用」[7]と呼ばれる。交換相互作用の強さを表すJ_{ex}の符号によって、2つの磁気モーメントは平行（$J_{ex}>0$ 強磁性的）または反平行（$J_{ex}<0$ 反強磁性的）になる傾向を持つ。

12.3　局在電子系の磁性

　磁気モーメントを持つ原子（イオン）の集合体の磁性を考える。モデルとして格子点上に局在磁気モーメントが並んだ系を想定する。磁場Hの下でのゼーマンエネルギーは、Jの磁場方向の値$m_J(=-J, -J+1, \cdots, J)$によって$E=m_J g_J \mu_B H$となるので、$m_J$の熱平衡での期待値は、

$$\langle m_J \rangle = \frac{\sum_{m_J=-J}^{J} m_J \exp\left[-\dfrac{m_J g_J \mu_B H}{k_B T}\right]}{\sum_{m_J=-J}^{J} \exp\left[-\dfrac{m_J g_J \mu_B H}{k_B T}\right]} \tag{12.6}$$

により求められる。磁化$M=n g_J \mu_B \langle m_J \rangle$は

$$\frac{M}{M_s} = B_J(x) \qquad M_s \equiv n g_J J \mu_B, \qquad x \equiv \frac{g_J J \mu_B H}{k_B T}$$
$$B_J(x) = \frac{2J+1}{2J} \coth\left(\frac{2J+1}{2J} x\right) - \frac{1}{2J} \coth\left(\frac{1}{2J} x\right) \tag{12.7}$$

となる。ここでnは単位体積当たりの磁気モーメントの数、M_sは飽和磁化であり、$B_J(x)$は図12.2の左図の太線のような曲線であり、ブリル

---

[6]　交換相互作用はスピン間の相互作用という形式に書けるが、その本質が電子間のクーロン相互作用のスピン依存性であることは常に認識しておくべきである。

[7]　原子やイオンが置かれた環境によって、直接交換相互作用のほかに、磁性イオンがO^{2-}などの陰イオンを介する場合の超交換相互作用、混合原子価を含む磁性イオン間にみられる二重交換相互作用、金属中の磁性不純物が伝導電子のスピン偏極を介して結合するRKKY相互作用など、多様な間接交換相互作用がある。

アン関数と呼ばれる。$B_J(x)$ の $x\to 0$ でのふるまいが $B_J(x) \approx \dfrac{J+1}{3J}x + O(x^3)$ であることから、磁化率は

$$\chi_0 \equiv \lim_{H\to 0} \frac{M}{H} = \frac{ng_J^2\mu_B^2 J(J+1)}{3k_B T} = \frac{n\mu_{\text{eff}}^2}{3k_B T}, \qquad \mu_{\text{eff}} \equiv g_J\mu_B\sqrt{J(J+1)} \tag{12.8}$$

のように絶対温度に反比例する。相互作用のない局在磁気モーメント系が示すこのふるまいはキュリー常磁性（Curie paramagnetism）と呼ばれる。

次に、格子上の局在スピン s_i と s_j の間に交換相互作用 J_{ij} が働く場合を考えよう。ハミルトニアンは、

$$\widehat{H} = -\sum_{i,j} J_{ij}\, s_i\cdot s_j + g\mu_B H\cdot\sum_i s_i \tag{12.9}$$

と書ける。(12.9) 式は単純な形ながら、格子の対称性と交換相互作用の符号および大きさによって多彩なふるまいを示すことが知られている。ここでは簡単化の仮定のもとでの磁気秩序の例をみることにする。簡単のため、以下では格子は単純立方格子とする。

隣接するスピンの間に強磁性的交換相互作用が働く場合、各々のスピンはそのまわりのスピンと向きをそろえようとする。絶対零度での基底状態はすべてのスピンが一方向にそろった状態である。あるスピンに対して、それと強磁性的な交換相互作用を持つまわりのスピンは実効的な磁場のような働きをする。温度の上昇とともにスピンの熱ゆらぎが大きくなるに従って実効磁場の強さは減少する。熱ゆらぎがある程度に達すると実効磁場はゼロとなり、スピンの向きはばらばらになる。これが強磁性状態から常磁性状態への転移である。

ひとつのスピンに対する実効磁場を、まわりのスピンとの交換相互作用の和として

$$H_i^{\text{MF}} \equiv -\frac{2}{g\mu_B}\sum_{i,j} J_{ij} s_j \tag{12.10}$$

で表すことにより、(12.8) 式を $\widehat{H} = g\mu_B \sum_i s_i\cdot(H + H_i^{\text{MF}})$ と書き直すことができる。H_i^{MF} は平均場（mean field）あるいは分子場（molecular field）と呼ばれる。平均場は強磁性秩序の度合いを反映したものであることから、磁化に比例すると仮定することができる（$H_i^{MF} = \lambda M$）。(12.6)式のブリルアン関数の引数の中の磁場Hを、分子場を加えた$H + \lambda M$に置き換えて、

$$\frac{M}{M_s} = B_J(x), \qquad x \equiv \frac{g_J J \mu_B}{k_B T}(H + \lambda M) \qquad (12.11)$$

とする。磁場ゼロでの強磁性転移温度は(12.10)式で$H=0$としたものが、解を持つような最高の温度として求められる。(12.10)式を書き換えると

$$\left(\frac{k_B T}{n(g_J J \mu_B)^2 \lambda}\right) x = B_J(x) \qquad (12.12)$$

となることから、Tに比例する傾きを持つ直線とブリルアン関数との交点が解となる。直線の傾きが原点におけるブリルアン関数の接線に等しくなる条件 $k_B T / n(g_J J \mu_B)^2 \lambda = (J+1)/3J$ から、ゼロ磁場における強磁性転移温度（キュリー温度）が

$$T_C = \frac{n(g_J J \mu_B)^2 \lambda}{k_B} \frac{(J+1)}{3J} = \frac{n \lambda \mu_{eff}^2}{3k_B} \qquad (12.13)$$

と求められる。図12.2の左図に示したように、直線とブリルアン関数の交点から、T_C以下での自発磁化の大きさが求められ、その温度依存性は同右図のようになる。

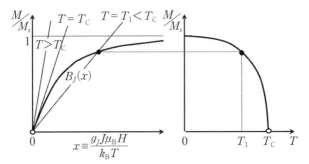

図12.2 （左図）ブリルアン関数、および、方程式(12.12)の解の存在を判定する作図。（右図）$T < T_C$における自発磁化の温度依存性。

同じことを少し違った角度からみると、キュリー常磁性の関係式 $M = \chi_0 H$ ($\chi_0 = C/T$) において H を $H + \lambda M$ で置き換えて $M = \chi_0(H + \lambda M)$ としたものを解くことにより、

$$M = \chi\ H = \left(\frac{\chi_0}{1 - \lambda \chi_0}\right) H \qquad (12.14)$$

が得られる。右辺の分母がゼロになるところでは、外部磁場がゼロであっても有限の磁化（自発磁化）が生じ得ることを意味するので、これが強磁性発生の条件を与える。キュリー磁化率は $\chi_0 = C/T$ であるから、強磁性転移温度（キュリー温度）は

$$\chi(T) = \frac{\chi_0}{1 - \lambda \chi_0} = \frac{C/T}{1 - \lambda C/T} = \frac{C}{T - T_\mathrm{C}} \qquad (T_\mathrm{C} = \lambda C) \qquad (12.15)$$

$$T_\mathrm{C} = \frac{n \lambda \mu_\mathrm{eff}^2}{3 k_\mathrm{B}}$$

で与えられる。以上概略を述べた強磁性の分子場理論はワイス（Weiss）モデルと呼ばれるものである。分子場模型においては、本来は複雑なスピン間相互作用の効果を平均的な静的実効磁場で置き換えているため、スピンのゆらぎの効果は無視されている。そのため、一般に分子場近似では磁気秩序の出現を過大に評価する傾向があることに留意すべきである。

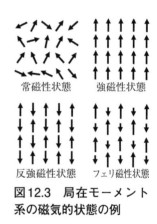

図12.3　局在モーメント系の磁気的状態の例

【余談】　分子場模型は、フィードバックのある電気回路のふるまいと共通するところがあることを指摘しておきたい。線型増幅器（リニアアンプ）というものは、下図に示したように、入力信号 S_in に対してその α 倍の信号 $S_\mathrm{out} = \alpha S_\mathrm{in}$ を出力する装置である。フィードバックとは、出力の一部を入力に加えることであり、$S_\mathrm{out} = \alpha(S_\mathrm{in} + \beta S_\mathrm{out})$ となる。これを解いて

$$S_{\text{out}} = \frac{\alpha}{1-\alpha\beta} S_{\text{in}}$$

が得られる。α が正である場合、$\beta<0$ すなわち β が α と異符号の場合は負のフィードバック（負帰還）と呼ばれる。この場合 α が十分に大きければ $\alpha\beta$ に比べて 1 を無視できるため、負帰還回路の増幅率は α によらず負帰還の係数 β で決まるので安定した増幅が実現できる。一方、$\beta>0$ の場合、この式の分母がゼロになるところで、回路は不安定になり発振が起こる。マイクを不用意にスピーカーに向けてしまったときに起こるハウリングがその例である。これと同様、(12.14) 式の分母がゼロになるところも、磁化率が発散して常磁性状態が不安定化するところに対応する。

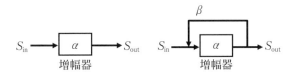

次に最隣接スピン間の相互作用が反強磁性的（$J_{\text{ex}}<0$）である場合を考える。この場合の磁気構造は、例として単純立方格子を想定すれば、最近接のスピンが互いに逆向きに配置する NaCl 型の秩序になることが想定される。そこで（NaCl 格子になぞらえていうと）Na 原子の格子点のみからなる副格子 A と Cl 原子の格子点のみからなる副格子 B とを考えることにして、それらの磁化を M_A, M_B とする。A 副格子に属するスピンは、最隣接の 6 つのスピン（B 副格子に属する）との反強磁性的交換相互作用による分子場 $H_A = -\lambda M_B$ を感じ、逆に B 副格子に属するスピンは A 副格子による分子場 $H_B = -\lambda M_A$ を感じることから、

$$\begin{cases} M_A = \chi\,(H - \lambda M_B) \\ M_B = \chi\,(H - \lambda M_A) \end{cases} \quad (12.16)$$

となる。この連立 1 次方程式を解くことにより

$$M_A = -M_B = \frac{\chi}{1+\lambda\chi} H \quad (12.17)$$

が得られる。全磁化はA副格子とB副格子の磁化がちょうど打ち消し合って$M = M_A + M_B = 0$である。高温の常磁性相の磁化率は、

$$\chi(T) = \frac{C}{T+T_N} \qquad T_N = \lambda C \quad (12.18)$$

となる。反強磁性的交換相互作用の強さを特徴付ける温度T_Nはネール(Neel)温度と呼ばれる。図12.4にキュリー常磁性、ワイス強磁性、ネール反強磁性、それぞれの磁化率のふるまいを示す。高温の常磁性状態における磁化率の温度依存性から交換相互作用の符号を推定することができる。

図12.3の左下図のように反強磁性体では2つの副格子の磁化がちょうど打ち消し合って全磁化がゼロになる。同様に反強磁性的交換相互作用による磁気秩序が生ずる場合でも、右下図のように2つの副格子を構成する磁気モーメントの大きさを異にする場合、それらが互いに逆向きにそろった秩序状態でも差し引きで正味の磁化が生ずる。このような磁性体はフェリ磁性体と呼ばれる。フェライトをはじめとして身近な磁石の多くがフェリ磁性体である。

以上のようなスピン秩序構造が明確な系とは対照的に、量子力学的なスピンゆらぎが本質的に重要であるような系が注目を集めている。量子スピン系の代表例としては、スピン配置が三角格子やカゴメ格子のフラストレーション系、1次元スピン鎖、などがある。量子効果が強い系では、絶対零度までスピン秩序があらわれないスピン液体の存在が議論されている。

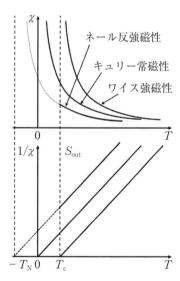

図12.4 キュリー常磁性、ワイス強磁性、ネール反強磁性、それぞれの磁化率のふるまい。

12.4 遍歴電子系の磁性

12.3節では局在電子系が示す磁気的ふるまいを概観した。本節では金属の伝導電子系のような遍歴電子系の磁性をみていく。11章の自由電子モデルで学んだように、金属の伝導電子系は通常フェルミ準位以下の状態が電子によって占有され、スピン上向きと下向きの電子が同じ数だけ存在するため磁化はゼロである。外部磁場を印加すると、上向きスピンと下向きスピンの間にゼーマンエネルギー$\pm\mu_\mathrm{B} H$だけのエネルギー差が生じる。これによって生ずる上向きスピンと下向きスピンの数の差は、（フェルミ準位の状態密度）×（両スピンのエネルギー差）、すなわち$n_\uparrow - n_\downarrow = \rho(\varepsilon_\mathrm{F}) \times 2\mu_\mathrm{B} H$で与えられる。この機構による伝導電子系のスピン常磁性はパウリ常磁性と呼ばれる。その磁化率は

$$\chi_\mathrm{pauli} = \lim_{H \to 0} \frac{M}{H} = \frac{(n_\uparrow - n_\downarrow)\mu_\mathrm{B} H}{H} = 2\mu_\mathrm{B}^2 \rho(\varepsilon_\mathrm{F}) \tag{12.19}$$

で与えられる。

磁場中の電子はサイクロトロン運動を行う。量子力学的には、磁場に垂直な面内の運動のランダウ量子化としてあらわれ、電子のエネルギースペクトルは

$$E(N, k_z) = \hbar\omega_\mathrm{c}\left(N + \frac{1}{2}\right) + \frac{\hbar^2 k_z^2}{2m}, \qquad \omega_\mathrm{c} = eH/m, \qquad N = 0, 1, 2, \cdots \tag{12.20}$$

低磁場ではその平均の効果としてランダウ反磁性があらわれ、前項のパウリ常磁性と拮抗(きっこう)する。単純な自由電子モデルではランダウ反磁性がパウリ常磁性の$-1/3$になるが、現実の物質ではバンド構造による。グラファイトはそのバンドの特殊性により強いランダウ反磁性を示す。

より強磁場かつ低温で、ランダウ準位の間隔$\hbar\omega_\mathrm{c}$が熱エネルギーや散乱による準位の広がりよりも十分大きいような状況（$\hbar\omega_\mathrm{c} \gg k_\mathrm{B} T, \hbar/\tau$）では、磁場掃引とともにランダウ準位が次々にフェルミ準位を横切ることを反映して、磁化や伝導度などさまざまな物理量が磁場の逆数$1/H$に対して周期的な変化を示す。磁気量子振動[8]と呼ばれるこの効果は金

属のフェルミ面を調べる有力な実験手段となっている。

12.5 超伝導の基本的性質

　超伝導の特徴は何といっても電気抵抗の消失にある。電気抵抗ゼロが実際どのくらいゼロかを調べるために、超伝導体のリングに流れる電流が減衰するか（しないか）を測定した実験では、減衰の時定数、すなわち永久電流の寿命、は宇宙の年齢よりもはるかに長いことが示されている。この意味で超伝導体は電気抵抗ゼロの完全導体である。しかしながら、超伝導体と単なる完全導体との間には縦横な違いがある。導体に外から磁場をかけるとレンツの法則により、磁場の変化を妨げるような誘導電流が流れ磁場を遮蔽する。導体が完全導体であれば遮蔽電流は減衰せずに流れ続けるので磁場は内部に侵入できない。一方、電気抵抗がゼロでない状態（常伝導状態）で磁場をかけて磁場が内部に侵入した後に抵抗をゼロにして完全導体にしたとしても、侵入した磁場はそのままである。超伝導体の場合は、どちらの場合にも磁場が排除され、超伝導体内部の磁束密度はゼロ（$B=0$）である。これが超伝導を特徴付けるマイスナー効果（完全反磁性）である。マイスナー状態はそこに至る履歴にはよらずに一義的に決まる熱力学状態である。

　このように比較的弱磁場の範囲では磁場が排除されるが、それは$\mu_0 H^2/2$という磁場エネルギーの損分を入れてもなおマイスナー状態のほうが安定であることを意味する。磁場が強くなると、マイスナー状態と常伝導状態のエネルギーが交差し、常伝導状態の方が安定になる。その境目の磁場が臨界磁場H_cである。このようなふるまいをする超伝導体は第Ⅰ種超伝導体と呼ばれる。第Ⅰ種超伝導体は水銀や錫など単体元素の金属が主なものである。金属間化合物や合金の超伝導体はほとんどが第Ⅱ種超伝導体である。第Ⅱ種超伝導体も弱磁場ではマイスナー効果を示すが、下部臨界磁場H_{c1}以上では磁場が量子磁束の形で超伝導体内部に侵入し、混合状態と呼ばれる中間相が実現する。超伝導が最終的に

---

[8] 磁化にあらわれる磁気量子振動はドハース・ファンアルフェン効果、伝導度にあらわれるそれはシュブニコフ・ドハース効果、と呼ばれる。

壊れるのはより強磁場の上部臨界磁場H_{c2}である。図12.5に第Ⅰ種および第Ⅱ種超伝導体における、反磁性磁化（上図）と磁束密度（下図）の外部磁場に対するふるまいを示す。

　量子磁束について少し詳しくみてみよう。図12.6の左図に模式的に描いたように、量子磁束は超伝導電流の渦糸にほかならない。1本の量子磁束に付随する磁束は

$$\phi_0 \equiv \frac{h}{2e} = 2.07 \times 10^{-15} \text{ Wb} \tag{12.21}$$

という値に量子化される。混合状態における超伝導内部の磁束密度は単位面積当たりの量子磁束の数をn_vとして、$B = n_v \phi_0$となる。渦糸の中心軸では超伝導が壊れており、中心軸から動径方向に離れるに従って超伝導秩序が回復する。図12.6の右上図はその様子を表しており、超伝導秩序の回復（超伝導波動関数の空間変化）はコヒーレンス長ξという長さ

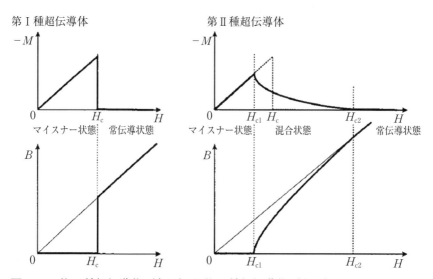

図12.5　第Ⅰ種超伝導体（左図）と第Ⅱ種超伝導体（右図）における、反磁性磁化（上図）および磁束密度（下図）の外部磁場に対するふるまい。左上図における三角形の面積$\mu_0 H_c^2 / 2$は超伝導凝集エネルギーに対応する。右上図に破線で描かれた三角形の面積も同様で、磁化曲線で囲まれた面積はこれに等しい。

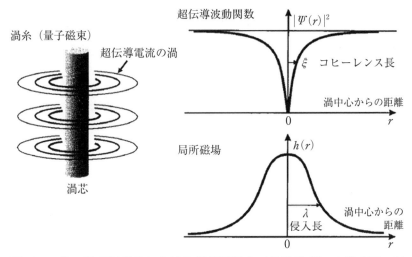

図12.6 第Ⅱ種超伝導体における超伝導渦糸（量子磁束）の模式図。右図は超伝導波動関数（上図）および局所磁場（下図）の空間変化を渦中心からの動径方向の距離の関数として示したもの。それぞれコヒーレンス長および侵入長が特徴的な長さスケールとなる。

のスケールで支配される。右下図は局所磁場の様子を表しており、それを支配するのは侵入長λと呼ばれる長さのスケールである。コヒーレンス長ξと侵入長λは超伝導体を特徴付ける重要なパラメータであり、第Ⅰ種超伝導体では$\xi>\lambda$、第Ⅱ種超伝導体では$\xi<\lambda$という関係にある。

12.6　超伝導の現象論—GL理論

相転移には「対称性の自発的破れ」が伴い、それを特徴付ける秩序パラメータ（order parameter）というものがある。秩序パラメータは、無秩序状態ではゼロ、秩序状態では有限の値をとる。強磁性転移の場合は自発磁化Mがそれに当たる。超伝導における秩序パラメータは若干抽象的でわかりにくいが、巨視的量子状態を記述する超伝導波動関数Ψという複素数の量である。ギンツブルク-ランダウ（Ginzburg-Landau：GL）理論では、自由エネルギーを秩序パラメータで冪展開する。

$$F[\Psi] = F_n + \alpha(T)|\Psi|^2 + \frac{\beta}{2}|\Psi|^4 \tag{12.22}$$

対称性から冪展開に奇数次はあらわれない。系の安定性の要請から4次の項の係数は正である[9]。2次の項の係数は$T=T_c$において符号を変える。その最も単純な形として$\alpha(T)=a(T-T_c)$とすることができる($a>0$)。ギンツブルク-ランダウ自由エネルギー$F[\Psi]$の概形は図12.8のようになる。自由エネルギーの極小は、$T>T_c$では$\Psi=0$にあり、$T<T_c$ではゼロでない値のところにある。(12.22)式を$|\Psi|^2$で変分することにより、自由エネルギーの極小を与える$|\Psi|$の値は

$$|\Psi|=\begin{cases} 0 & (T>T_C) \\ \sqrt{\dfrac{\alpha(T_C-T)}{\beta}} & (T<T_C) \end{cases} \quad (12.23)$$

となる。図12.7は、式(12.22)の自由エネルギーのランドスケープを描いたものである。高温で2次の項の係数$\alpha(T)$が正のときは破線のようで$\Psi=0$に極小を持つ。$T<T_c$で$\alpha(T)<0$になると、実線で描いた「ワインボトルの底」のような形状になり、極小が$\Psi\neq0$のところへと移る。図12.7に示されているように極小の位置は円になる。超伝導の秩序パラメータ$\Psi=|\Psi|e^{i\theta}$は複素数であり、極小位置を示す円の半径はその振幅$|\Psi|$、方位角は位相θの自由度に対応する。ちなみに強磁性の場合には、それらは秩序パラメータである強磁性磁化$\boldsymbol{M}$の大きさと方向に対応する。

より一般に、空間変化するような超伝導波動関数$\Psi(\boldsymbol{r})$を想定すると、ギンツブルク-ランダウ自由エネルギーにはその空間微分$\nabla\Psi(\boldsymbol{r})$に依存する「運動エネルギー」の項が加わる。さらに磁場$\boldsymbol{H}=\nabla\times\boldsymbol{A}$がある場合には、「パイエルスの置き換え」にならって$\nabla\to\nabla-(ie^*/\hbar)\boldsymbol{A}$とするGL自由エネルギーは$\Psi(\boldsymbol{r})$の汎関数として

$$F[\Psi(\boldsymbol{r})]=F_n+\int\left\{\frac{\hbar^2}{2m^*}\left|\left(\nabla-\frac{ie^*}{\hbar}\boldsymbol{A}(\boldsymbol{r})\right)\Psi(\boldsymbol{r})\right|^2\right.$$
$$\left.+\alpha|\Psi(\boldsymbol{r})|^2+\frac{\beta}{2}|\Psi(\boldsymbol{r})|^4+\frac{\mu_0}{2}(\nabla\times\boldsymbol{A})^2\right\}d\boldsymbol{r} \quad (12.24)$$

---

[9] 4次の項の係数が負であると、秩序パラメータが大きな値をとることにより、自由エネルギーがいくらでも下がってしまうことになる。

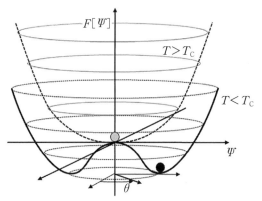

図12.7　ギンツブルク-ランダウ自由エネルギー　破線は$T>T_c$の常伝導相、実線は$T<T_c$の超伝導状態に対応する。

と書くことができる。質量および電荷はここではパラメータであるが、12.7節でみるように超伝導を担うのが電子のペア（対）であることから、結局は$m^*=2m$, $e^*=2e$である。自由エネルギー極小の条件は（12.24）式の変分から、

$$-\frac{\hbar^2}{2m^*}\left(\nabla-\frac{ie^*}{\hbar}A(r)\right)^2\Psi(r)+\alpha(T)\Psi(r)+\beta|\Psi(r)|^2\Psi(r)=0$$

(12.25)

というGL方程式を与える。長さの次元を持つパラメータとしてGLコヒーレンス長$\xi(T)\equiv(\hbar^2/2m^*|\alpha(T)|)^{1/2}$を導入する。

　GL方程式の適用例として、第Ⅱ種超伝導体の上部臨界磁場H_{c2}を求めてみよう。H_{c2}は超伝導が壊れるところであるから、その近傍では$\Psi(r)$の絶対値は小さい。（12.25）式の3次の項を無視して得られる「線形化されたGL方程式」は、ベクトルポテンシャル$A=(0, Hx, 0)$を入れて

$$-\frac{\hbar^2}{2m^*}\left\{\frac{\partial^2}{\partial x^2}+\left(\frac{\partial}{\partial y}-\frac{e^*H}{\hbar}\right)^2+\frac{\partial^2}{\partial z^2}\right\}\Psi(r)=-\alpha(T)\Psi(r) \quad (12.26)$$

となる。これは磁場中の自由電子に対するシュレーディンガー方程式と同型であり、$-\alpha(T)$がエネルギーに相当する。そのエネルギー準位は（12.17）式のランダウ量子化エネルギーと磁場方向の運動エネルギーと

の和として

$$-\alpha(T) = \hbar\left(\frac{e^*H}{m^*}\right)\left(N+\frac{1}{2}\right) + \frac{\hbar^2 k_z^2}{2m^*} \qquad (12.27)$$

で与えられる。ある温度 T を与えたとき、(12.27) 式を満たす $\Psi(\mathbf{r})$ が存在する最大の磁場 H がその温度における上部臨界磁場 $H_{c2}(T)$ ということになる。それは $N=0$、$k_z=0$ において実現することから、$-\alpha(T) = \hbar e^*H/2m^*$、したがって

$$H_{c2}(T) = -\frac{2m^*}{\hbar e^*}\alpha(T) = \frac{\hbar}{e^*\xi^2(T)} = \frac{\phi_0}{2\pi\xi^2(T)} \qquad \left(\phi_0 = \frac{h}{e^*} = \frac{h}{2e}\right)$$
$$(12.28)$$

となる。分母の $\pi\xi^2$ が量子磁束の中心付近で超伝導が局所的に壊れている領域（渦糸の芯）の断面積に相当することから、「渦芯どうしが重なり合うくらいの磁束密度になると超伝導が壊れる」という直観的なイメージを描くことができる。

12.7　超伝導の微視的機構—BCS理論

　超伝導の本質は、電子が「クーパー対」と呼ばれる束縛状態を形成し、それらが集団として凝縮することにある。この機構は、それを明らかにしたバーディーン（Bardeen）、クーパー（Cooper）、シュリーファー（Schrieffer）の頭文字をとってBCS理論と呼ばれる。

　図12.8の左図のように、フェルミ球面の対極にスピンが逆向きの2つの電子を置いたとして、それらの間に引力相互作用が働く場合、束縛状態が形成されるか否か、という問題（クーパー問題）を設定する。この場合、注目する2電子以外の電子は単にフェルミ球内部（$\varepsilon < \varepsilon_F$）の状態を埋めるだけの役割を果たすものとする。2電子の波動関数（軌道部分）を $\psi(\mathbf{r}_1, \mathbf{r}_2) = \varphi(\mathbf{r})e^{i\mathbf{K}\cdot\mathbf{R}}$ と書く。ここで $\mathbf{r} \equiv \mathbf{r}_1 - \mathbf{r}_2$ は相対座標、$\mathbf{R} \equiv (\mathbf{r}_1 + \mathbf{r}_2)/2$ は重心座標で、重心は静止している（$\mathbf{K}=0$）とする。$\varphi(\mathbf{r})$ をフーリエ展開したものを $\varphi(\mathbf{r}) = \sum_{\mathbf{k}'} g(\mathbf{k}')e^{i\mathbf{k}'\cdot\mathbf{r}}$ とすると、スピン部分が一重項（反対称）なので、軌道部分は対称であることが要請され、$g(\mathbf{k}) = g(-\mathbf{k})$ となる。また、フェルミ球の内部は電子によって占められているので、

k'についての和 $\sum_{k'}\cdots$ は $k'>k_F$ ($\varepsilon_{k'}>\varepsilon_F$) に限定される。

2電子のシュレーディンガー方程式に $\varphi(\boldsymbol{r})=\sum_{k'}g(\boldsymbol{k'})e^{i\boldsymbol{k'}\cdot\boldsymbol{r}}$ を代入して、

$$\sum_{k'}\left\{2\frac{\hbar^2 k'^2}{2m}+V(\boldsymbol{r})\right\}g(\boldsymbol{k'})e^{i\boldsymbol{k'}\cdot\boldsymbol{r}}=E\sum_{k'}g(\boldsymbol{k'})e^{i\boldsymbol{k'}\cdot\boldsymbol{r}} \quad (12.29)$$

が得られる。2電子がフェルミ準位から $\hbar\omega_D$ 程度のエネルギー範囲にあるときのみ引力が働くとして、電子間相互作用ポテンシャルのフーリエ成分 $V_{k,k'}=\int V(\boldsymbol{r})e^{-i(\boldsymbol{k}-\boldsymbol{k'})\cdot\boldsymbol{r}}d\boldsymbol{r}$ について

$$V_{k,k'}=\begin{cases} -V & (0<(\varepsilon_k-\varepsilon_F)<\hbar\omega_D \text{ および } 0<(\varepsilon_{k'}-\varepsilon_F)<\hbar\omega_D) \\ 0 & (\text{それ以外}) \end{cases} \quad (12.30)$$

という簡単な形に仮定する。($\hbar\omega_D$ の意味については後述する。)

$$\left(\frac{\hbar^2}{m}k^2-2\varepsilon_F-\Delta E\right)g(\boldsymbol{k})=V\sum_{|\varepsilon_{k'}-\varepsilon_F|<\hbar\omega_D}g(\boldsymbol{k'}) \quad (12.31)$$

$\epsilon\equiv(\hbar^2 k^2/2m)-\varepsilon_F$ と書くことにして、$g(\boldsymbol{k})$ を自己無撞着に決める方程式が

$$V\sum_{\epsilon<\hbar\omega_D}\frac{1}{2\epsilon-\Delta E}=1 \quad (12.32)$$

という形に得られる。この和を積分に置き換えると

$$V\int_0^{\hbar\omega_D}\frac{1}{2\epsilon-\Delta E}N(\epsilon)d\epsilon=1 \quad (12.33)$$

となるが、積分範囲はフェルミ準位の近傍に限られるので状態密度 $N(\epsilon)$ をフェルミ準位の状態密度 $N(0)$ で置き換えることができる。この積分を実行することにより、束縛エネルギーが

$$\Delta E=-2\hbar\omega_D\, e^{-\frac{2}{N(0)V}} \quad (12.34)$$

と求められる[10]。

このように2電子間に引力が働く場合に束縛状態（クーパー対）が形

---

[10] BCSの式と指数関数の肩が2倍異なっているのは、クーパー問題ではフェルミ球の外側だけ考えているためである。

成されることが明らかになった。その引力の起源は（多くの超伝導物質では）電子格子相互作用を介した2電子間の相互作用にある。その直観的（だが正確ではない）描像を図12.8の中央の図に示した。1番目の電子が格子を局所的に歪ませることによって生じたポテンシャルの谷を2番目の電子が通過することによって両者の間に実効的な引力が働く、というものである。この過程を表すファインマン・ダイアグラムが右図である。一方、電子間にはクーロン斥力も働くので、正味の相互作用の大きさは符号も含めて物質によって異なる。$\hbar\omega_\mathrm{D}$はフォノン（格子振動）を特徴付けるエネルギースケールであり、それを温度に換算（$\hbar\omega_\mathrm{D}=k_\mathrm{B}\Theta_\mathrm{D}$）したものはデバイ温度と呼ばれ、$\Theta_\mathrm{D}\simeq$ 数百Kの程度である。

クーパー問題の答えが意味することは、フェルミ面上の電子間に引力が働く場合には、フェルミ球によって表される常伝導基底状態よりもエネルギーの低い状態が可能であるということにほかならない。フェルミ準位近傍の(k, σ)および$(-k, -\sigma)$という一対の状態が占有される確率振幅をv_k、非占有となる確率振幅をu_kと書くことにする。確率の和は1でなければならないので、両者の間には$u_k^2+v_k^2=1$という関係がある。この表記法で通常の常伝導基底状態は

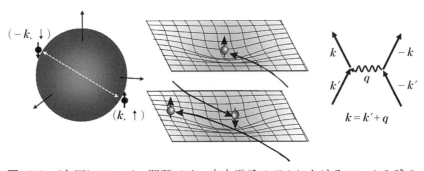

図12.8 （左図）クーパー問題では、自由電子モデルにおけるフェルミ球の外側に、スピンおよび運動量が互いに逆向きの2個の電子を想定する。（中央図）電子格子相互作用を媒介として電子間に引力相互作用が働くことを模式的に示した図。（右図）フォノンの交換による電子間相互作用過程を表すファインマン図形。

$$u_k^2 = \begin{cases} 1 & (\varepsilon < \varepsilon_F) \\ 0 & (\varepsilon > \varepsilon_F) \end{cases}, \qquad v_k^2 = \begin{cases} 0 & (\varepsilon < \varepsilon_F) \\ 1 & (\varepsilon > \varepsilon_F) \end{cases} \tag{12.35}$$

と表される。対状態 $(k, -k)$ が占有で $(k', -k')$ が非占有である確率振幅は $v_k u_{k'}$、逆に $(k', -k')$ が占有で $(k, -k)$ が非占有である確率振幅は $u_k v_{k'}$ と表される。$(k', -k')$ から $(k, -k)$ への散乱過程は $V_{kk'} u_k v_k v_{k'} u_{k'}$ という形式で書くことができる。

系の自由エネルギーは

$$U = \sum_{k'} 2\epsilon_{k'} v_{k'}^2 + \sum_{k'} \sum_{k''} V_{k''k'} u_{k''} v_{k'} v_{k''} u_{k'} \tag{12.36}$$

という形に書くことができる。クーパー問題の場合と同様、$V_{k''k'}$ としては k' と k'' がともにフェルミ準位から $\pm\hbar\omega_D$ の範囲にある場合にのみ一定値 $-V$ の引力ポテンシャルになるものと近似する。引力相互作用の効果を平均的に採り入れるために

$$\Delta \equiv V \sum_{|\epsilon_{k'}| < \hbar\omega_D} u_{k'} v_{k'} \tag{12.37}$$

と置いて、$u_k^2 + v_k^2 = 1$ という条件のもとで (12.36) 式の変分をとることにより、

$$2\epsilon_k - \Delta \frac{u_k^2 - v_k^2}{u_k v_k} = 0 \tag{12.38}$$

という関係式が得られる。これを解くことにより、対占有確率が

$$u_k^2 = \frac{1}{2}\left(1 + \frac{\epsilon_k}{E_k}\right), \qquad v_k^2 = \frac{1}{2}\left(1 - \frac{\epsilon_k}{E_k}\right) \qquad (E_k^2 = \epsilon_k^2 + \Delta^2) \tag{12.39}$$

と求められる。この分布は図 12.9 の右図のような形である。

(12.37) 式で定義した Δ を決める関係式は、

$$\Delta \equiv V \sum_{|\epsilon_k| < \hbar\omega_D} u_k v_k = V \sum_{|\epsilon_k| < \hbar\omega_D} \left[\frac{1}{2}\left(1 - \frac{\epsilon_k}{E_k}\right) \frac{1}{2}\left(1 + \frac{\epsilon_k}{E_k}\right)\right]^{1/2}$$
$$= \frac{1}{2} V \sum_{|\epsilon_k| < \hbar\omega_D} \frac{\Delta}{(\epsilon_k^2 + \Delta^2)^{1/2}} \tag{12.40}$$

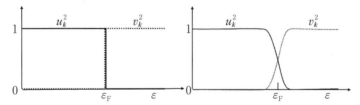

図12.9 対占有の確率分布 左図は常伝導基底状態に対応する (12.35) 式の分布。右図はBCS状態に対応する (12.39) 式の分布。

である。kについての和をエネルギーϵに関する積分で置き換えることにより、

$$1 = \frac{1}{2} N(0) V \int_{-\hbar\omega_D}^{\hbar\omega_D} \frac{1}{\sqrt{\epsilon^2 + \Delta^2}} d\epsilon = N(0) V \ \sinh^{-1}\left(\frac{\hbar\omega_D}{\Delta}\right) \quad (12.41)$$

という式が得られる。これを解くことにより、絶対零度における$\Delta(T=0)$が

$$\Delta(0) = 2\hbar\omega_D \ e^{-\frac{1}{N(0)V}} \quad (12.42)$$

と求められる。

BCS状態における準粒子励起スペクトルは図12.10の左図に示したようなもので、

$$E_k = \pm\sqrt{\epsilon_k^2 + \Delta(0)^2} \quad (12.43)$$

で表される。すなわち (12.37) 式で定義したΔは励起スペクトルに生ずるエネルギーギャップという意味がある。準粒子励起の状態密度は

$$\frac{N_s(E)}{N(0)} = \begin{cases} 0 & (|E| < \Delta(0)) \\ \dfrac{|E|}{\sqrt{E^2 - \Delta(0)^2}} & (|E| > \Delta(0)) \end{cases} \quad (12.44)$$

であり、図12.10の右図に示したような形になる。フェルミ準位の上下 $\pm\Delta(0)$ の範囲は状態のないギャップになり、常伝導状態においてそこにあった状態密度はギャップの外側に積み上がったような形になって、状態密度のピークが生じている。このような状態密度は、トンネル・ス

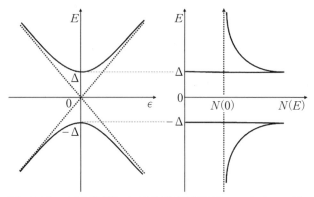

図 12.10 BCS状態における準粒子励起スペクトル（左図）、および、それに対応する状態密度（右図）。点線は常伝導状態、実線が超伝導状態を表す。

ペクトルや光電子スペクトルによって実験的に観測することができる。

以上は絶対零度の基底状態の話であったが、有限温度における超伝導ギャップは、フェルミ分布関数 $f(E) = 1/\{e^{E/k_B T} + 1\}$ を用いて、

$$\Delta = V \sum_{|\epsilon_k| < \hbar\omega_D} u_k v_k \{1 - 2f(E_k)\} = V \sum_{|\epsilon_k| < \hbar\omega_D} \frac{\Delta}{2E_k} \tanh\left(\frac{E_k}{2k_B T}\right) \quad (12.45)$$

で与えられる。先と同様に和を積分に替えることにより

$$\frac{1}{N(0)V} = \frac{1}{2} \int_{-\hbar\omega_D}^{\hbar\omega_D} \frac{\tanh\left(\sqrt{\epsilon^2 + \Delta^2}/2k_B T\right)}{\sqrt{\epsilon^2 + \Delta^2}} d\epsilon \quad (12.46)$$

という関係が得られる。有限温度における超伝導ギャップ $\Delta(T)$ は (12.46) 式を数値的に解くことにより得られ、図 12.11 のような温度依存性を示す。

超伝導転移温度 T_c はギャップが消失する温度、すなわち、$\Delta(T_c) = 0$ という条件で与えられるので、(12.46) 式で $\Delta = 0$ とおくことにより、

$$k_B T_c = 1.14 \ \hbar\omega_D e^{-\frac{1}{N(0)V}} \quad (12.47)$$

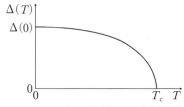

図 12.11 超伝導ギャップの温度依存性

という結果が得られる。(12.42) 式と (12.47) 式を比較することにより、絶対零度における超伝導ギャップ$\Delta(0)$とT_cとの間には

$$2\Delta(0) = 3.52 k_B T_c \tag{12.48}$$

という関係があることがわかる。

　式 (12.47) にみるように、超伝導転移温度T_cは、電子間引力を媒介する素励起であるフォノンの特徴的エネルギー（$\hbar\omega_D \simeq$ 数百 K）に指数関数因子を乗じたものになっている。指数関数の肩にある結合定数$N(0)V$は通常 0.1〜0.3 程度の値である。より大きな結合定数を求めて電子格子相互作用を強くすると格子の不安定性が生じてしまうという事情があり、従来型の超伝導物質のT_cはたかだか 30 K にとどまっていた。銅酸化物系高温超伝導物質が出現したことにより、高温での超伝導をもたらすような新たな機構が議論になった。電子間引力を媒介するものとして特徴的エネルギーの高い素励起を想定するという観点から、1000 K を超える超交換相互作用のエネルギースケールを持つスピン励起に着目する議論が有力視されている。11章の最後に述べたように、酸化物系の高温超伝導相がモット-ハバード絶縁相に隣接していることから強い電子相関が本質的な役割を果たしているという見方が有力である。一方、最近発見された高圧下の硫化水素における 200 K の超伝導ではフォノン機構を強く示唆する結果が得られており、高温での超伝導発現機構の解明はいまだその途上にある。

13 生命システムの物理
── ゆらぎ、安定性、可塑性 ──

金子邦彦

13.1 生命とは何か

　量子力学の祖の一人、シュレーディンガーは、70年ほど前、『生命とは何か』という著書で、情報を担う分子としてのDNAの性質を予言した。これは分子生物学の興隆への大きな一石となり、以降、生物内の個々の分子の性質は調べあげられてきた。しかし、それら分子の集まった「生きている状態とは何か」の答えはいまだ得られていない。ここで思い起こせば、今から150年ほど前に、カルノー、クラウジウスらは、マクロなシステム全体を捉える「熱力学」を作ることに成功している。これは当時、分子の存在が定かでなかったためもあり、結果として分子によらない理論体系となっている。それでは、熱力学が平衡状態という設定のもとで普遍体系を作ったように、「生きている状態」──多様な成分を維持、成長し、外界に適応し進化する──に対する普遍的状態論を構築できないのだろうか。

　このように、生命を自然界にある普遍的な状態のクラスと考えて、その特性と一般法則を見いだそうという立場は、まさに生命への物理学的アプローチである。そのために、要素（分子や細胞）ひとつひとつではなく、その間の関係に着目して、生物の基本的性質—遺伝、代謝、発生、進化—に潜む普遍法則を構成的実験と理論物理で解き明かす研究が緒についている。ここでは、その一端を紹介したい。

13.2 生命システムの捉え方

13.2.1 部分と全体の間の相互循環するダイナミクスと整合性

　生命システムは分子、細胞、個体、生態系といった階層を成している。この際、階層の各段階は一般に一定の固定した状態をとるのではなく、時間的にその状態が変化しうる。このとき、上のレベル（例えば個体）は、もちろん、下のレベル（例えば細胞）が集まってできているのだけれども、その一方で下位のレベルの性質は上のレベルによって変化する。例えば、各細胞の性質はそれが置かれている組織（つまり細胞集団）に依存している。このように上下のレベルは互いに影響し合って、その状態が動的に変化しうる。ここで、もし両者の間に整合した関係ができれば、その状態は安定した生命システムを構成するであろう。このような安定した状態の性質として、生命の基本的性質である複製、適応、分化、進化を理解し、そこに一般法則が導ければ物理学としての生命システムの理論ができるであろう。このためには、力学系、確率過程、多くの要素集団の性質を扱うための統計力学といった、数理、物理で発展した考え方が必要になる。

13.2.2 力学系の考え方

　力学系については、通常の物理学の教育で必ずしも学んでいないだろうから、簡単に説明しておこう（図13.1）。まず状態をいくつかの変数（M個）で表す。そこで状態はM次元空間の1点で表され、その時間変化の規則は状態空間の中でのフロー（矢印）で決まり、これは例えば微分方程式で表される。その結果の時間発展は軌跡として表現される。例えば、細胞にはさまざまな成分（例えばタンパク質）があり、その濃度の組が状態空間を表す。その濃度変化を決める化学反応が規則で、結果、濃度は変化していく。力学系はこのような状態の時間的発展を追うための一般的な数学的形式である。

　この時間発展の結果、状態はある領域へ落ち込む。この落ち着き先はアトラクターと呼ばれる。最も簡単でよくみられるアトラクターは、一定の値へ落ち込み、そこで静止する固定点（定常状態）である。固定点

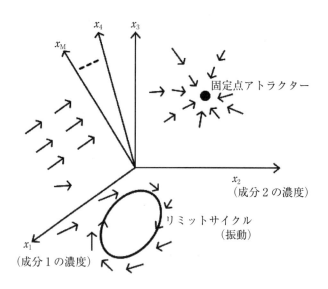

図 13.1 力学系の考え方とアトラクターの模式図 各成分の濃度 x_i からなる状態空間を考える。ここで i は成分の全種類 M にわたるので、この状態空間は非常に高次元である。x_i は時間発展の規則（矢印）に従って変化し、引き込まれたところがアトラクター。固定点、リミットサイクル（振動）のアトラクターを図示。

アトラクター以外にも、閉じた軌道の上を循環し、各成分量が振動するリミットサイクルと呼ばれるもの、カオスと呼ばれる不規則な振動を示すアトラクターもある。

例えば3種類のタンパク発現量 x_1, x_2, x_3 で表される細胞の状態であれば、力学系は3次元の状態空間の点の変化を記述する。この時間発展は細胞内の触媒反応などによって与えられる。例えば、分子1が分子2に触媒され分解されるのであればその濃度 x_1 の変化は、分子2の濃度を x_2 とし反応係数を k とすれば $-kx_1x_2$ で与えられる。なお、このような時間発展は、例えば蛍光タンパクを用いて、細胞内の蛍光量を測ることで直接調べられる。

13.2.3 ゆらぎと確率過程

13.2.2で濃度は分子の個数を体積で割ったものである。分子の個数はもともとは $0, 1, 2, \cdots$、と離散的ではあるけれどその量が十分多くあれ

ば濃度という連続的な表現ができることを前提としていた。しかし、細胞の中のそれぞれの分子の数は必ずしもそう多くはない。個数が多くなくて、10個とか100個とかの程度であれば、完全に一定の割合で反応が起こるのでなく、その分子のうちいくつが反応をするかは確率的事象となる。別な言い方をすれば、力学系での反応レートによる変化は分子数が十分大きい場合の「平均値」の変化であり、そうでなければその平均値のまわりでゆらいでいる。前節最後の例で言えば、反応レートの平均値はx_1とx_2の積に比例するけれども、それぞれの事象ではその値のまわりでゆらぐ。

こうした平均変化のまわりのゆらぎは、力学系の発展の方程式に「ノイズ」が加わるとして表現できる。一般にこのノイズによって、細胞の定常状態はアトラクターから少しずれて、細胞ごとに各成分の濃度は少しずつぶれる。そして、このようなゆらぎを扱う理論は物理ではアインシュタインによるブラウン運動理論が端緒となり、ランジュバン方程式（確率微分方程式）、確率分布の変化を表すマスター方程式などの方法論が確立している。そして、このような理論を細胞現象にあてはめ、それと細胞実験を結びつける研究も近年盛んになっている[1]。

13.3 複製系の持つ普遍的な性質

生命システムの基本として同じシステムを再生産できるということがある。細胞の複製を素朴な目で眺めてみれば、非常に多くの成分が触媒反応などで互いに影響し合いながらすべてをほぼ2倍にして分裂していく過程である。この細胞複製が安定して続くには分裂後にほぼ同じ組成を持った細胞ができなければならない。言いかえると、定常成長系である。ここで細胞内の分子はタンパク質だけをとっても数千種類以上、そのほかも含めれば膨大な種類が存在し、それらの合成・分解は複雑な化学反応ネットワークを形成している。その中で細胞がほぼ同じ状態を再生産していく際に共通の法則があるだろうか。

---

1) 実験の例としてはElowitz, M.B et al., *Science*, 2002, 297 pp. 1183など。

そこで熱力学での平衡状態の代わりに、定常的に成長する状態を考えてみよう。ここで細胞内の反応は煎じ詰めれば自分で自分を作るので、各成分量はその量に比例する、つまり指数関数的に成分量が増す。実際、この指数関数的定常成長は単細胞生物でよく調べられている。この場合には、成長速度と外部栄養の間のMonodの関係、栄養のうち自己維持、成長にまわる割合が外部栄養量によらずほぼ一定であるというPirtの関係式など現象論的法則が見いだされ、また最近では、細胞が自身を複製する上で主要な成分リボソーマル・タンパクの濃度の割合が条件とともに線形に変化するという結果も注目を集めている。これらは「定常成長系」での現象論的法則の例ともいえる[2]。

こうした細胞の定常的成長の統計則は一般に議論できる。細胞にM種類の成分があるとする。この細胞の状態は、各成分の濃度$x_1, x_2, x_3, \cdots, x_M$で表せる。言いかえると、$M$次元の状態空間の1点で書ける。いま、細胞は栄養を取り込み、各成分は細胞内の反応により合成されて、結果、細胞は成長する。すると、細胞の体積Vは時間tとともに$dV/dt = \mu V$で成長するであろう。ここでμは細胞の成長率であり、細胞集団でいえば、細胞の個数は$\exp(\mu t)$で増加する。

定常的成長状態では各成分が分裂までにほぼ2倍になるという強い制限がかかる。つまり、各成分$i = 1, 2, \cdots, M$の量が$\exp(\mu_i t)$で増えるとしたときに$\mu_1 = \mu_2 = \cdots = \mu_M$が成り立つという、$M-1$個の拘束条件である。そこで、細胞の状態を$M$個の成分の濃度で$M$次元上の1点として表すと、細胞は1次元ライン上で変化していくということになる。

この制限は、多少の近似を許せば、簡単な形で定式化できる。各成分の濃度の合成や分解は、(触媒)化学反応一般の結果なので、一般に、各成分の変化はある関数$f_i(x_1, x_2, \cdots, x_M)$で表せる。一方で、この細胞は$(1/V)(dV/dt) = \mu$の割合で成長しているので、その濃度(=量/体積)は、この割合で薄められる。そこで、濃度の変化は

---

2) J. Monod, Annual Reviews in Microbiology, 3 (1949): 371; S. J. Pirt, Proc. Royal Society London, 163 (1965): 224; M. Scott et al., Science, 330 (2010): 1099; Kaneko et al, Phys. Rev. X5 (2015): 011014

$$dx_i/dt = f_i(\{x_j\};E) - \mu x_i \qquad (13.1)$$

を満たす。ここで、Eはこの細胞の置かれた環境条件である。これは、栄養成分の濃度でも、温度でも、ほかのストレス条件でもよい。

さて、成分が指数関数的に変化することを考えて、各成分の対数$X_i = \log x_i$を導入し、また$f_i = x_i F_i$という量F_iを導入しよう。すると（13.1）は

$$dX_i/dt = F_i(\{X_j(E)\};E) - \mu(E) \qquad (13.2)$$

と表せる。そこで定常（成長）状態の濃度はすべての成分iについて

$$F_i(\{X_j^*(E)\}:E) = \mu(E) \qquad (13.3)$$

を満たす。これが先に述べた拘束条件である。

ここで、最初の環境がE_0からEに変化したとしよう。この結果、各成分の対数濃度がX_i^*から$X_i^* + \delta X_i$に変わり、増殖速度μが$\mu + \delta\mu$に変わったとしよう。ここで、もしこれらの変化があまり大きくないとすれば、E_0での$F_i(\{X_j^*(E)\})$のX_jでの偏微分を$J_{ij} = \dfrac{\partial F_i}{\partial X_j}$、また環境$E$での偏微分を$\gamma_i = \dfrac{\partial F_i}{\partial E}$として

$$\sum_j J_{ij}\delta X_j(E) + \gamma_i \delta E = \delta\mu(E) \qquad (13.4)$$

となる。

いま、すべてδEに対して線形の範囲で考えたので$\delta\mu \propto \delta E$、そこで$\delta\mu = \alpha\delta E$とおけば

$$\sum_j J_{ij}\delta X_j(E) = \delta\mu(E)(1 - \gamma_i/\alpha) \qquad (13.5)$$

が得られる。そこで、異なる環境条件のEとE'に対して

$$\frac{\delta X_j(E)}{\delta X_j(E')} = \frac{\delta\mu(E)}{\delta\mu(E')} \qquad (13.6)$$

がすべての成分jに対して成り立つ。つまり、環境条件を変えたときの濃度の（対数）変化の比率は各成分によらず共通で、この比は、細胞の

増殖速度 μ の変化量により $\frac{\delta\mu(E)}{\delta\mu(E')}$ と表せる。言いかえると増殖速度というマクロ変数によって全体の変化が規定されていることになる。

では、この理論はどのくらい当てはまっているであろうか。これは、細胞をストレス環境において、各成分の濃度がどう変化するかを調べてみれば検証できる。例えば、大腸菌をある環境に置き、それが定常的に成長するまで培養を行う。その後で、多数の細胞を抽出して、各種類の成分の濃度を測り、それが環境条件とともにどう変化するかをみればよい。一般に、細胞内には数千種ほどのタンパク質が存在するが、それらは対応するmRNAから作られ、そのmRNAは対応する遺伝子から発現している。現在、蛍光技術により、各mRNAの量（トランスクリプトーム解析）や各タンパク質の量（プロテオーム解析）を測ることができる。トランスクリプトーム解析を採用するのであれば、数千種類のmRNAそれぞれの濃度 x_i を計測できる。これをまず通常の大腸菌の環境条件で計測し、それを $x_i(0)$ とする。次にストレス E をかけ（例えば温度を上げ）、その環境で計測したものが $x_i(E)$ である。ここで上の $\delta X_i(E)$ は $\log x_i(E) - \log x_i(0)$ として求められる。そこで異なるストレスの強さ（例えば温度差）での各mRNAの対数変化量を縦軸、横軸にプロットしてみる。すると図13.2のように数千の発現量にわたってほぼ共通の比例関係が見出される。この関係は温度ストレスだけではなく、ほかのストレス（栄養量の変化）に対しても成り立っている。

なお、この理論は「線形近似」を用いているので変化がほんの少しの範囲でしか成り立たないと思われるかもしれない。しかし、興味深いことに、実験結果では、細胞の成長率がもとの1/5程度になるくらいの強いストレスをかけても成り立っている。これは後に述べるように生物状態が進化を通して安定した状態を作り、そこへ向かう大きなポテンシャル地形を形成しているからと考えられる。

ここで定常成長系では平均としては同じ組成を持った細胞ができるといっても、前述したように反応はもともと確率事象であるから各成分の変化量は平均値のまわりで変動し、結果、各成分濃度も細胞ごとにゆら

ぐ。実際、同一の遺伝子を持った細胞を用意し、その細胞内の、あるタンパク質の濃度（つまり分子数／体積）を測ってみる。現在、蛍光を示すタンパク質を導入させる技術も確立し、その一方で細胞を1個ずつ流して、それにレーザーを当ててその散乱から蛍光量を測るフローサイトメトリという装置もあるので、細胞ごとのタンパク量（濃度）分布も計測できるようになっている。実験の結果によると、濃度の分布は幅が広く、特に左右対称ではなくて、大きい側にすそを引いている。つまり、普通の正規（ガウス）分布とは明らかに異なる。ところが横軸を量の対数として分布を書くと、左右対称に近く、正規分布に近い形をとることが多い。言いかえると、多くのタンパク成分の濃度分布は、対数をとると正規分布になる、「対数正規分布」に近い。理論的には、この分布の出現は、ゆらぎがかけ算で入ってくると考えれば説明されうる。途中でも出てきたように、触媒反応による濃度変化は各成分の濃度の積で表される。そこで各成分の濃度がゆらげば、そのゆらぎは積の形で影響する。ここで（独立した）デタラメな変数を足していくと正規分布に近づくというのが中心極限定理であったことを思い出そう。すると、もしノイズがかけ算で連鎖していくのであれば、対数をとるとかけ算は足し算に変換されるから、対数をとった量に中心極限定理が使えると予想される。生命現象で対数正規分布がしばしばみられる背景はこのようなかけ算性にあると考えられる。

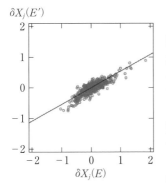

図13.2 大腸菌をストレス環境 E（ここでは培地の温度の上昇）に置いたときの各mRNA量の変化 $\log x_i(E) - \log x_i(0)$ を縦軸に、より弱いストレス E' に置いたときのそれを横軸にプロットしたもの。ほぼすべての成分が比例して変化しており、この比例係数（傾き）は理論で予想される増殖速度変化比に合致している (Kaneko et al, Phys. Rev. X5 (2015)：011014に基づく)。

13.4 進化揺動応答関係
―進化しやすさ（可塑性）とゆらぎの関係―

さて、一般にノイズがあればそれにより各濃度はゆらぎ、細胞の状態も変化しうる。アトラクターという見方は、このようなノイズに対する安定性を理解する上で有効である。アトラクターに向かって状態は落ちていくので、ノイズがあってもその安定状態から大きくはずれないからである。そこでXを状態を表す変数（例えば、ある成分の濃度の対数）として、そのアトラクターでの値をX_0とし、ノイズの項を$\eta(t)$とすれば、X_0のまわりでの変化は近似的に

$$dX/dt = -\gamma(X-X_0) + \eta(t) \tag{13.7}$$

といった形で表されるだろう。$-\gamma(X-X_0)$はアトラクターへ落ちる平均的変化であり、そこからのずれが時間的に変動するノイズ項である。この場合、Xはノイズの結果X_0のまわりで分布するが、それでもX_0にピークを保つ。そこでアトラクターはノイズに対しての安定性を（ある程度）説明できる[3]。ここで、ノイズの結果Xがゆらぐが、γが大きいほどアトラクターへ引き込む「力」が強くなり、Xのゆらぎは小さくなる。この分布を$P(X)$と書けば、この分布の分散としてXのゆらぎの度合いは表される。

この分布は環境条件で変化する。環境を表すパラメータをaとして、そのパラメータ依存性を明記すれば分布は$P(X;a)$と書ける。例えば培地の栄養の濃度、温度、などがaである。ここでこのパラメータaの値を変えれば、細胞内のタンパクの濃度の平均値$\langle X \rangle = X_0$が変わるであろう。つまり分布のピークを与えるXの値が環境条件で変化する。環境条件をaから$a+\Delta a$にずらしたときに$\langle X \rangle$がどれだけ変化するかの割合を応答率Rとすれば$R = \dfrac{\langle X \rangle_{a+\Delta a} - \langle X \rangle_a}{\Delta a}$となる。ここで、統計

---

[3] 多成分の場合は前節のようにヤコビ行列を用いて表現すればよい。

力学においては、熱平衡状態でのある状態量のゆらぎと、そこに外部からの力を与えたときの応答率の間の比例関係が確立している。アインシュタインがブラウン運動の理論として導入し、1950年代に日本の統計物理学者達によって確立された、揺動応答関係である。もちろん、この関係は、あくまで熱平衡状態という制限の中で確立されたものである。ただし、もし細胞の状態が安定していて$P(X;a)$がおよそ正規分布（ガウス分布）であり、さらに、aの変化量があまり大きくなくて、aの変化がXに及ぼす影響が線形で近似できるとすれば、上の考えが拡張でき、応答率RがXの分散に比例することが得られる。つまり、

$$R \propto \langle (X - \langle X \rangle)^2 \rangle \tag{13.8}$$

ここで応答率Rは、生物学で可塑性とも呼ばれる「変わりやすさ」に対応するので「可塑性が表現型のゆらぎと比例する（ないし、正の相関を持つ）」ともいえる。

さて、この関係を進化にあてはめてみよう[4]。まず簡単に進化の考えを復習する。適応度、つまり個体が淘汰を経てどれだけ子孫を残すかは、表現型と呼ばれる状態量（例えばあるタンパクの濃度）の関数である。この表現型Xはすでにみてきたように、遺伝子で決まるルールのもとでの発生過程（力学系）の結果として定まる。ここで、子孫に（主に）伝えられるのは遺伝子である。そこで遺伝子→表現型が一意に決まっているのであれば表現型の代わりに遺伝子型の分布の変化だけを考えればよい。しかし、すでにみたように同一遺伝子個体でも表現型はその平均値のまわりでゆらいでいる。では、同一遺伝子個体の表現型ゆらぎと進化には関係があるのだろうか。

遺伝子は力学系のルールを与える側なので、変数ではなくて発展方程式のパラメータ、aの側と考えられる。aの値に応じ表現型Xへの対応$a \to X$が与えられ、Xに応じて子孫を残す割合が定まる。（遺伝子の配列がaというスカラー量で表現されるのには一見違和感があるかもしれ

---

[4] K. Kaneko & C. Furusawa, Annual Rev. Biophys., 2018 など参照。

ない。ただし、これはそれほど不自然ではない。例えば、最適な表現型をもたらす遺伝子配列から、どれだけ塩基配列が置換しているかの総数をaと考えるのがその一つの表現である。）ここで、ある形質Xが高い方が生き延びやすいとしてXを増す方向への進化（淘汰過程）を考えよう。するとこの淘汰過程は、表現型Xを大きい方向へと「引っぱる力」と見なせる。そこで、表現型の1世代での進化速度はaを変えたときにどのくらい表現型が変わるか、つまり上記のRに対応する。そこで、この進化速度は「揺動＝Xの分散」、つまりノイズによる表現型ゆらぎと比例すると予想される。

実際、大腸菌の中に導入したタンパクの蛍光を強めるという人工進化実験で、この予想はある程度確かめられている。まず（弱く）蛍光を発するタンパク質を合成する遺伝子を大腸菌に導入する。この大腸菌に突然変異を加えて塩基配列をある割合で置換する。作られた変異体の中から、より強く蛍光を発した大腸菌を選択する。それを次世代の菌とし、また変異と淘汰を繰り返していく。この場合、世代ごとに蛍光量（の対数）がどれだけ増加するかが進化速度Rであり、ゆらぎは、同一遺伝子の菌での蛍光対数量の分散である。実験によればそのどちらもともに減っていく。両者が完全に比例と言い切るほどの実験精度はないが、正の相関関係は確認できている。

実験だけでは精度が不十分であるので、多くの成分の反応により成長する細胞モデルを用い、それを計算機の中で進化させて、この関係を検証することが試みられている。ここでは遺伝子が反応のルール、つまり成分の間の触媒関係のネットワークを決めるとし、それによって反応の力学系を発展させ、各成分の濃度を定める。これが表現型を与える。進化過程としてはネットワークを少し変えた変異体の中から、ある成分濃度x_kが高いものを選択する。ここで、同じ反応ネットワークの細胞でも、反応は確率的なので、成分濃度は（およそ対数正規分布で）ゆらぐ。そこで、濃度の対数$X=\log(x_k)$の平均値が各世代でどれだけ増加するかがRであり、これと、Xのノイズによるゆらぎ（分散）を各世代に対してプロットしてみる。その結果、両者は比例している（図13.3）。

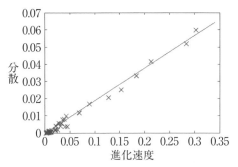

図13.3 進化速度とゆらぎの関係 触媒反応ネットワークで決まる多成分変化のモデルを用い、各世代でネットワークを少し入れ替えた変異体の中から、適応度の高いものを選んでいく進化シミュレーションの結果。適応度は前もって決めたある成分濃度の対数 $X_k = \log(x_k)$ とした。横軸は毎世代での X_k 増加分、縦軸は各世代で選ばれたネットワークで確率的シミュレーションを繰り返して求めた X_k のゆらぎ（分散、13.5節の V_{ip}）。（古澤力氏のご厚意による。Kaneko, K., & Furusawa, C. (2006). J. Theor. Biol, 240, 78 に基づく）。

13.5 遺伝子の変異によるゆらぎとノイズによるゆらぎとの関係

13.4節の結果で重要なのは、「同一遺伝子を持った個体間での表現型ゆらぎ」と進化の関係が見いだされた点である。その一方で、子孫に伝わるのは遺伝子側である。同じ遺伝子を持った個体がたまたまゆらぎで表現型 X が大きかったとしても、その子孫もそうなるとは限らないのに対し、遺伝子変化による X の変化はそのまま子孫に伝わる。そこで「遺伝子の分散の結果どれだけ表現型がゆらいでいるか、その分散（V_g と表記される）が進化速度に比例することが導かれている。Fisherによるこの結果は自然淘汰の基本定理とも呼ばれている。これに対し、13.4節の結果では「同一遺伝子を持った個体間（クローン）での表現型の分散（これを仮に V_{ip} と表記しよう）が進化速度と比例している。そこで V_{ip} と V_g が比例すると予想される。実際、先のモデルをシミュレーションすると、この関係は成り立っている。それはなぜであろうか。

そのために、表現型のゆらぎと頑健性の関係について少し議論しよ

う。頑健性とはシステムをゆすったときに表現型があまり変化せずにいられることであり、変化しにくさの度合いを表す。この場合、表現型に影響を与える変化には、表現型を形づくる発生過程（力学系）途中でのノイズや遺伝子の変異などがある。この結果の表現型変化の度合いはその分散で表される。つまり、分散が小さいほど、頑健性が高い。この視点から分散 V_g, V_{ip} を再考しよう。

V_g は遺伝子の変化に対する分散なので、それが小さいほど「突然変異に対する表現型の頑健性」が高く、同様に V_{ip} はそれが小さいほど「ノイズに対する表現型の頑健性」が高い。ここで表現型を形づくる過程は力学系によって初期状態からゴール（アトラクター）へ向かう過程である。このダイナミクスは一般には複雑なので、ノイズにより、その道を外れ、目的地から隔たったゴール地点に着き、適応度の低い表現型を与えてしまいうる。そこで、進化により、そうした踏み外しがあまり起きないような力学系が進化してくるであろう。つまりノイズに対する頑健性が増す。さてこうした頑健性を増した力学系は変異によってそのルールが少しずらされても、やはり、もとのゴール近くにとどまりやすくなるであろう。要するに、ノイズに対する頑健性が増すと、変異に対する頑健性も増していく。頑健性が増せばゆらぎは減るので結果、V_g と V_{ip} は相関して減少していく（以上は数値計算の結果からも支持されている）。

これは、遺伝子の変化 a と表現型の変化 X へのポテンシャル地形 $U(X, a)$ を導入して考えることもできる。その地形の中で、強さ ϵ のノイズで状態が動かされるとすれば、X, a をとる確率は、$P(X, a) = \exp(-U(X, a)/\epsilon)$ となる。そこでこのポテンシャル $U(X, a)$ の谷が深くなれば、そのまわりのゆらぎは小さくなり X の変化に対しても a の変化に対しても安定性が増していく。こうした深い谷を持つポテンシャル地形が進化を通して形成されていくと考えられる。

13.6　細胞分化

多細胞生物を考えるとその一個体で各細胞の遺伝子は共通であるけれども、異なるタイプの細胞状態へと分化しうる。力学系の立場でいえ

ば、こうした異なる細胞タイプは同じ時間発展の方程式を持っていて、異なるアトラクターに落ちていると考えられる。そこで複数のアトラクターを持つ力学系と結びつけた細胞分化の理論研究が進められている[5]。

この際、多細胞生物では、自分を再生産するだけでなく異なる細胞タイプに分化しうる「多能性」を持った細胞（幹細胞、ES細胞、万能細胞）が存在する。一方で分化を終えた細胞（皮膚とか白血球とか）は自己複製をするだけである。つまり、多能性を持つ細胞は、「変化しやすさ」のチャンピオンともいえる。さて、これまでみた、ゆらぎが大きいほど変化しやすいという立場をさらに推し進めれば、自発的に変動を作る状態があれば、それが最も変化しやすい状態と考えられる。力学系の立場でいえば固定点アトラクターではなく、自ら振動するアトラクターである。そう考えると、振動するアトラクターが多能性を持った細胞状態に対応していると考えられる。実際、細胞状態が反応で変化するさまざまな力学系モデルをシミュレーションしてみると、振動アトラクターを持つ細胞状態は細胞間の相互作用により他のアトラクターへ分化しうること、さらに、その振動を失った状態は自己複製するだけの分化した細胞となることが見出されている。また部分的ではあるが、この結果と対応する実験結果も得られている。ここで振動には複数成分の関係が必要であり、分化した細胞はその一部を失っている。そこで、分化した細胞が失った複数の成分を外部操作によって回復させると、もとの変化しやすい状態に戻れることが理論的に示される。これを細胞生物学的に言いかえれば強制的に複数の遺伝子発現を行うことで多能性回復ができるという予想につながる。この予想とiPS細胞構築は対応するとも考えられる[6]が、その完全な理論的解明はこれからの発展に委ねられている。

---

5) 初期のものとしてはカウフマンの研究（S. Kauffman, The Origin of Order (Oxford Unv. Press, 1993)）がある。一方で多重安定性を持つシステムの研究は神経回路網、またスピングラスという統計力学の分野でも研究されている。

6) Furusawa, C. and Kaneko, K.; J. Theor. Biol. 209 (2001) 395-416; Takahashi K. and Yamanaka S., Cell 2006, 126, 663-676

13.7 展望

生命システムの物理は、まだ緒についたばかりである。その意味では、温度やエントロピーが定義される以前の熱力学のレベルともいえる。ただし、生命システムでは進化を通して安定性を獲得すること、また膨大な成分を持ちつつも自由度の削減が生じていることを示唆する結果など、希望的なレポートも相次いでいる。1細胞計測、細胞内の膨大な成分を測定する実験技術の発展も目覚ましい。ここでは、ほんの一端を述べただけであるが、細胞状態のダイナミクス、ゆらぎと複製、適応、分化、進化と結びつける理論研究も進んでいる。熱力学に比肩しうるような、生命システムに対するマクロレベルの現象論の誕生を願って結びとしたい。

参考文献

[1] 本章の内容と関係あるものとして、金子邦彦著『生命とは何か　複雑系生命科学へ』（東大出版会、2003（第2版2009））（英語版：Life: An Introduction to Complex Systems Biology. (Springer-Verlag, 2006)。システムとして生命を理解する方向の著書の例としては、Uri Alon, Introduction to Systems Biology（邦訳：『システム生物学入門』）など。また統計物理を踏まえて細胞生物学を扱った教科書としては、Phillips et al., Physical Biology of the Cell（邦訳『細胞の物理生物学』）がある。

[2] 発生、進化の頑健性に注目し、ポテンシャル地形描像を打ち出した先駆的著書としては、Waddington C.H. (1957). The Strategy of the Genes. London: George Allen & Unwin. 頑健性に関する現代的な著書としてはWagner A., Robustness and Evolvability in Living Systems, Princeton Univ. Press (2005)

[3] ゆらぎ―応答関係の原点はアインシュタインのブラウン運動理論論文集 (Investigation on the Theory of Brownian Movement, Dover, 1956；Einstein 論文選集（共立出版））にあり、その後の発展は、例えば、戸田盛和、久保亮五編集：『統計物理学』（岩波書店）、『現代物理学の基礎 第6巻』(1972) に詳しい。また大沢文夫『大沢流手作り統計力学』（名古屋大学出版、2011）の後半部にはゆらぎの生物学的意義が述べられている。

14 統一理論

川合 光

　欧州共同体の加速器LHC（Large Hadron Collider）の結果は、素朴な標準模型が大変よい精度で成り立っていることを示している。しかも、発見されたヒグス粒子の質量を使って理論的な解析を行うと、標準模型はプランクスケールまで矛盾のない理論であることがわかる。自然がどのようなモデルを採用しているかはもちろんわからないが、すくなくとも標準模型を高エネルギーで大きく変更する必然性はないのである。実際、超対称性が1 TeV程度の低いエネルギーで発現し、それより高いエネルギーでは一挙に基本粒子の数が増えるという可能性が、長らく議論されてきたが、LHCの結果によって否定された。これらの事実は、標準模型はプランクスケールまで成り立ち、プランクスケールで弦理論とつながっているという非常に単純な描像を示唆しているようにもみえる。弦理論の非摂動効果はあまり理解されていないため、現時点でそのような描像が正しいかどうか判定するのは不可能であるが、少なくとも弦理論の摂動論的真空にはそのような描像に近いものが多数存在する。この章では、統一理論の現況を理解するために、まず、標準模型について概観し、その後、重力も含めた統一理論として、弦理論が大変自然なものであることを確認し、最後にLHCの結果が、統一理論にとって何を示唆しているか、そして、今後素粒子論がどのように発展していく可能性を持っているかを議論する。

14.1　標準模型の現状

14.1.1　LHCによる標準模型の検証

　LHCは2012年から本格的に稼働しだしたが、その結果は、多少停滞気味であった素粒子論に大きな進展をもたらす可能性がある。実際、標準模型の直接的な検証は、1983年のウィークボソンの発見により第一歩を踏み出したが、それから30年してついに、最後の未発見粒子であ

るヒグス粒子が発見されたのである。その間、トップクォークの発見、ニュートリノ振動の発見、小林・益川理論の検証など、いくつかの発展があったが、それらはいずれも、標準模型が矛盾のないものであることを示していた。一方、ヒグス場は、対称性を破るためにアドホックに導入されたものであり、多くの可能性のうちの一例にすぎないのではないか、という疑問が残っていた。しかしながら、LHCの結果は、対称性の破れからクォーク・レプトンの質量にいたるまでのすべてのことを、最も単純な2重項のヒグス場で説明できる可能性を示している。特に、クォークやレプトンの質量が、本当にたった一つのヒグス場との湯川結合によって生じているのかどうか興味深い問題であるが、少なくとも重いクォークとレプトンに関しては、うまくいっているようである。

LHCのもうひとつの重要な結果は、2 TeV以下には標準模型以外の粒子は存在しないことを示したことである。標準模型にあらわれる粒子のうち、最も重いトップクォークの質量が170 GeV、次に重いヒグス粒子が125 GeVであることを考えると、その10倍以上のエネルギーまで新しい物理現象はないというわけである。これは、さらに高いエネルギー領域まで標準模型が成り立っている可能性を示唆している。実際、観測されたヒグス質量をインプットとして、くりこみ群による解析を行うと、標準模型のすべての結合定数はプランクスケールまで有限にとどまり、しかも、真空の不安定性といった困難も生じないことがわかる。極端な言い方をすると、標準模型の変更を強要する事実は、暗黒物質等の比較的小さな変更を除いては、重力以外何もないのである。

14.1.2　低いエネルギーにおける超対称性と弦理論

素粒子の現象論や弦理論において、広く仮定されてきたことのひとつに、1 TeV程度のあまり高くないエネルギーで超対称性が発現するだろうという予想があった。しかしながら、LHCの結果はその予想を根底から揺るがしている。

超対称性とは、ボソンとフェルミオンを相互に変換する対称性であり、弦理論では、プランクスケールより高いエネルギーで自然にあらわれる。一般に弦理論は双対性といわれる性質を持ち、そのため、高エネ

ルギー現象と低エネルギー現象が密接にむすびついている。そのひとつのあらわれとして、世界面はモジュラー不変性を持つが、その帰結として、低エネルギーでタキオンがないことと、高エネルギーで漸近的に超対称になっていることが等価であることがわかる。そのため、真空が安定なまともな理論である限り、弦理論は高いエネルギーでは漸近的に超対称性を持つ。しかしながら、あくまでこれは、高いエネルギーにおける漸近的な振る舞いに関することであり、低エネルギーまで超対称性が保持されていることは意味しない。

歴史的には、弦理論が現実的な4次元の統一理論になりうることが認識されたのは、1984年のことであるが、そのときの発展によって弦理論の摂動論的な側面が解明された。具体的には、弦理論の摂動論的な真空は、適当な中心電荷と境界条件を持った世界面上の共形場と1対1に対応していることがわかった。特に、4次元の真空が超対称性を持っていることは、世界面上に2つの超対称性が存在することと等価であることがわかり、その典型的な例として、カラビ（Calabi）-ヤウ（Yau）多様体上のコンパクト化が議論された。一方、上に述べたように、真空が安定であるための条件は超対称性があるための条件よりずっと弱いものであり、実際、無数にある弦理論の真空のうち、超対称的なものは、安定なもののほんの一部にすぎない。

14.1.3　自然性問題

そのような事情にもかかわらず、弦理論の従来の研究は超対称性を持つ真空を中心に行われてきた。その最大の理由は自然性問題であるが、それは、特別なことが起きない限り、量子ゆらぎのために、宇宙項とヒグスの質量項がそれぞれ、プランクスケールの4乗と2乗という大きな量になってしまうという問題である。もし真空に超対称性があれば、これらの量はゼロであることが、初めから保証されている。

しかし、現実の真空は超対称性を持たないので、超対称性があるとしても自発的に破れていなければならず、宇宙項とヒグスの質量項はそれぞれ、破れのスケールの4乗と2乗程度となるはずである。観測されている宇宙項は数meV（ミリ電子ボルト）の4乗という大変小さなもので

あるため、超対称性のシナリオがうまくいくためには、破れのスケールも meV 程度でなければならないことになるが、現実にはそのような低いエネルギーで超対称性は回復していない。そのため、宇宙項には目をつぶって、ヒグス質量の自然性だけでも超対称性で説明しようというのが素粒子現象論の流れであった。その場合、破れのスケールはヒグス質量に比べてあまり大きくはなく、その結果、質量があまり大きくはない標準模型以外の粒子が存在するはずである。それが、数百 GeV の領域に新粒子が発見されると期待された理由であった。このような期待に反して、LHC により、2 TeV 以下の質量の新粒子は存在しないことが判明したわけである。

このことは、自然性問題について、超対称性以外の可能性を考えるべきであることを示唆している。実際、通常の場の理論の枠組みで、宇宙項およびヒグス質量の自然性を説明するのは大変難しい。しかし、時空のトポロジーゆらぎの効果などを取り入れると状況が変わる可能性がある。大きな流れにはならなかったが、1990 年代には、そのような方向から自然性を説明しようという試みがいくつかあった。興味深い試みとして、コールマン（Coleman）によるベビーユニバースや、フロガット（Froggatt）とニールセン（Nielsen）による多重臨界点原理などがあげられる。そのようなメカニズムが弦理論で本当に実現しているかどうかを調べるのは、今後のひとつの方向性と思われる。

14.2 標準模型と重力の統合

本節では、標準模型で記述される 3 つの力と重力はどのように違っているのか、あるいはどのような共通点を持っているのかを議論する。重力とそれ以外の力を比べる指標となるのが、力の大きさと、量子ゆらぎの大きさであるが、どちらをみても、プランクスケールですべての力が統一されているようにみえる。すなわち、すべてのものの背後に、プランク長さくらいの広がりを持ったものがあるようにみえる。そのようなものの有力な候補が弦理論である。

14.2.1　重力以外の3つの力

　身のまわりの物体を構成する原子や分子は、いくつかの原子核と電子が、光子によって媒介される電気力によって結びついたものである。次に原子核を拡大してみると、いくつかの陽子と中性子が結びついたものであることがわかる。さらに拡大すると、陽子や中性子は3個のクォークが、グルーオンによって媒介される強い力で結びついたものであることがわかる。ここにあらわれた電気力と強い力のほかに、力にはもう1つ、弱い力がある。弱い力を媒介する粒子はWボソンとZボソン（総称してウィークボソンという）であるが、これらは、ヒグス機構により100 GeV程度の質量を持っている。そのため、低いエネルギーではその効果は小さく、歴史的に弱い力と呼ばれることになったが、実は、100 GeV以上のエネルギー領域では、電気力や強い力と同程度の大きさである。

　以上のように、レプトン、クォーク、光子、グルーオン、ウィークボソンが基本粒子であることがわかったが、これらの粒子をさらに拡大するとどうなるだろうか。いまのところ、陽子の2000分の1程度の大きさまで調べることができるが、これらの粒子は点にしか見えない。標準模型は、このような描像を場の量子論に基づいて構成したものである。標準模型では、力を媒介する粒子として、電気力を媒介する光子、弱い力を媒介するウィークボソン、強い力を媒介するグルーオンを考え、さらに、自発的に対称性を破る源としてヒグス粒子を導入する。一方、物質のもとになる粒子としては、3世代のクォークとレプトンを考える。例えば、第1世代は、ダウンおよびアップの2種のクォークと、電子および電子ニュートリノの2種のレプトンからなる。3世代ということは、このようなもののコピーがあと2つあるということだが、その必要性を最初に指摘したのが、小林・益川理論である。このように比較的安易な発想で作られた模型であるが、驚くことに、2 TeV以下のエネルギーでは、LHCの実験結果は標準模型の計算結果と完全に一致している。

14.2.2　大統一とプランクスケール

　重力以外の3つの力はどれもゲージ場であり、お互いによく似てい

る。LHCの結果は、粒子どうしがエネルギーでいうと2 TeV、距離でいうと10のマイナス18乗メートルまで近づいても標準模型が成り立っていることを示しているが、この程度の距離では、力は強い力、弱い力、電気力の順に大きい。距離がさらに近くなるとどうなるか、実験結果はないが、計算によって評価することができる。2つの粒子の間に働く力について考えてみよう。量子力学的には、真空はからっぽではなく、仮想的な粒子と反粒子で満ちている。そのため、物質が分極することにより電気力の大きさが変化するのと同様に、われわれが観測している力は、真空の分極によって変化したあとのものである。粒子間の距離より大きなサイズの分極は力に影響しないため、粒子間の距離を小さくしていくと、しだいに生の力が見えてくることになる。実際、標準模型に基づいて計算すると、逆2乗則に比べて、電気力は少しずつ大きく、強い力と弱い力は少しずつ小さくなることがわかる。その結果、エネルギーでいうと10の16乗GeV、距離でいうと10のマイナス31乗メートル程度になると、3つの力は同程度の大きさになる。これは、標準模型の背後には、それくらいのスケールを持った基本的な理論があり、標準模型は、その理論の低エネルギーにおける近似理論であることを示唆している。実際、そのような理論の候補として、ゲージ理論に基づいたいくつかの模型を作ることができるが、それらを総称し大統一理論といい、そこにあらわれる10の16乗GeV、あるいは10のマイナス31乗メートルのことをGUT（Grand Unified Theory）スケールと呼んでいる。また、標準模型ではクォークやレプトンは一見不規則なあらわれ方をしており、例えば、なぜクォークとレプトンが対になっているかを標準模型の範囲内で説明することは不可能である。一方、大統一理論では、クォークとレプトンは統一的に記述されており、クォークやレプトンのあらわれ方を自然に説明することができる。これは標準理論の背後にもっと基本的な理論があるはずであるというもう一つの根拠となっている。

　次に、重力をほかの3つの力と比較するために、例として、2つの電子の間に働く電気力と重力を比べてみる。電子間の距離が大きいときは、2つの力はどちらも逆2乗則に従うため、その比は距離によらない。

実際、電子の電荷と質量から力の大きさの比を計算してみると、10の42乗程度となり、電気力の方がはるかに大きい。しかし、電子間の距離が短くなると、事情が違ってくる。それは、電気力は電荷の間に働く力であるのに対して、重力はエネルギーの間に働く力だからである。電荷は上述のように近距離でゆっくりと増大するだけであるが、エネルギーは、近距離では電子の波動性が重要となるため、距離に反比例して増大する。そのため、エネルギーでいうと10の18乗GeV、距離でいうと10のマイナス33乗メートルくらいになると、重力は電気力と同程度の大きさになるのである。ここにあらわれたエネルギーあるいは長さをプランクスケールと呼んでいるが、それが大統一スケールとほぼ等しいことは注目に値する。すなわち、大統一スケールからプランクスケールくらいの大きさを持ったものが、万物の背後にあり、そこではすべてのものが統一されているという予想が自然に出てくるのである。

　プランクスケールは時空の量子ゆらぎを特徴付けるスケールでもある。標準模型は、重力を無視して3つの力を考えたゲージ理論であるが、ゲージ理論はくりこみ可能である。くりこみとは、場の量子ゆらぎの効果を、質量や電荷といった粒子の属性に吸収してしまおうという考え方であり、理論がくりこみ可能であるということは、粒子を点と見なしてよいということにほかならない。すなわち、重力を考えない限り、標準模型にあらわれる粒子は点粒子と考えてよいわけである。しかしながら、重力場も含めて場の量子ゆらぎを調べてみると、プランクスケールよりも長い波長には問題はないが、プランクスケールよりも短い波長のゆらぎは、くりこみでは制御できないほど大きいことがわかる。このことは、重力を含んだ理論では、もはや粒子は点とは見なせず、プランクスケールくらいの広がりを持ったものと考えざるを得ないことを示している。重力場は時空の計量であり、時空の幾何学そのものを表していたことを思い出すと、このことはまた、時空自体も、もはや点の集合ではなく、何らかの広がりを持ったものの集まりと見なすべきであることを意味している。

　ここにあらわれた2つのスケール、すなわちGUTスケールとプラン

クスケールが、ほとんど等しいことは注目に値する。この違いを現実的なものと考えるか、本質的なものではないと考えるか、意見の分かれるところである。前者の見方では、3つの力がいったんGUTスケールで統一され、それがプランクスケールで重力と統一されると考える。後者の見方では、GUTスケールとプランクスケールの中間くらいで4つの力が一斉に統一されると考える。いずれにしても、プランクスケール程度の広がりを持った何か基本的なものがあり、標準模型と重力はどちらも低いエネルギーにおけるその近似理論であるということを強く示唆している。

14.2.3 弦理論の必要性と自然さ

14.2.2でみたように、力の統一と重力の量子ゆらぎの両面から、万物の基本は点粒子ではなく、広がりを持ったものであることが予想される。特に重力を量子論的に記述しようとすると、広がりを持ったものを考えるのが不可欠である。このように、点粒子の代わりに広がりを持ったものを考える試みは、場の量子論の初期のころから、いろいろな動機で行われてきた。しかしながら、広がったものを不用意に導入すると、因果律や、確率の正値性を壊してしまうため、矛盾のない理論を作るのはなかなか難しい。その中で、例外的にうまくいくのが弦理論である。弦理論では、点粒子の代わりに、太さのない輪ゴムのようなものや、切れた輪ゴムのような線分状のものを考え、それらが振動しながら、ちぎれたりくっついたりする運動を考える。それぞれの輪ゴムはプランクスケールくらいの広がりを持って振動しているが、それを遠くから眺めると1つの点、すなわち、粒子にみえるわけである。また、弦はいろいろなしかたで振動できるが、それに応じて、遠くから見たときに、いろいろな種類の粒子にみえるのである。このような弦の運動はラグランジアンを与えれば決まるが、確率の正値性やタキオンの不存在などから相当強い条件が付き、特別な一群の理論のみが許されることがわかる。これらの理論を調べると、重力子が弦の振動状態の1つとして必然的にあらわれ、しかも、量子ゆらぎはきちんと有限値であることがわかる。すなわち、局所場の理論では実現できなかった矛盾のない量子重力理論が、弦理論

ではいとも簡単にできてしまうのである。また、弦の振動状態を調べてみると、重力子以外にも、ゲージ場に対応しているものや、クォーク・レプトン、さらにヒッグス場に対応しているものもちゃんとあることがわかる。このように、弦理論は、今までに知られているすべての力と物質を統一的に記述しているのである。

　このように弦理論は大変うまくできているが、残念ながら、このままでは、実証的な科学にはなりえない。実際、上述の解説では弦の運動を、振動しながら切れたりくっついたりするものとして記述した。これは量子力学的にいうと、中間状態として有限個の弦のみを考えるということであるが、このような範囲で考えることを一般に摂動論と呼んでいる。摂動論は計算が簡単であることから、広く用いられているが、いろいろな多体系で、摂動論では表せない効果、すなわち、非摂動効果が重要であることが知られている。弦理論でも非摂動効果は本質的に重要である。例えば、上述の解説で弦のラグランジアンとして許されるものとして一群の理論があるといったが、実はそれらが互いに異なる理論にみえるのは非摂動効果を無視したときのことであり、本当は非摂動効果によって互いに移り変わるのである。すなわち、一群の理論が表しているのは1つの理論の摂動論的な数々の真空であり、本当の真空を見つけて現実の世界を説明してみせるためには、非摂動効果をきちんと取り入れた理論形式が不可欠である。

　そのような理論形式ができたとして、標準模型が本当の真空であることが示せるだろうか。これに関しては、基本的に異なった2つの立場がある。1つは、非摂動効果を取り入れたとしても、複雑な凹凸のある地形のように無数の真空が縮退しており、われわれの宇宙はその1つに過ぎないというものであり、ランドスケープと呼ばれている。これとは全く逆なのが、非摂動効果を取り入れると、真空は一意的に決まり、時空の次元をはじめ、ゲージ群、世代数、結合定数など、すべての量が説明されるはずだという考え方である。ランドスケープの考えのもとになっているのは、超対称性を持つ場の理論では、しばしば、真空が複雑な形で無限に縮退しているという事実であり、超対称性とともに語られるこ

とが多い。しかしながら、低エネルギーにおける超対称性が否定されたとすると、今後は、もうひとつの可能性である、一意的な真空という考えがより重要になってくると思われる。実際、最新のデータをもとに行ったくりこみ群の解析によると、標準模型はプランクスケールまで有効である、言いかえると、プランクスケールまで標準模型以外の物理はほとんどない可能性があることがわかってきた。もしこれが本当ならば、自然は大変単純な真空を選んでいるということであり、それが弦理論の唯一の真空だと考えるのはごく自然なことである。

弦理論の発展を振り返ってみると、1984年からの第一期ブームは弦の摂動論を理解した段階であった。また、1994年からの第二期ブームで議論されたのは、Dブレーンをはじめとした弦のソリトンであり、またM理論に代表される弦のデュアリティであったが、これらは、摂動論の延長上で非摂動効果を理解する試みであったといえる。そして1990年代の後半には、行列模型やAdS/CFT対応といった弦理論を摂動論に頼らずに完全に定式化する試みがあらわれた。それから20年近くたったが、残念ながら、弦理論の非摂動的な性質の理解はあまり進んでいない。上述のように、弦理論が万物の根源に近いものであることは、まず、間違いがないと思われるが、ここ十数年の間は、足踏み状態が続いているようにみえる。しかしながら、LHCの結果は、われわれの真空が思いのほか単純なものであることを示しており、標準模型とプランクスケールの物理が直結している可能性をも示唆している。超対称性を離れて自然性問題などを見直すことによって、展望が開けてくるかもしれない。

14.3　弦理論入門

以上の議論で、すべてのものの背後には、点粒子ではなく、広がりをもったものがあると考えるのが自然であることをみた。そのようなもののうち、奇跡的にうまく定義できているのが弦理論である。本節では、実際に弦理論がどのように定義され、どのような性質を持っているかについて、簡単に紹介する。

14.3.1 弦の直感的描像と準備

弦理論では、点粒子の代わりに1次元的に広がったものを基本と考える。具体的には、開いた弦と呼ばれる糸くずのように両端のある弦と、閉じた弦と呼ばれる輪ゴム状の弦を考える。

弦理論の詳細に入る前に、量子力学の経路積分を思い出しておこう。ある時刻で状態Aにあったものが、ある時間がたった後で別の状態Bに移っている確率振幅を考える。古典力学では、始状態と終状態を与えると途中の経路は一意的に決まってしまうが、量子力学ではすべての可能な経路を考え、各経路に沿って時間発展するとしたときの確率振幅を足し上げることにより、求める確立振幅が得られる。すなわち、

$$\psi_{A\to B} = \sum_{A と B を結ぶ経路 P} \psi_P$$
$$\psi_P = e^{\frac{i}{\hbar}S} \tag{14.1}$$

ここで、Sは作用である。

14.3.2 点粒子の経路積分

相対論的点粒子の場合の経路積分を、もう少し詳しく考えてみる。時空は4次元とし、簡単のため粒子はスピンを持たないとする。時空の点xにいた粒子が時空の別の点yまで動く確率振幅はプロパゲーターと呼ばれているが、上記のように、

$$D(x, y) = \int \mathcal{D}X e^{\frac{i}{\hbar}S[X]} \tag{14.2}$$

で与えられる。ここで、Xは時空の点xとyを結ぶ経路、すなわち世界線であり、積分$\int \mathcal{D}X$はそのようなすべての経路について足し合わせることを意味している。いまの場合、作用Sは経路Xの時空における長さの定数倍で与えられる。

$$\frac{1}{\hbar}S = -\frac{1}{l_C}（世界線の長さ）\tag{14.3}$$

ここで、l_Cは粒子のコンプトン長さである。

次に粒子間の相互作用を取り入れて

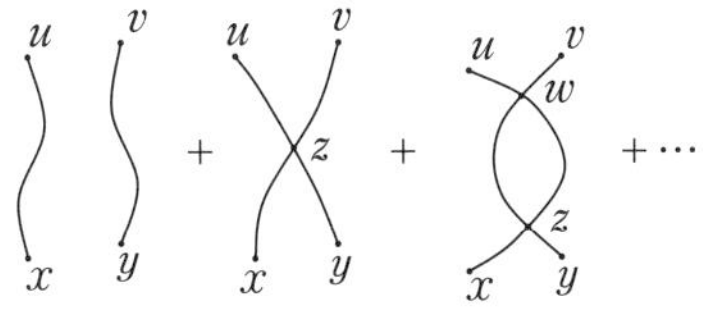

図14.1　2つの粒子の散乱

みよう。例として、2つの粒子の間の散乱を考える。図14.1の第1項は2つの粒子が相互作用せずにそのまま伝播するという過程からくる寄与であり、プロパゲーターの積 $D(x, u)D(y, v)$ で与えられる。第2項は x, y から出発した2つの粒子が時空点 z で一度ぶつかり、その後 u, v に到達するという過程からくる寄与であり、

$$-i\lambda \int d^4 z D(x, z) D(y, z) D(z, u) D(z, v) \tag{14.4}$$

で与えられる。積分しているのは、ぶつかる点 z について確率振幅を足し上げているのである。ここで、λ は粒子どうしの相互作用の強さを表す実数である。全体に i がかかっているのは、経路積分の指数関数内の i と同じで、時間発展がユニタリであるために必要である。同様に図14.1の第3項は途中で粒子同士が2回ぶつかるという過程からの寄与であり、

$$\frac{(-i\lambda)^2}{2} \int d^4 z d^4 w D(x, z) D(y, z) D(z, w)^2 D(w, u) D(w, v) \tag{14.5}$$

で与えられる。

粒子がいくつかあるときも、ぶつかりながら伝播していくいろいろな過程からくる寄与の和として確率振幅を表すことができる。1回相互作用するたびに λ という因子がかかるので、これは λ の冪級数である。このように確率振幅を求めるために、自由な伝播から始めて、相互作用を1回したとき、2回したときという具合に級数として表すのは自然な考え方であり、摂動論と呼んでいる。

14.3.3 点粒子の非摂動的定式化

摂動論はこのように直感的に捉えやすいものであるが、残念ながらここであらわれたような λ の冪級数は一般には収束していないことが多い。これは、何か本当の理論があって、その結果を理論に含まれるパラメータについて漸近展開したものが摂動論であることを意味している。それでは、本当の理論とはどんなものなのだろうか。いま考えているような点粒子の系の場合には、それが場の量子論なのである。4次元時空のスカラー場 ϕ に対する次の作用を考える。

$$S[\phi] = \int d^4x \left(\frac{1}{2} \partial_\mu \phi \partial^\mu \phi - \frac{m^2}{2} \phi^2 - \frac{\lambda}{4!} \phi^4 \right) \tag{14.6}$$

そうすると、例えば図14.1のような過程に対する確率振幅は4体のグリーン関数そのものであり、次のような場に対する経路積分で与えられる。

$$G^{(4)}(x,y,u,v) = \frac{\int \mathcal{D}\phi \, \phi(x)\phi(y)\phi(u)\phi(v) e^{\frac{i}{\hbar}S[\phi]}}{\int \mathcal{D}\phi \, e^{\frac{i}{\hbar}S[\phi]}} \tag{14.7}$$

Sは（14.6）のように表されているから、この式をλの冪級数として展開することができる。そうすると、λの0次、1次、2次、…の項が図14.1の第1、第2、第3、…の項に等しいことがわかる。すなわち（14.7）が確率振幅の本当の表式であり、これをλについて漸近展開したものが摂動論なのである。さらに、経路積分を完全に定義するには、9.4.4でみたように、時空を格子に分け、経路積分を行えばよい。

14.3.4　弦の摂動論

　点粒子の場合と同様に、弦の摂動論を考えることができる。簡単のため、閉じた弦について議論する。閉じた弦が自由に運動すると、図14.2のように時空の中で世界面は円筒状になる。このような運動に対する確率振幅を求めるには、（14.2）と同様、世界面の汎関数として作用Sを与えて、図14.2で実線あるいは点線で示されているように、始状態と終状態をつなぐような弦の仮想的な運動すべてについて足し合わせてやればよい。作用は、粒子の場合には時空での世界線の長さであったが、弦のときには時空での世界面の面積をとればよい。これを南部-後藤の作用と呼んでいる。これをもう少し一般化して、世界面上にいろいろな自由度を導入することもできる。すなわち、世界面を形式的に2次元の時空と見なし、その上にいろいろな場が乗っているような状況を考えるのである。世界面を時間が一定の面で切ったときの切り口が弦であるから、これは弦に沿って伝播する場を導入するということである。

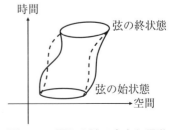

図14.2　閉じた弦の自由な運動

結局、弦の世界面の作用は

$$\frac{i}{\hbar}S = \frac{1}{l_s^2}(\text{世界面の面積}) + \text{他の自由度の寄与} \qquad (14.8)$$

と書ける。ここでl_s^{-2}は弦の張力であり、長さの次元を持つ量l_sはストリングスケールと呼ばれている。これは弦の長さのスケールを決めており、本質的にはプランクスケールと同じものである。ほかの自由度としてはいろいろなものを考えることができる。例えば、コンパクトされたスカラー場やフェルミオンの場、あるいはもっと一般の2次元の共形場を組み合わせたものをとってもよい。原理的にはこのように任意の自由度を持ち込んでもよいわけであるが、統一理論の見地からは臨界弦と呼ばれている特別な場合が重要である。臨界弦とは、世界面上で適度な自由度を持ち、その結果、局所スケール変換に対して不変であるような弦理論のことである。局所スケール変換とは、世界面上の場所ごとに異なる倍率を持つスケール変換のことである。臨界弦の最も簡単な例が、時空が10次元で世界面上に2次元超重力の構造を持ったものである。世界面上にいろいろな自由度を導入することにより、時空が10次元以下の臨界弦がいくらでも構成できることが知られている。

14.3.5 弦の相互作用と有限性

弦理論が点粒子と大きく違っているところは、紫外発散の問題がはじめからないところである。これを感覚的に理解するために粒子の場合の相互作用と、弦理論の場合の相互作用を比べてみよう。図14.3の左の図は2つの粒子がぶつかって1つの粒子になる様子、例えば電子と陽電子が対消滅して光子になる過程が描かれている。点粒子がぶつかるのであるから、これは時空の一点で瞬時に起きる過程である。一方、弦理論でこれに対応する過程は図14.3右のように2つの弦が合体して1つの弦になるという過程である。この場合、2つの弦は滑らかに1つの弦につながっており、粒子の場合のような急激な変化ではない。

粒子の場合は相互作用が時空の1点で急激に起きるため、相互作用が短い時間の間に続けて起きるような過程を考えると、確率振幅が無限大になってしまう。それが紫外発散の問題であった。ところが弦理論では

相互作用自身が滑らかであるため、例えそのような過程、すなわち1つの弦がいったん2つの弦に分れ、また合体して1つに戻るというような過程を考えても確率振幅は有限なのである。このように、弦理論には紫外発散の問題はなく、くりこみの操作も必要がないのである。

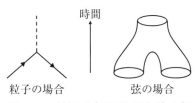

図14.3　粒子の相互作用と弦の相互作用

　弦の相互作用について、もうひとつ重要な点を指摘しておこう。図14.3左からもわかるように、点粒子のときは伝播と相互作用は別のものとして導入されている。つまり、伝播してきた粒子が衝突してほかの粒子に変化するのが相互作用であり、相互作用と伝播は質的に異なるものである。ところが、弦理論では、いったん世界面の作用を与えてしまうと、円筒状の世界面は伝播を記述し、図14.3右のような世界面は相互作用を記述するわけである。すなわち、弦理論は点粒子と違い、伝播の仕方が決まると相互作用の仕方も決まるという著しい性質を持っている。しかも、このようにして決まる相互作用を調べてみると、ゲージ対称性や一般座標変換に対する不変性など、場の理論では純然たる仮定であったものが、極めて自然に実現していることがわかる。

14.3.6　摂動論の限界

　上述の解説で世界面上に自由度を導入することによりいろいろな臨界弦が構成できると言ったが、これらの弦理論はそれぞれが安定な真空のまわりの弦の励起を記述していると考えられる。すなわち、自由な伝播から始めて、少しずつ相互作用の効果を取り入れていくという摂動論の範囲では、これらの弦理論がお互いに移り変わることはない。しかしながら、場の理論の場合と同様、弦理論においても摂動論は収束する級数にはなっておらず、弦のダイナミクスには非摂動的な効果が重要である。実際、場の理論におけるソリトンの類似物として、弦理論にはDブレーンというものが存在し、それらを時空に凝縮させることによって、いくつかの理論が移り変わりうることがわかっている。現在の手法で完全に

分析することはできないが、摂動論的に構成されるすべての弦理論は単一の理論の局所的な安定状態を記述しているだけであり、弦理論は本質的に1つのものであると予想されている。このように考えると、しなければならないのは、点粒子の場合に場の量子論を構成的に定式化して摂動論によらない完全な理論にしたのと同様に、弦理論を構成的に定式化して本当の真空を見つけ出すことである。弦理論の構成的定式化の試みは大変重要で興味深いが、未完成である。もう少し、摂動論に基づいた議論を進めることにしよう。

14.3.7　弦理論と重力

　自由に伝播する弦を考えると、重心は等速直線運動をするが、重心のまわりでぶわぶわと振動しながら回転している。重心系でみたときのエネルギーを光速の2乗で割ったものが静止質量だから、弦を遠くから眺めたとき、振動・回転のエネルギーが大きいものは重い粒子にみえ、小さいものは軽い粒子にみえるわけである。量子力学では振動や回転のエネルギーは量子化されるから、質量もとびとびの値をとることになる。図14.4は、閉じた弦のとりうる質量と角運動量の関係をプロットしたものである。横軸がいま考えている質量である。縦軸は重心のまわりの角運動量をプランク定数を単位として測ったものであり、弦を遠くから眺めて粒子とみたときのスピンの大きさである。ここで、縦軸上の状態は質量がゼロの粒子を表しており、それ以外の状態は質量がプランクスケール程度の重い粒子を表す。弦の相互作用も考えると、質量がゼロの粒子のうち、スピンが2のものは重力子、1のものはゲージ粒子、1/2のものはクォーク・レプトン、0のものはヒグス粒子と見なせることがわかる。ここで重力子もあらわれていることは特に重要である。臨界弦の世界面上の対称性がスペクトルに重力子があらわれることを保証しているのである。このように、弦理論では標準模型にあらわれるすべての粒子が1つの弦の異なる振動状態として記述でき、すべての力と物質がいとも簡単に統一されてしまうのである。

　しかしながら、このような定式化には重大な欠点が残されている。上にも述べたように、摂動論の範囲では無数に多くの真空があり、それら

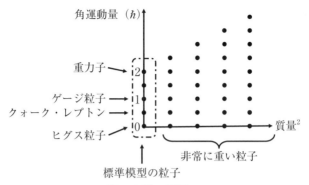

図14.4 閉じた弦の質量スペクトル

は違った質量スペクトルを持っている。例えば、時空の次元をはじめ、超対称性の有無、ゲージ群の構造、クォーク・レプトンの世代数などは真空ごとに異なっている。この意味で、摂動論に頼っている限り無数の真空はどれも対等であり、なぜ自然が標準模型を選んでいるのかを説明することができない。この問題を解決するためには、弦理論を構成的に定式化して真空の構造を解析できるようにする必要がある。

14.3.8 弦理論による統一の見通し

弦理論が完全に定式化できた暁にはどのくらいのことが説明できるようになるのだろうか。楽観的な立場は、次のようなものである。非摂動効果まできちんと取り入れると、弦理論の真空はただ1つに決まるだろう。弦理論が正しければ、それは4次元の時空であり、そこにあらわれる軽い粒子は標準模型のものと一致しているはずである。また、それらの粒子の相互作用を調べれば、ゲージ結合定数やクォーク・レプトンの質量など標準模型にあらわれるすべてのパラメータの値がわかるだろう。すなわち、プランクスケール以外には全くパラメータを持たない理論から、ある種の数値計算によって、時空の次元、ゲージ群の構造、世代数、結合定数の大きさといったすべてのことが説明できることになるだろう。この場合、計算によって得られたものが完全に実験結果と一致していれば、われわれは究極の理論を手にしたということだろう。もし、実験結果と合わなければ、理論を修正していく必要があるだろう。

これに対して悲観的な見方もある。例え非摂動効果を取り入れても真空はいくつもありうるかもしれない。この場合は、自然が標準模型で記述されているのは、宇宙がたまたまそのような初期値をとったからだということになる。そうすると、たくさんある真空のうちでなぜそのような初期値をとったのか、という問題になる。これに対して、たくさんの真空の中にどれくらい標準模型に近いものがあるかといった統計的な議論や、さらには人間原理を援用した議論などがありうるが、いずれにしても、構成的定式化ができてはじめて、まともな議論ができるようになると思われる。

15 物理学の新たな発展を目指して

家　泰弘、岸根順一郎、小玉英雄、松井哲男

　この最終章では、これまでの1～14章の内容を踏まえ、現代物理学が今後どこへ向かおうとしているのかを展望する。物理学の専門化された諸分野の発展だけでなく、それらの間の相互交流がますます重要な役割を果たすことが期待される。また、物理学と現代社会の関わりは、物理学の発展の社会的なサポートをさらに得る上でも重要である。

15.1　これからの物理学を考える3つの視点

　ここまで現代物理学を生み出してきた歴史的な発展過程をたどりながら、その基本的な到達点と重要な専門分野ごとに、それぞれの分野の展開と現在直面している課題を概観してきた。この最終章では、これらの分析に基づき、現代物理学の全体としての今後の発展の方向をもう一度考える。その際、個々の専門分野の展開が物理学のこれからの発展の基盤を与えるが、分野を超えた交流が果たす役割も重要な視点である。最近、日本物理学会が編集した『物理学70の不思議』が分野全体を考えるよい素材を与えてくれるが[1]、そこでもこれまでの分野分けに捉われない見方の必要性が強調されている。また、物理学の発展にはそれを支える資金が必要で、それを得るには社会的なサポートが必要となる。この点で、物理学と社会との関わりという大きな視点にも注目したい。

15.2　現代物理学の分類と到達点

　まず最初に、個々の分野のこれまでの発展と、直面するそれぞれの重

---

[1]　この冊子は同学会のホームページ https://www.jps.or.jp/books/gakkaishi/70wonders.php から入手できる。

要課題を1〜14章の内容に沿って簡単に整理しておく。最初に強調したように、今日、物理学の最前線はいくつかの分野に分かれ、それぞれに重要な課題を持ってさらに進化している。本書では、素粒子、原子核、宇宙、凝縮系物理、物質科学、生命物理、という従来の分け方で、それぞれの分野の専門家に分担執筆をお願いしたが、全著者をもってしてもカバーしきれない研究領域も存在する。物理学は絶えず進化しており、これからも分野の変遷があることが予想されるので、あくまでこれは現時点の分類による見方である。

現代物理学をあえて大きく分類すると2つにまとめられる。「コスミックな科学」としての物理学と、「地上の科学」としての物理学という見方である。この大まかな分類法は、学部科目「物理の世界（'17）」でも用いた。前者には、素粒子、宇宙、そして原子核の一部が入り、巨大加速器や巨大観測施設を用いた極微の世界や宇宙の果ての研究を対象とする。これらの分野の共通した目標は、非日常的な状況において初めて発現する物質の究極的な姿の探求である。もうひとつの大まかな分野はそれ以外の分野のすべてを含み、応用物理学を含む広大な領域をカバーする。それは、もっと日常的な条件で発現する、より身近な物理現象を対象にする。本書で扱われた、凝縮系物理（有限量子多体系である原子核の一部も含まれる）、広い意味での物性物理（物質科学）、また生命現象への物理学の応用、がそれに含まれる。以下、後者から始める。

物性物理学

現代社会に生きるわれわれは科学・技術のさまざまな成果の恩恵に浴している。「この半世紀で世の中を最も大きく変えたものは何だろうか」という自問に対する答えは人によってさまざまであろう。移動手段や物流の発達、医療・保健の発達などをあげることもできるが、やはり何といってもコンピュータをはじめとする情報処理・通信システムの目覚ましい発達をあげれば、大方が同意するところであろう。現代社会の情報インフラを可能にしている半導体、磁性体、レーザーなどは、その動作原理の基礎を量子力学や統計力学に基づく物性物理学に置いている。

物性科学の研究から多様な物質・多彩な物性に関する総合的知識体系

が構築され、そこからわれわれの生活を豊かにするような高機能材料や高性能機器が数多く生み出されてきた。身のまわりを見渡しただけでも、液晶（テレビなどのディスプレー）、発光ダイオード（省エネ照明や交通信号）、高強度繊維（テニスラケットなど）、高分子ゲル（コンタクトレンズ、高機能吸水材）などのスグレモノは枚挙にいとまがない。太陽光発電、燃料電池、リチウムイオン電池、触媒など、エネルギー・環境問題に深く関わる素材開発の展開も目覚ましい。物性実験の手法として開発された核磁気共鳴法がMRIとして医療現場の必須アイテムになっているといった例もある。物性物理学およびその隣接分野である化学、材料工学、電子工学には、このように社会に役立つ新しい物質材料や技術を生み出していくという役割がある。これらが物性物理学の（社会からみてわかりやすい）ひとつの側面である。

　物性物理学のもうひとつの側面は、物理学体系の一環としての物性物理学である。自然界の構造は、その究極の構成要素である素粒子から宇宙全体まで数十桁のスケールにわたっているが、そこにはいくつかの階層がある。その中で、物性物理学が対象とするのは、原子から、マクロ物質のスケールまでである。マクロ物質はアボガドロ数程度の原子の集合体である。物性物理学の営みを簡潔に表現するとすれば、「相互作用する多数の粒子の集合体である系（多体系）のふるまいを量子力学や統計力学や電磁気学に基づいて理解する」ということになろう。

　異なる階層を研究対象とする物理学各分野の研究は、それぞれ特有の概念や手法の展開をもたらしてきた。さらに、ある分野で醸成された概念が、ほかの分野に移植されて新たな展開を生むという例も少なくない。よく知られているところでは、超伝導をはじめとする相転移の理論的扱いと質量起源としてのヒッグス機構とに共通する「自発的対称性の破れ」と「南部-ゴールドストンボソン」の概念や、クォークの閉じ込め機構と近藤効果とに共通する「漸近的自由性」や「くりこみ群」の概念、などがある。多粒子系の相転移やランダム事象や非平衡現象を扱うために開発されたさまざまな統計力学的手法や概念の中には、物理学の他分野だけでなく、経済学や社会学などの人文社会系の学問分野にも波及して

いるものがある。

宇宙物理学・宇宙論

　レーザー干渉計による重力波検出実験を行っているLIGO-VIRGOチームは、2015年9月14日の最初の検出以降、第1観測期間（2015年9月12日〜2016年1月19日）および第2観測期間（2016年11月30日〜2017年8月25日）に、連星ブラックホール合体により放出された重力波シグナルを5度検出したと発表している。解析により、これらのイベントを起こしたブラックホールの多くは20〜30太陽質量という大きな質量を持つことが明らかとなった。これは、重いブラックホールが宇宙にこれまでの予想以上に多数存在することを意味し、その起源の解明という新たな課題を提起した。その起源が原始ブラックホールである可能性もあり、インフレーションモデルとの関連も活発に議論されている。

　今後、日本のKAGRAが2020年から観測に加わる予定なので、検出数はさらに増え、位置情報の精度も上がる。ブラックホール物理、宇宙論の双方に大きな進展をもたらすことが期待される。さらに、LIGO-VIRGOチームは2017年8月17日に、フェルミ観測衛星によるガンマ線観測、すばる望遠鏡などによる光学観測との連携により、中性子星2個からなる連星の合体により放出された重力波とガンマ線を検出した。この観測は、ガンマ線バーストのメカニズムや重い元素の起源の研究に進展をもたらすとともに、副産物として興味深い情報をもたらした。それは、光の速度と重力波の速度の違いが、比率にして10^{-15}以下という制限を与えたことである。

　この結果のインパクトは大きく、重力理論をアインシュタイン理論から変更するさまざまな試みに決定的な影響を与えた。これら修正重力理論と呼ばれる試みは、ダークマター問題やダークエネルギー問題を新たな物質や宇宙項を導入せず、重力理論の修正により解決することを目的としたもので、互いに非線形に結合した計量とスカラー場の組により重力を記述する枠組み（ホルデンスキー理論）や重力子に質量を持たせる有質量重力理論、複数の計量により重力を記述する理論など、これまでにさまざまな理論が提案されている。これらの理論は非線形性を巧みに

利用することにより太陽系での観測や宇宙論との整合性を確保しているが、今回の重力波伝搬速度の精密測定によりその多くが排除される結果となった。今後観測の進展により、重力理論に対するより強い制限を得られると期待される。

　重力波は、天体の衝突や合体以外に、宇宙進化の途中にも放出される。特に、インフレーション時に生成される重力波（原始重力波）の検出は、インフレーションが宇宙初期に実際に起こったことを確定する上で決定的な情報となる。また、その振幅を測定することにより、インフレーション時の宇宙膨張率（ハッブルパラメータ）、したがって、インフレーションを引き起こす物理のエネルギースケールを決定することができる。これらの原始重力波は、天体からの重力波が強い波長帯 1 mHz 〜1 kHz では非常に弱く、直接検出はできないが、宇宙のホライズンスケールの成分はCMBを用いて観測できる可能性がある。これは、宇宙晴れ上がり時に、原始重力波がB-モードと呼ばれる天球上の偏光パターンをCMBに生み出すためである。このCMB B-モードを検出する試みはすでに世界中で行われているが、いまだに成功していない。2025年ごろには日本を中心とする実験チームが世界に先駆けて、LITEBIRDというCMB B-モード観測衛星を打ち上げる予定であり、その成果が期待される。

素粒子物理学

　素粒子物理学はこの世界を構成する根源的な粒子とその相互作用に関する学問であるが、1970年代に理論的に完成した標準模型（理論）がその後の多くの実験的検証によって不動のものとなっている。素粒子の標準理論は、基本粒子としては3世代のクォーク・レプトンをフェルミ粒子として導入し、その間の相互作用は量子電気力学（QED）を拡張した非可換ゲージ理論によって記述され、場の量子論の形式を用いて作られている。場を量子化してあらわれる素粒子の質量はすべてヒグス場の「自発的対称性の破れ」による真空期待値から生成されると考えられているが、2012年にこのヒグス場の量子化からあらわれる粒子も発見されて、標準理論が必要とするすべての粒子が出そろった。しかし、こ

の標準模型にはまだ多くの謎が残されており、その先のさらに発展した理論によって解明しようとする多くの試みがある。特に、重力を含めた相互作用の量子論的な統一理論として超弦理論が注目されてきたが、現在の最先端の実験結果は標準模型とは質的に異なる新しい物理の導入をまだ必要としていないようにみえる。

原子核・ハドロン物理学

　原子核はすべての物質の質量のほぼすべてを担っているにもかかわらず、非常に小さな領域を占め、最も質量密度の高い状態となっている。自然に安定に存在する原子核の各種の分布は、クーロン斥力と核力とのバランスで決まっているが、高密度星のように重力を考慮すると星の終末状態として巨大な原子核を含めることができる。その場合、原子核現象にはすべての相互作用が関わっている。原子核の構成子であるハドロンとその間の相互作用は、今日ではカラー電荷を持ったクォークの複合系としてのハドロンとその間に働く有効力として説明されているが、ハドロンの多体系として原子核の性質を量子多体論的に定量的に理解するのはまだこれからの課題である。そのためには強結合ゲージ理論(QCD)の計算の困難を乗り越える必要があるが、格子ゲージ理論による数値シミュレーションやさまざまな有効理論による半定量的な理解の試みが、素粒子論や統計力学でこれまで開発された手法を用いて続けられている。そこでは新しい技術開発や新しい理論的な概念も必要である。実験的な手法としては、高エネルギーの加速器によって得られる新しいプローブを用いた精密測定や、原子核衝突によって自然に存在しない極限状態を作って、そこで初めて発現する新しい現象の探査がされている。これまでもそうであったように、多分野（素粒子物理学、宇宙物理学、物性物理学）との研究交流がますます重要となるだろう。

加速器物理学と宇宙線物理学

　電磁気の法則を用いた荷電粒子の加速器は、歴史的に原子核や素粒子の構造を探求する実験的な方法として、大きなけん引車としての役割を果たしてきた。しかし、近年は高エネルギー加速を実現するために巨大化の一途をたどり、財政面での問題も生じている。このような巨大プロ

ジェクトの推進は不可避的に必要となる国際協力を推進する側面もある。その一方で、フォトンファクトリーのような加速器技術が他の分野でも役に立つ場合もあり、物理学の基礎研究だけでなく、工学や医療などの社会的なニーズに応える加速器技術の応用も重要となっている。一方、これまで加速器の独断場とされてきた素粒子実験も、再び宇宙線を利用した実験が注目されている。新しい加速器技術の開発により、さらに高いエネルギーの加速器の実現も期待されるが、当面は既存の技術を用いた加速器・宇宙線実験での新しい現象の発見が期待されている。

生命科学と物理学

21世紀に入って生命科学が特に注目されるようになった。その要因はいくつかあるが、ゲノム解読のように複雑な高分子の構造解析が物理学の基本法則の応用によって可能になった点があげられる。また、非平衡系の統計物理学の発展の中から、生命現象の理解に向けた新しいアプローチが生まれている。複雑系と呼ばれる考え方がそれである。複雑な生命現象の特徴を理解するための模型化と、その模型の数理的分析から、新しいマクロな物理法則の発見が模索されている。

15.3 諸分野間の交流

ここまで現代物理の当面する課題をそれぞれの分野の立場からみてきたが、今後の発展を展望する上で、分野間の交流はこれまで以上に重要な役割を果たすと考えられる。物理学の強みは対象に縛られない論理と方法の普遍性・一般性にこそある。この特徴を示すため、本節では各分野を横断する概念や分野間の交流についていくつかの例を述べる。

15.3.1 素粒子論と物性理論・量子多体問題の交流：標準模型の発展を巡って

素粒子論の発展には場の量子論の新しい発展が必要であったが、それを可能とする上で、超伝導のBCS理論のような場の量子論の物性物理学への具体的応用の成功が必要であった。BCSのCのLeon Cooperはもともと素粒子論の学生であったし、その必要性を見抜いた熟練の物性論研究者John Bardeenの役割は大きい。また逆にBCS理論を自身で分析し、

それを素粒子論の発展に導入した南部陽一郎やJeffrey Goldstoneの仕事が分野を超えて評価されている。ゲージ場に質量項があらわれるメカニズムも超伝導の理論では知られており、それを素粒子論に導入した一人でもあるBrout（Englaireの共同研究者）は物性論の研究者であったことも忘れてはならない。超伝導は金属中の電子の量子多体系が低温で示す特性として理解されたが、液体ヘリウムや核子流体が示す超流動現象も超伝導と密接な関係があり、分野を超えて興味を持たれてきた。

　素粒子論と物性論の交流は、これらが場の理論という共通の「言語」を持っていることに根差している。対象とするエネルギースケールが全く異なっていても、共通のことばが2つの分野を結び付けるのである。最近の例では、ゲージ場理論と重力理論との対応関係（AdS/CFT対応）が強相関電子系の問題に応用されている。また、場の理論のトポロジー的な側面は量子ホール効果やトポロジカル絶縁体の研究で本質的役割を果たしている。これらの例は、物理学で使われる数理的な方法がそれを生んだ具体的な対象を超えて、より広く一般性を持つことを示している。

15.3.2　素粒子物理学と核物理学のはざま：ニュートリノ物理学と重力波天文学

　ニュートリノ物理学は日本では素粒子の実験と考えられがちであるが、本来は核物理学の中に含まれ、太陽ニュートリノの測定は、アメリカでは伝統的な核物理のコミュニティーによってサポートされてきている。この問題は、最近注目されている重力波物理学の場合も同じかもしれない。ニュートリノや重力波の検出では、素粒子物理学や原子核物理学の関わる素過程の基礎はすでによく理解されていると考えられており、それらをプローブとして用いた宇宙観測の方に興味が持たれている。もちろん、まだ重力を通してしか観測できていない暗黒物質や暗黒エネルギーの正体を突き止めることは、素粒子物理学や原子核物理学の基本問題に関わるかもしれないと考えられ、それらの理解には、分野を超えた協力が必要となる。

相対論・宇宙論と素粒子論

　一般相対性理論は古典論の枠内では完全な理論といえるが、量子論の

枠組みで対応する重力理論（量子重力理論）を作ることはまだできていない。しかし、この困難を克服する理論の候補は存在する。重力以外のすべての相互作用を含めた統一理論という観点から、その最有力候補は、超弦理論・M理論と呼ばれる理論である。

　超弦理論がすべての相互作用の統一理論であることを示唆する理論的研究はいくつかあるが、そのひとつがブラックホールに関するものである。ブラックホールは古典的には物質を吸い込むだけであるが、量子論では、質量に反比例した有限な温度を持つ黒体のようにふるまい、熱放射の形でエネルギーを放出して最終的に消滅すると予想されることがホーキングにより示された（1974）。その1年前にベッケンシュタインは、ブラックホールの表面積をエントロピーと対応させると、ブラックホールの質量、表面積、角運動量の変化の間の関係式が熱力学の第2法則と同じ構造を持つこと（ブラックホール熱力学）を指摘していたが、ホーキングの発見はこの関係式の示唆する温度に物理的な根拠を与える結果となった。

　これにより、（ブラックホールの面積）＝（エントロピー）が成り立つ物理的な根拠を発見しようとする研究が盛んになった。その成果として、1990年代から2000年代にかけて、超弦理論ではDブレーンという膜状の物体が古典論におけるブラックホールと対応し、ブラックホールの面積から決まるエントロピーがこの膜の振動の自由度から計算された統計的エントロピーとちょうど一致することが、いくつかの4次元および高次元の特殊なブラックホール解に対して確かめられた。

　ブラックホールの量子論的蒸発は、また、別の深刻な問題を提起している。ブラックホールの蒸発が純粋に熱的で、最終的にブラックホールが消滅するとすると、最初にブラックホールの材料となった物質の情報は最終的にすべて失われてしまう。量子論の枠組みでは、これは許されないので、情報喪失問題と呼ばれている。もし、超弦理論が一般相対性理論に対応する整合的な量子論の枠組みとすると、このような問題が起きないはずであるというのが多くの素粒子研究者の考え方である。これに対する満足できる解答は与えられていないが、さまざまな解決策が提

案されている。その中で最も大胆なものは、実は量子論ではブラックホールは存在しないというものである。このアイデアは見かけほど荒唐無稽ではないが、その正当化にはまだまだ時間がかかると思われる。

　宇宙論においても、超弦理論と関わる問題は多い。まず、インフレーションは、ビッグバン宇宙モデルで説明できないさまざまな問題を解決する理論で、現象論的なレベルでは観測と整合的なモデルが多数存在する。しかし、インフラトンの実体を含めてインフレーションを超弦理論の枠内で説明することは困難であることが知られている。また、関連して、ダークエネルギー問題も本来、真空のエネルギーという観点から、重力を含む統一理論である超弦理論により解決されるべきものであるが、現時点での超弦理論の定式化では、この問題を取り扱うことはできない。これらの宇宙の基本問題を解決するには、超弦理論を超えた真の究極理論の構築が不可欠と思われる。

15.3.3　現代物理学と先端技術の交流

　最近観測された重力波はそれによる非常にわずかな距離の変化をレーザー干渉計を使って求めたものであるが、その検出技術によって、何十億光年離れた遠くの波源の形状変化を決めることができたことは驚異的なことである。物理学の新しい実験技術の発展には先端技術の成果を取り込む必要があり、逆に物理学の成果が先端技術を発展させる要因となる。これは基礎科学と先端技術の相互依存性を物語っている。最近の量子エンタングルメントのような量子力学の基本原理に関わる問題の実験も、そのような先端技術を使った測定技術の発展によって可能となり、量子コンピュータのような原理的に新しい技術開発も量子力学の基本原理の応用として試みられている。

15.4　現代物理学と社会

　最後に、物理学と社会との関わりについて触れておきたい。物理学もやはり人間の営みで、人類の活動が産み出した文化のひとつと考えることができる。また、物理学の発展は技術の発展を促し、人間社会を大きく変えてきた。いまの高度な文明は物理学によって人類が、自身の置か

れた自然環境を変えてきたことの所産であることは明らかである。これからの物理学の発展を考えるときには、物理学の意義についての社会的な理解とその財源的サポートがどうしても必要となるからである。

15.4.1 物理学の社会的効用

基礎研究というのは何か具体的な応用目的があってやるのではなく、自然現象をより深く理解したいという科学の内的動機に基づいて行われているが、そのための研究資金を得るためには社会的なサポートが必要となる。そのとき重要なことは、科学研究の成果が人間社会の発展に役立っているという社会的な認識である。

物理学の場合、数多くの具体例があげられるが、最近でも、最先端の半導体技術は物質の量子力学による理解がなければあり得ないし、カーナビにも使われているGPSは一般相対論による時間の遅れの補正がなければ機能しないといわれている。また、今日のインターネットの普及をもたらしたのは、CERNにおける国際的な共同研究に関わった研究者が開発したコンピュータ・ネットワークの技術（WWW）であったことも忘れてはならない。物理学はわれわれの住む文明社会の発展に、確実に役立っている。

15.4.2 科学と技術、そして社会

科学は実在世界の森羅万象を記述し、その基となっている原理を解き明かそうとする営みであり、技術はそのようにして蓄えられた知の実践により、価値を実現しようとする営み、と位置づけられる。大学の理学部と工学部で実際に行われている研究活動にはっきりした違いがあるわけではなく、むしろ重なる部分のほうが多いともいえるが、それでも両者の間には、研究の動機づけやアプローチ、さらには、価値観や気質に根本的な違いがあるように思える（図15.1）。

科学社会学の祖と称せられる、ロバート・キング・マートンは科学や科学者のあり方について次のような特徴をあげ、その頭文字をとって"CUDOS"と名付けた（"kudos"というのは「称賛」を意味するギリシャ語である）。Communalism（共有性）：科学的真理は共有財産、Universalism（普遍性）：真理は社会的文化的背景とは無関係、Disin-

図15.1 科学と技術の関係　理学は基本的に「知的好奇心に基づく研究（curiosity-driven research）」を標榜する。「原理」、「究極」、「統一像」、「体系的」といったものを希求する。「面白さ」に価値を置き、「役に立つ」かどうかには無関心な傾向がある。ブルースカイ研究（blue-sky research）という言い方もされる。それに対して工学研究においては当然ながらより現実を見据えなければならず、「効用」、「コスト」、「競合技術」、「社会的受容性」といった諸条件も勘案する必要がある。工学研究はより目的志向型（mission-oriented research）であり、戦略的（strategic research）に進められる傾向が強い。「理学者は初期条件に基づいてものごとを考え、工学者は境界条件に基づいてものごとを考える」というのが筆者のジョークである。ただし、そのような理学的気質と工学的気質は相容れないものではなく、個々の研究者の中でも混在している。

terestedness（無私性）：科学は個別の利害を超越、Organized Skepticism（系統立った懐疑精神）：科学的主張は常に批判的精査の対象。

　マートン規範とも呼ばれるようになった"CUDOS"は、「科学は集合的知識であり有用であるという意味で公益性がある」、「科学者は私的利益には関心がなく、真理追及に邁進する」といういささか美化された古典的な「求道的科学者像」の流れである。これに対して、ジョン・ザイマン（物性物理の有名な教科書を執筆した理論家であるが、後年は科学哲学・科学社会学の分野で活躍した）は、『科学の真実』という著書において、かつてのアカデミック・サイエンスは時代とともに変質していると指摘し、マートン規範の"CUDOS"に対して、現実は"PLACE"であるとした。

　"PLACE"は「立ち位置」を含意し、科学者が雇用主や資金提供者の影響のもとに活動しているという事実、産業に組込まれた科学研究、サラリーマン化した科学者像、を赤裸々に提示したものである。アルビン・

ワインバーグは、原子力など人類社会に影響の大きい科学技術に関して、「科学が問うことができるが、科学のみでは解決できない類の問題」を意味する「トランス・サイエンス」という概念を提唱した。今日では、原子力、遺伝子組換え、環境問題、AIなど「トランス・サイエンス」のカテゴリーに属するものが増えている。ジェローム・ラヴェッツは、その急速な発展が人類社会に特に大きなインパクトを与えつつある現代科学の分野として「ポストノーマル・サイエンス」という概念を提出し、"GRAINN"すなわち、ゲノム科学（Genomics）、ロボティクス（Robotics）、人工知能（Artificial Intelligence）、脳科学（Neuroscience）、ナノテクノロジー（Nanotechnology）がそれに当たるとしている。「トランス・サイエンス」や「ポストノーマル・サイエンス」という言葉によって提起された科学のあり方に関するひとつの方向性は、「シチズン・サイエンス」、すなわち科学者と市民との協同作業による研究活動ならびに検証活動である。インターネット等の普及により、条件さえ整えば市民も科学論文や科学データにアクセス可能になりつつあるが、「シチズン・サイエンス」が健全に機能するために真に必要なインフラは、科学リテラシーと高い倫理性である。

15.4.3　ビッグ・サイエンスと国際協力

　現在では多くの物理学実験は規模が非常に大きくなり、巨額な研究資金を必要とする分野もいくつか存在する。ビッグ・サイエンスという言葉を最初に使ったのはオークリッジ米国立研究所の所長として原子力開発の指揮をとったアルビン・ワインバーグであるが、大型加速器を必要とする素粒子・原子核物理学や、また大型天体観測装置（電磁波・重力波望遠鏡）や衛星軌道を周回する宇宙観測装置なども同様に、巨大科学になっている。

　そのような巨大科学では、一国の経済力ではもはや先に進めなくなっており、国際協力が必要となっている。もともと科学に国境はなく、その成果は全人類で享受されるものであるが、これまで科学の財政的な支援は科学者の住む社会の国家事業として行われてきている。しかし、科学研究が国際協力を必要とするようになると政府レベルでの協力関係が

必要となり、それは文化的なレベルでの国際交流に役立っている。

15.4.4　科学リテラシーと次世代の養成

　大学院教育の重要な役割は次世代研究者の養成であるが、大学院まで進学してくる学生は最初はもっと初等的な教育から育ってくる。高等教育での進学には競争原理が働かざるを得ないが、より文化的な土壌の中で科学者を目指す動機付けを与えられた例も多い。科学リテラシーの役割は、科学教育の面でそのような文化的土壌を豊かにすることにある。また人的育成は、社会が将来の経済的な力を付けることにもなり、その健全な発展にとっても重要である。

　物理学を専門としない人が物理を学ぶ効用は何かといえば、それは「常識がつく」ことではないだろうか。「因果律」や「熱力学の法則」といった物理の根本原理に反するような怪しげな超常現象の話を怪しいと直観（「直感」ではなく洞察）できる常識である。健全な懐疑精神といってもよいだろう。メディア等を通じて入る情報に対して、「ホントにそう言えるの？」と、その根拠を問い質したりツッコミを入れたりできる科学的知識と科学的考え方、すなわち科学リテラシーである。一方、物理学を専門とする者にとって研究活動の醍醐味は何かといえば、それは学問におけるそれまでの「常識」が（ごく稀に）破られる現場に立ち会える快感ではないかと思う。

参考文献

[1] 日本物理学会編『日本物理学会設立70周年記念企画物理学70の不思議』（日本物理学会、2017）

索引

●配列は五十音順，＊は人名を示す。

●アルファベット
γ行列　70
Γ空間　81
μ空間　81
π（パイ）中間子　163
ρ（ロー）中間子　164
ω（オメガ）中間子　164
AdS/CFT対応　264
atomic shell structure　71
BCS理論　117, 121, 233
Bertrandの定理　16
CDM　186
CERN　150
CMB　183, 277
CMB B-モード　277
CMB B-モード観測衛星　277
CMB観測専用衛星COBE　183
complimentarity　73
CP対称性の破れ　175
CygnusX-1　55
d-クォーク　160
Dブレーン　264, 269, 281
EPRパラドックス　73
exclusion principle　71
Ginzburg-Landau理論　230
GL理論　230
GPS　283
Grand Unified Theory　260
GUTスケール　260
g因子　219
IAR　144
Ia型超新星　193
IBM　144
J. J. トムソン　60
KAGRA　276

Large Hadron Collider　255
LHC　150, 255
LIGO-VIRGOチーム　57, 276
LITEBIRD　277
MSW効果　146
M理論　264, 281
nuclear shell structure　72
nucleon　139
n型半導体　210
N体数値計算　186
observable　63
Planck衛星　194
pn接合　210
p型半導体　210
P波のペアリング　145
QCD　141
QED　72, 139
quantum entanglement　74
RHIC　150
Sackur-Tetrode　78
SU(3)対称性　144
SU(3)模型　144
SU(4)理論　144
$U(1)$ゲージ場　156
u-クォーク　160
WWW　283
Wボソン　171
X線天体　55
Zボソン　171

●あ 行
アイソスピン　139, 162
アイソバリック・アナログ共鳴状態　144
アインシュタイン＊　36
アインシュタインの和の規約　41

アインシュタイン方程式　53
アクシオン　188
アクセプター　210
アスペ*　74
熱いビッグバン宇宙モデル　182
アップ・クォーク　141
アトラクター　241, 242, 248, 252, 253
アリストテレス*　9
有馬-ヤケロの相互作用するボソン模型　144
アルビン・ワインバーグ*　284, 285
アルファー*　183
α 共役核　143
暗黒物質　185
アンサンブル　23
アンサンブル法　83
アンダーソン局在　212
イスラエル*　55
η（イータ）中間子　163
一般共変性　45
一般座標系　45
一般座標変換　269
一般相対性原理　45
一般相対性理論　45
一般相対論的宇宙モデル　179
遺伝子型　249
色の自由度　161
イワネンコ*　138
因果相関距離　189
インターネット　283
インフラトン　282
インフレーション　277, 282
インフレーション宇宙モデル　192
ウィークアイソスピン　173
ウィグナー*　72, 144
ウィルソン*　183
ヴィーンの公式　59

ウェーバー*　57
ヴォルコフ*　55
渦糸　229, 233
渦芯　233
宇宙項　53, 257
宇宙初期の元素合成　183
宇宙線物理学　278
宇宙定数　53
宇宙年齢　178
宇宙年齢問題　193
宇宙の基本問題　282
宇宙の初期特異点　182
宇宙のスケール因子　180
宇宙の晴れ上がり　184
宇宙マイクロ波背景放射　183
宇宙モデル　178
運動学　82
運動学的領域　88, 95
運動法則　36
液体ヘリウム　217
エディントン-フィンケルシュタイン時間　54
エーテル　38
エーテル理論　38
エトヴェス*　44
エネルギー運動量テンソル　52
（超電導の）エネルギーギャップ（超電導ギャップ）　204, 208, 209, 237
エネルギー局所保存則　180
エネルギーバンド　203, 204
エネルギー方程式　180
エネルギー量子　59
エンタングルメント　86
エントロピー　59, 76
エントロピー関数　77
エントロピー曲面　78
エントロピーの示量性　87

欧州原子核研究機構　150
応力テンソル　27
オガネソン*　149
オッペンハイマー*　55
重い電子系　122

●か 行
カー*　55
化学の原子論　199
科学リテラシー　286
核子の個別励起　141
拡散係数　92
核子　139, 161
核分裂　146
核分裂の連鎖反応　147
核融合反応　146
確率過程　241, 242
確率過程論　87
確率的崩壊則　137
隠れた変数　74
加速器物理学　278
カーター*　55
価電子　202, 204
価電子帯　204, 208, 210
カノニカル分布　85, 86
下部臨界磁場　228
ガモフ*　183
カラー*　173
殻構造　71
カラーの自由度　161
カラーの閉じ込め　161, 168
殻模型　142
ガリレイの相対性原理　38
ガリレイ変換　37
ガリレオ・ガリレイ*　9, 36
頑健性　251
慣性系　37, 40, 44

慣性座標　40
慣性質量　44
慣性の法則　36
完全反磁性　228
ガンマ線観測　276
ガンマ線バースト　276
幾何光学　24
擬スカラー中間子　163
軌道角運動量　219
ギブズ-デュエムの関係式　77
ギブズのエントロピー　83
ギブズのパラドックス　87
基本関係式　78
キャリア　209
究極理論　282
キュリー温度　223, 224
キュリー常磁性　222, 224, 226
キュリーの原理　125
キュリー夫妻*　137
強結合理論　145
強磁性　222
強磁性的交換相互作用　222
凝縮系物理学　117
強相関電子系　214
共変微分　47, 154, 156
行列模型　264
局在電子系の磁性　221
極小結合　51
極小結合仮説　51
極低温　217
曲率テンソル　51
虚時間　166
キルヒホッフの思考実験　58
銀河宇宙　176
銀河の起源　184
近接作用　27
近接領域　32

金属絶縁体転移　211
金属非金属転移　211
近代化学　199
ギンツブルク-ランダウ（GL）理論　131, 217, 230
「空間充満」論　199
クォーク　153, 160, 173
クォーク相　150
クォークの閉じ込め　150, 153
クーパー対　144, 233, 234
クラウジウスの不等式　76
グラスマン数　101
くりこみ可能　165
くりこみ群　94
グリーン関数　158
グルーオン　164
クーロンゲージ　103
クーロン相　154, 168
クーロン力　104
系外銀河　176
計量仮説　45
計量テンソル　46
経路積分　65, 159
ゲージ結合定数　157
ゲージ場理論　280
ゲージ対称性　269
ゲージ不変性　129
ゲージ変換　31, 102, 155
ゲージ粒子　153
結合軌道　203
ケプラー*　9, 36
ケプラー問題　14
ケルビン卿*　10
ゲルマニウム　208
現在のホライズン半径　188
原子核の超流動状態　141
原始重力波　193, 277

原子爆弾　147
原始ブラックホール　276
原子力　147
原子論　200
元素周期表　202
元素周期律　199, 201
元素変換　137
弦の摂動論　267
弦の張力　268
弦理論　255, 256, 262
弦理論の構成的定式化　270
高温超伝導　122, 214, 218, 239
光学ポテンシャル模型　143
交換関係　98
交換子　98
交換相互作用　217, 220, 221
交換力　138
光子　105
格子ゲージ理論　150, 166
構成主義　117
構造相転移　211
光速不変性　40
光量子　59
コスタリッツ-サウレス転移　121
固体電子論　119
琥珀現象　215
小林-益川理論　175
コヒーレンス長　229
コペンハーゲン解釈　73
固有時　43
ゴールド*　182
混合状態　86, 228
近藤問題　121

●さ　行
サイクロトロン運動　227
サイクロトロン加速器　145

細胞分化 253
ザックール-テトローデの公式 78
座標変換則 37
酸化亜鉛 210
3次元双曲空間 180
3世代のクォークとレプトン 141
散乱振幅 69
残留相互作用 141, 143
紫外発散 268
磁気秩序 220, 224
磁気モーメント 219
示強変数 78
磁気量子振動 227
磁気量子数 61, 201
時空 42
時空の量子ゆらぎ 261
4重極相互作用 143
事象の地平線 55
自然性問題 257
磁束量子化 133
シチズン・サイエンス 285
質量保存則 199
磁鉄鉱 215
自発磁化 223, 224
弱結合理論 145
弱電磁相互作用 168
シュヴァルツシルト* 54
シュヴァルツシルト計量 54
自由エネルギー 80
修正重力理論 276
集団励起 141
自由電子モデル 205, 206
重粒子 160
重力 152, 258
重力子 270
重力質量 44
重力波 56, 276

重力波検出実験 276
重力不安定説 185
重力理論 276, 277, 280, 281
縮約 91
主量子数 201
シュレーディンガー* 62
シュレーディンガー場 100
シュレーディンガー表示 64
シュレーディンガー方程式 64
純粋状態 85
準スピン形式 144, 145
準静的 76
準粒子励起 237
昇降演算子 105
常磁性 222
状態密度 208
常伝導状態 228
上部臨界磁場 229, 233
情報喪失問題 281
消滅演算子 97
ジョセフソン効果 134, 218
ジョルダン* 72
ジョン・ザイマン* 284
シリコン 208
真空 105
真空のエネルギー 282
真空の比熱 10
「真空＋原子」論 199
ジーンズ質量 185
ジーンズ長 185
侵入長 230
水星の近日点移動 53
水素再結合 184
スカラー曲率 53
スカラー場 106
スカラーポテンシャル 30
スカラー量 43

スケール変換　41
スタロビンスキー*　192
ストリングスケール　268
すばる望遠鏡　276
スピン液体　226
スピン角運動量　219
スライファー*　176
生気論　216
正孔　209, 210
静止質量　42
正準量子化　22, 101
生成演算子　97
静電気　215
世界線　265
世界面　267
世代　174
世代間の混合　175
接続係数　47
絶対空間　37
絶対時間　37
摂動展開　159
摂動論　159
摂動論的量子色力学　160
セファイド法　176
ゼーマンエネルギー　227
ゼーマン効果　61
ゼロ点振動のエネルギー　68
漸近的自由　150
漸近展開　266
線形応答理論　87
線形加速器　145
相関関数　93
双極子放射　32
相空間　17
相互作用するボソン模型　144
相互作用表示　65
相対空間　40

相対時間　40
相対論的点粒子　265
双対性　256
相転移　230
創発　118
相補性　73
速度の単純加法則　37
粗視化　90
ソディー*　137
素朴原子論　198
素粒子物理　277
ゾンマーフェルト*　61

●た 行
第Ⅰ種超伝導体　228
第1量子化　98
第Ⅱ種超伝導体　228
第2量子化　99
第2量子化の方法　72
対応原理　51
対称性の自発的破れ　108, 170, 230
対称性の破れ　118
対数正規分布　247, 250
大統一理論　187, 260
太陽光発電　211
太陽ニュートリノパズル　146
ダウン・クォーク　141
高塚*　145
ダークエイジ　186
ダークエネルギー　194
ダークエネルギー問題　276, 282
ダークマター　185, 186
多重強秩序　124
多重臨界点原理　258
玉垣*　145
担体　209
断面曲率　50, 180

索引

遅延ポテンシャル　31
置換対称性　71
窒化ガリウム　210
秩序パラメータ　230
チャドウィック*　138
チャンドラセカール*　55
中間結合理論　145
中間子　160
中心極限定理　75
中性子　161
中性子過剰核　148
中性子星　55
中性子星の上限質量　55
中性子のこぼれ落ち　149
中性子の発見　138
超弦理論　278, 281, 282
超弦理論・M理論　281
超重元素　149
超新星爆発　147
超選択則　108
超対称性　255, 256
超伝導　228
超伝導ギャップ　238, 239
超伝導波動関数　231
対消滅　112
対生成　112
対相互作用　143
ツヴィッキー*　185
強いスピン軌道力ポテンシャル　142
強い力　152
定常宇宙モデル　182
定常状態　61
定常成長　243, 244
ディッケ*　183
ディラック*　62, 63
ディラック場　114
ディラックスピノル　109

ディラックの海　111
ディラックのガンマ行列　109
ディラック方程式　110
デュアリティ　264
デルタ粒子　161
電気抵抗の消失　228
電気伝導度　207
電気力学　26
電磁気学　10
電子相関　211, 213
電磁テンソル　43
電子の発見　60
電磁波　39
電磁場　39
電子配置　201, 219
電磁場の運動量　26
電磁場の量子化　102
電磁ポテンシャル　30
電磁力　152
天体核現象　145
伝導帯　208, 209, 210
伝導電子　205
等価原理　44
統計演算子　85
銅酸化物高温超伝導　122
同次関数　77
ドゥルーデの式　207
特殊ガリレイ変換　37
特殊相対性原理　40
特殊相対性理論　39
特殊ローレンツ変換　41
閉じ込め相　154
ドップラー効果　176
ドナー　210
ドーピング　209
ド・ブロイ*　62
トポロジカル絶縁体　123

トランジスター 119
トランスクリプトーム解析 246
トランス・サイエンス 286

●な 行
ナビエ-ストークス方程式 89
南部-後藤の作用 267
南部-ゴールドストンボソン 168
南部陽一郎* 125
2階共変テンソル 52
ニホニウム元素 149
ニュートラリーノ 188
ニュートリノ 139
ニュートリノ振動 146
ニュートリノ物理学 280
ニュートン* 9, 36
ニュートンモデル 179
ニュートン理論 36
ニューマン* 55
ネターの定理 20
熱放射 10
熱放射の問題 58
熱力学 9, 240, 244, 254
熱力学曲面 78
熱力学第1法則 77
熱力学第2法則 76, 77
ネール温度 226
ネール反強磁性 226
年代測定 137
ノルドストレム解 55

●は 行
配位空間 17
配位混合 143
倍数比例の法則 199
ハイゼンベルク* 61, 138
ハイゼンベルクの不確定性関係 64

ハイゼンベルク表示 64
パイ中間子 140
ハイパーチャージ 173
パウリ* 69, 70
パウリ行列 70
パウリ常磁性 227
パウリの排他律 71, 219
白色矮星 55
発光ダイオード 210
パッシェン列 61
ハッブル* 176
ハッブル定数 177
ハッブルの法則 147, 177
ハッブルパラメータ 178
ハッブルホライズン半径 190
バーディーン-クーパー-シュリーファー
 （BCS）理論 217
波動関数 63
波動関数の収縮 73
ハドロン 140, 160
ハドロン相 150
場の強さ 157
場の量子 100
場の量子論 10, 266
ハーマン* 183
ハミルトニアン演算子 64
ハミルトン形式 18, 21
ハミルトン-ヤコビ形式 23, 62
バリオン 160
バリオン/光子比 187
バリオン数 187
バリオン数生成 187
バリオン-反バリオン非対称性 187
ハリソン-ゼルドヴィッチスペクトル 190
パールマター* 193
バルマー列 61
ハロー核 148

反可換c数　101
反強磁性的交換相互作用　225
半金属　211
反交換関係　97
反交換子　97
バン・デ・グラフ*　145
バンド構造　204
反粒子　111
ヒ化ガリウム　208
非可換ゲージ理論　141
光の二重性　60
光の粒子説　38
微局所慣性座標系　45
微局所的　44
ヒッグス機構　117, 136, 170
ヒッグス場　171, 277
ヒッグス相　154, 168
ヒッグス粒子　153
微細構造定数　116
非摂動効果　263
ビッグ・サイエンス　285
ビッグバン宇宙モデル　182
ビッグ・バン理論　147
非本質的重力場　48
ヒューメイソン*　177
表現型　249, 250, 251
標準模型　152, 173
ヒルベルト空間　63
ファインマンの経路積分表示　65
ファラデー*　10, 25, 39
ファラデー–マックスウェル理論　39
フェリ磁性体　226
フェルミ液体論　120
フェルミオン　97
フェルミ観測衛星　276
フェルミ球　206, 208, 233, 235
フェルミ速度　207

フェルミ–ディラック統計　87
フェルミ統計　97
フェルミのβ崩壊の理論　139
フェルミ粒子　71
フォン・クリッツィング定数　122
フォン・ノイマン方程式　88
不可逆過程　76
不確定性原理　33
不完全殻　143
複合核反応理論　142
副格子　225
複製　243
不純物準位　209
物質波　62
物質優勢宇宙　185
物理量　63
ブラウン運動　91, 243, 249
フラストレーション　226
ブラックホール　54, 276, 281
ブラックホール一意性定理　55
ブラックホール熱力学　281
ブラックホールの量子論的蒸発　281
ブラックホール領域　55
プランク*　10, 58
プランク時間　189
プランクスケール　258, 261
プランク長　153, 189
フリードマン方程式　180
ブリルアン関数　221, 223
ブリルアン・ゾーン　203
ブルースカイ研究　284
ブルックヘブン研究所　150
ブロッホ–ウィルソン転移　211
プロパゲーター　265
分散関係　203
分子カオスの仮定　89
分子場　222, 225

分子場理論　224
分子的な励起構造　143
フント則　219
閉殻　143
平均自由時間　207
平均場　141, 222
平行移動　47
平衡状態　240, 249
平坦ΛCDM宇宙モデル　194
平坦性問題　189
平面電磁波　28
ベクトル中間子　163
ベクトルポテンシャル　30
ベクレル　137
ベッケンシュタイン*　281
ベビーユニバース　258
ベルの不等式　74
変換理論　63
ペンジアス*　183
変分原理　18
変分波動関数　144
遍歴電子系の磁性　227
ボーア*　59, 60
ボーア磁子　219
ポアソン括弧　22
ボーア半径　68, 201
ポアンカレ変換　41
ホイヘンス*　9
ホイル*　182
ポインティングの公式　28
ポインティングベクトル　28
方位量子数　201
方向量子化　61
放射能　137
放射領域　32
飽和磁化　221
飽和性　141

ホーキング*　55, 281
星のエネルギー源　146
ボース-アインシュタイン凝縮　123
ボース-アインシュタイン統計　87
ボース凝縮　72
ボース統計　97
ボース粒子　71
ボソン　97
ボーム*　74
ホライズン　55
ホライズン半径　189
ホライズン問題　188
ホール　111, 209
ボルツマン定数 k_B　59
ボルツマンのH定理　90
ボルツマンのエントロピー　82, 83
ボルツマンの測高公式　91
ボルツマン方程式　82
ホルデンスキー理論　276
ボルン*　62
ポロニウム　137
本質的重力場　50
ボンディ*　182

● ま　行
マイケルソン-モーリーの実験　10, 38
マイスナー効果　127, 228
マグネタイト　215
マスター方程式　90
マックスウェル*　10, 39
マックスウェル方程式　10, 25, 39, 43, 51
マーミン-ワーグナーの定理　121
マヨラナ型ニュートリノ　187
マルコフ性　90
マルチフェロイック　124
右巻きニュートリノ　175
密度演算子　85

密度行列　85
ミリカンの実験　59
ミンコフスキー計量　45
ミンコフスキー計量テンソル　41
ミンコフスキー時空　45
メゾスコピック系の物理学　121
メソン　160
モジュラー不変性　257
モット絶縁体　122
モット–ハバード絶縁相　239
モット–ハバード絶縁体　212, 214
モード　105
モンテカルロシミュレーション　168

● や　行

有効質量　205
有効ボーア半径　209
有質量重力理論　276
湯川*　139, 140
湯川結合　174
湯川の核力の中間子論　139
ユークリッド時間　166
ユニタリー変換　63
ゆらぎ　242, 248, 249, 250, 251, 253
陽子　160
要素還元的アプローチ　117
揺動応答関係　248, 249
揺動散逸定理　91, 92
4つの力　152
ヨルダン*　62
弱い力　152
四元素論　197
4元反変ベクトル　42

● ら　行

ライスナー解　55
ライマン列　61

ラグランジュ形式　18
ラザフォード*　60, 137
ラザフォードの散乱公式　16
ラジウム　137
ランジュバン方程式　243
ランダウの相転移理論　119
ランダウ反磁性　227
ランダウ量子化　227
ランダムポテンシャル　212
ランデのg因子　219
リーヴィット*　176
リウヴィルの定理　22
リウヴィル方程式　88
力学系　241, 249, 252, 253
力学的領域　88, 95
リース*　193
リッチ曲率　53
流体力学の領域　88, 95
リュードベリの定数　61
量子色力学　141, 157
量子コンピュータ　74
量子磁束　229, 233
量子重力理論　281
量子スピン系　122, 226
量子テレポーテーション　74
量子電気力学　72, 139
量子電磁気学　114
量子ホール効果　122
量子もつれ　74, 85, 86
量子ゆらぎ　192
量子力学　10
臨界弦　268
臨界磁場　228
リンデ*　192
ルメートル*　54
レーザー干渉計重力波検出実験　57
レビ・チビタ接続　48

レプトン　153, 173
レプトン数　175
レプトン数生成　187
錬金術　198, 199
連星ブラックホール　56
連星ブラックホール合体　276
連続極限　165
ロバート・キング・マートン*　283
ローレンス*　145
ローレンツ因子　41

ローレンツ共変性　26
ローレンツゲージ　30, 103
ローレンツ収縮　42
ローレンツ変換　41, 108
ロンドン理論　217

●わ 行
ワイス強磁性　226
ワイスモデル　224
ワイル場　114

分担執筆者紹介

(執筆の章順)

小玉　英雄（こだま・ひでお）　・執筆章→3・10・15

1952年	香川県に生まれる
1975年	京都大学理学部物理学科卒業
1980年	京都大学大学院理学研究科単位取得退学
	京都大学理学部研修員（1980-1983）、東京大学理学部助手（1983-1987）、京都大学教養部助教授（1987-1991）、京都大学大学院人間・環境研究科助教授（1991-1993）、京都大学総合人間学部助教授（改組）（1992-1993）、京都大学基礎物理学研究所教授（1993-2007）、高エネルギー加速器研究機構素粒子原子核研究所教授（2007-2016）を経て
現在	京都大学名誉教授、高エネルギー加速器研究機構名誉教授、総合研究大学院大学名誉教授・理学博士
専攻	理論物理学（宇宙論、重力理論）
主な著書	相対論的宇宙論（パリティ物理学コース、丸善株式会社）
	宇宙のダークマター（サイエンス社）
	一般相対性理論（共著　岩波書店）
	相対性理論（培風館）
	相対性理論（朝倉書店）
	宇宙物理学（共著、KEK教科書シリーズ、共立出版）

川合　光（かわい・ひかる）　・執筆章→6・9・14

1955年	大阪に生まれる
1978年	東京大学理学部物理学科卒業
1983年	東京大学大学院理学系研究科博士課程修了
	Cornell大学物理学科ポスドク研究員（1982-1984）、Cornell大学物理学科助教授（1984-1988）、東京大学理学部物理学科助教授（1988-1993）、高エネルギー物理学研究所教授（1993-1999）を経て
現在	京都大学大学院理学研究科教授・理学博士
専攻	理論物理学（素粒子論）
主な著書	量子力学I・II（共著　講談社）
	はじめての＜超ひも理論＞（講談社）

家　泰弘 (いえ・やすひろ)　・執筆章→11・12・15

1951年	京都府に生まれ、東京都で育つ
1974年	東京大学理学部物理学科卒業
1979年	東京大学大学院理学系研究科物理学専攻博士課程修了
同年	東京大学物性研究所助手（1979-1982）
1982年	米国ベル研究所研究員（1982-1984）
1984年	米国IBM T.J.ワトソン研究所客員研究員（1984-1985）
1985年	東京大学物性研究所助教授（1985-1994）、教授（1994-2015）、所長（2008-2013）
2015年	日本学術振興会理事（2015-現在） この間、文部省学術調査官、科学技術・学術審議会臨時委員・専門委員、文部科学省政策評価有識者会議委員、日本物理学会会長、日本学術会議副会長などを歴任
現在	日本学術振興会理事、東京大学名誉教授・理学博士
専攻	物性物理学
主な著書	物性物理（産業図書） 量子輸送現象（岩波書店） 超伝導（朝倉書店） アリスの量子力学（パリティ誌連載、丸善）

金子　邦彦（かねこ・くにひこ）

・執筆章→13

1956年　横浜に生まれる
1979年　東京大学理学部物理学科卒業
1984年　東京大学大学院理学系研究科物理学専攻博士課程修了
　　　　日本学術振興会・研究員（1984）、ロスアラモス国立研究所博士研究員（1984-1985）、東京大学教養学部物理教室・助手（1985-1990）、イリノイ大在外研究員（1987-1988）、ロスアラモス研究所ウラム・フェロー（1988-1989）、東京大学教養学部基礎科学科助教授（1990-1994）を経て
現在　　東京大学大学院総合文化研究科広域科学専攻教授および同研究科複雑系生命システム研究センター長、また2016年より同大学生物普遍性研究機構長・理学博士
専攻　　理論物理学（非線形非平衡、カオス、複雑系）、理論生物物理学
主な著書　生命とは何か（第2版）--複雑系生命科学へ--（東京大学出版会、英語版はSpringerより）
　　　　複雑系の進化的シナリオ（共著　朝倉書店）
　　　　複雑系のカオス的シナリオ（共著　朝倉書店、英語版はSpringerより）
　　　　システムバイオロジー（分担執筆　岩波書店）
　　　　複雑系のバイオフィジックス（編集および分担執筆　シリーズニューバイオフィジックス7、共立出版）

編著者紹介

岸根　順一郎（きしね・じゅんいちろう）
・執筆章→1・2・5・7・15

1967年	京都府に生まれ、東京都立川市で育つ
1991年	東京理科大学理学部物理学科卒業
1996年	東京大学大学院理学系研究科物理学専攻博士課程修了
	岡崎国立共同研究機構・分子科学研究所助手（1996-2003）、マサチューセッツ工科大学客員研究員（2000-2001）、九州工業大学工学研究院助教授・准教授（2003-2012）を経て
現在	放送大学教授・理学博士
専攻	理論物理学（物性理論）
主な著書	力と運動の物理（共著　放送大学教育振興会）
	場と時間空間の物理（共著　放送大学教育振興会）
	量子と統計の物理（共著　放送大学教育振興会）
	自然科学はじめの一歩（共著　放送大学教育振興会）
	初歩からの物理（共著　放送大学教育振興会）
	物理の世界（共著　放送大学教育振興会）

松井　哲男（まつい・てつお）
・執筆章→1・4・8・15

1953年	岐阜県に生まれる
1975年	京都大学理学部数物系卒業
1980年	名古屋大学大学院理学研究科博士課程修了
	スタンフォード大学物理学教室研究員（1980-1982）、カリフォルニア大学ローレンス・バークレイ研究所研究員（1982-1984）、マサチューセッツ工科大学核理学研究所常任研究員（1984-1986）、同上級研究員（1986-1991）、インディアナ大学物理学教室准教授（1991-1993）、京都大学基礎物理学研究所教授（1993-1999）、東京大学大学院総合文化研究科教授（1999-2015）などを経て
現在	放送大学教授、東京大学名誉教授・理学博士
専攻	理論物理学（原子核理論）
主な著書	アインシュタインレクチャーズ＠駒場（共編著　東京大学出版会）
	物理の世界（共著　放送大学教育振興会）

放送大学大学院教材　8960640-1-1911（ラジオ）

現代物理の展望

発　行	2019年3月20日　第1刷
編著者	岸根順一郎・松井哲男
発行所	一般財団法人　放送大学教育振興会
	〒105-0001　東京都港区虎ノ門1-14-1　郵政福祉琴平ビル
	電話 03（3502）2750

市販用は放送大学大学院教材と同じ内容です。定価はカバーに表示してあります。
落丁本・乱丁本はお取り替えいたします。

Printed in Japan　ISBN978-4-595-14121-8　C1342